よくわかる最新

さびと防食の基本と仕組み

社会基盤を脅かすさび被害と対策！

長野 博夫／松村 昌信／内田 仁 著

秀和システム

●注意

(1) 本書は著者が独自に調査した結果を出版したものです。

(2) 本書は内容について万全を期して作成いたしましたが、万一、ご不審な点や誤り、記載漏れなどお気付きの点がありましたら、出版元まで書面にてご連絡ください。

(3) 本書の内容に関して運用した結果の影響については、上記(2)項にかかわらず責任を負いかねます。あらかじめご了承ください。

(4) 本書の全部または一部について、出版元から文書による承諾を得ずに複製することは禁じられています。

(5) 本書に記載されているホームページのアドレスなどは、予告なく変更されることがあります。

(6) 商標

本書に記載されている会社名、商品名などは一般に各社の商標または登録商標です。

Preface

はじめに

橋梁や道路などの社会資本から航空機や自動車、鉄道、船舶などの交通機関、そして、発電・生産設備まで、各種の金属材料が使用されています。このように、鉄鋼および非鉄材料は、我々の生活にはなくてはならないものです。

そのため、腐食・防食の知識を深め、金属材料を使用する各種装置や機器の長寿化と安全化ができれば、地球資源の節約や地球温暖化の防止にも大変に役立ちます。

さびを取り扱う本書は、おかげで3回目の改定となりますが、各内容を強化して書名を少し変えての発行となります。これも、ひとえに皆様方に愛読していただいたこと、深く感謝を申し上げます。

本書の特徴は、腐食やさびについて、豊富な内容に及び、巻頭に種々のさびのもたらす景観および腐食の状況を写真で紹介しています。環境に調和するさびの一端をご理解いただければ幸いです。

腐食分野において、環境別に金属材料の水溶液による湿食と高温酸化の乾食に分類され、腐食形態上はおよそ8種に分類されています。

本書では、従来の腐食形態についてデータをもとに分かり易い説明に努めています。形態各論においては、8形態にとどまらず、腐食疲労、微生物腐食、異種金属接触腐食、土壌腐食などを新たに取り上げています。

最後に防食法の基本および耐食性材料の実例を紹介します。各説明は、各節完結型にしていますので、勉強および仕事の両用として、お役に立ていただければ幸いです。

2023年5月　長野博夫

Column

本書によく出てくる電気化学の用語

電気化学の中心は、電極です。**電極**とは、環境中の金属片です。電気化学における環境とは、その金属のイオンなどが溶解している**電解質溶液**のことです。つまり電気化学の世界は、金属と、その金属のイオンが溶けている電解質溶液とから構成されています。熱力学ではこの世界を**系**と呼びます。

金属は無数の原子から構成されています。**原子**は**原子核**およびその周囲を飛び回っている**電子**から、原子核は**陽子**と**中性子**から、それぞれ構成されています。陽子と中性子はほぼ同じ質量を持ち、中性子は電荷を持たず、陽子は正の電荷を持ちます。電子には質量がほとんどないものの、陽子と同じ量の、負の電荷を持ちます。電荷に関して原子は中性であり、どの原子においても陽子の数と電子の数は等しくなっています。大きな原子では、原子核が大きく、また、電子の数も増えます。電子が飛び回る軌道は、原子の大きさに関係なく決まっていて**殻**（かく）と呼ばれます。原子が大きくなるにつれて、電子の数が増え、それにつれて殻の数も増えます。それぞれの殻に所属できる電子の数は決まっておりいて、一番外側の殻に所属する電子（**価電子**）の数がその原子の性質を決めます。例えば内側から２番目のL殻が最外殻の原子では、最外殻に電子が８個または０個あるとき、原子は最も安定です。そのとき原子は反応しなくなります。

金属の内部にある無数の原子または原子核は、規則正しく並んでいます。各原子の中心を線で結ぶと格子柄（タータンチェック）ができます。これを**結晶格子**と呼びます。規則正しく並ぶのは、その方が安定な状態にあるからです。一方、最外殻の電子は金属内を自由に動き回っています。これを**自由電子**と呼びます。金属が電気の良導体であるのは自由電子のお陰です。

さて、金属原子は、さらなる安定を目指してイオンになります。**イオン**とは、金属内の原子が最外殻電子を失ったもので、正の電荷を帯びています。このとき電子は金属内に残りますが、イオンは金属を離れて環境（液）中へ移動します。鉄金属の場合、このプロセスは式（1）で表されます。

Fe	→	Fe^{2+}	+	$2e^{-}$	(1)
鉄金属		鉄イオン		電子	
（結晶格子）		（環境へ移動）		（金属内にとどまる）	

$$M \rightleftarrows M^{n+} + ne^{-} \qquad (2)$$

鉄の電気化学反応（1）を金属Mに一般化したのが**電極反応式**（2）です。電極反応は、（2）式の矢印で示したように、左右どちらの方向へも進む**可逆反応**です。反応が右方向へ進むとき、**酸化反応**あるいは**アノード反応**と呼ばれます。これは鉄原子が電子を失っているからです。このとき、正の電荷を持つイオンが環境へ移動するので、電気が電極から環境へ向かって流れたことになります。これを**酸化電流**あるいは**アノード電流**と呼びます。逆に、反応が左方向へ進むときは**還元反応**あるいは**カソード反応**と呼ばれます。これは、イオンが電子を返して（還元して）もらっているからです。このとき、正の電荷を持つイオンが環境から電極へ移動するので、電流が環境から電極へ向かって流れたことになり、これを**還元電流**あるいは**カソード電流**と呼びます。

アノード反応を推し進めるのは金属内の電子のエネルギーであり、その指標は**電位（ポテンシャル）[V]**です。電位が高いほどアノード反応速度が高く、すなわちアノード電流密度が高くなります。一方、カソード反応を推し進めるのはイオンのエネルギーであり、その指標は化学ポテンシャルですが、通常はイオン濃度で代用されます。環境液中に溶け出したイオンの濃度が高くなるほど、カソード反応速度が高くなります。ただし、同じイオン濃度でも、イオンの種類によってカソード反応速度は異なります。

式(2)のアノード反応速度とカソード反応速度が等しくなったとき、電極反応は見かけ上停止します。この状態を**平衡**と呼び、そのときの電位を平衡電極電位または略して平衡電位と呼びます。イオンの濃度を標準状態（例えば1 mol/L）と規定し、そのときの平衡電極電位を標準平衡電極電位――通常は平衡を省略して**標準電極電位 [V]**と名付けます(2-5節参照)。この電位は、それぞれの金属イオンのカソード反応推進力の大きさを表します。この電位が低いほど、その金属のカソード反応推進力は小さく、したがってアノード反応が起きやすい、**イオン化傾向**の大きい金属です。

「環境中の水素イオンが水素ガスへ還元される反応」（3）および「溶存酸素が水酸化物イオンへ還元される反応（4）」と連携して鉄が腐食するとき、酸化反応（1）と、還元反応（3）（4）の一つあるいは両方とが、同時に等しい速度で進行します。そのときの電位が腐食電位です。

$2H^{+} + 2e^{-} \rightarrow H_2$ (3)　　$2H_2O + O_2 + 4e^{-} \rightarrow 4OH^{-}$ (4)

目次

図解入門　よくわかる　最新さびと防食の基本と仕組み

Contents

Contents

第17章 耐食性材料の実例

各種金属さびの形態

これまで、鉄は「さびやすく汚い」、朽ちた結果だと嫌われてきました。しかし、近年になり分かってきたことですが、さびへの印象は、国民性で異なります。例えば、米国では「鉄のさびを高層建築物の外装色として好んでいる」ようです。

各種のさび、例えば、「銅さびである緑青」、「鉄さびの茶褐色や黒色」、「亜鉛の白色」など心を和ませてくれます。日本文化の「わびさび」と金属のさびは同音であり、なんとなく深み、暖かさを感じます。

さびは、文化的雰囲気を有し、また、金属の朽ちた成れの果てではなくて、さびでもってさびを制すると言うポジティブな役割も持っています。

1 さびのいろいろ

ここでは各種金属材料のさびについて紹介する

さびは環境と調和した美しさや防食性能を備える一方、さびから構造物の劣化状況などが分かります。

代表的なさびについて紹介

左頁【1】は鎌倉大仏像で、**銅**に生じる青緑色のさびの典型例です。銅製品は、使い始めた当初は黄金色に輝いていますが、大気中の水、酸素、炭酸ガスなどと反応して**塩基性**（化合物にOH基を含む）の銅化合物を生成します。塩基性炭酸銅、塩基性硫酸銅、塩基性塩化銅などがあり、総称して**緑青**（ろくしょう）と呼ばれます。我々の目に落ち着いた感じを与えます。緑青は美しさとともに、銅を腐食から守ります。

左頁【2】は、石洞美術館蔵が所蔵する重要美術品で「芦屋山吹文真形釜」です。この茶釜は室町時代（15世紀）につくられ、近代まで利用されてきました。

左頁【3】兵庫県南あわじ市の「福良港津波防災ステーション」は、**無塗装耐候性鋼**を使用した建物です。微量のクロム、銅、ニッケルなどの元素を含有しているために防食性の鉄さびが建物を覆い、防食効果を発揮しています。

14頁【4】は、野球場の屋根に使用されている**ステンレス鋼**です。大気環境下でステンレスにクロム酸化物が自然に生成し、屋根全体を腐食から守っています。さびのないステンレスの美しさが人目を引きます。

14頁【5】は、駅舎と周辺構造物の**塗膜下腐食**の状況を示した写真です。

14頁【6】は民家の**トタン**（**亜鉛メッキ鋼板**）製の外壁で、長い年月を経て、塗装の欠陥部からさびが多量に発生しています。

- 銅に生じる美しい緑青のさび
- 鉄で一般的な茶色・褐色・黒色さび
- さびが進行すると、構造物の破壊に至ることがある

[1] 緑青のさびが見られる鎌倉大仏像

[2] 芦屋山吹文真形釜

[3] 無塗装耐候性鋼を使用した福良港津波防災ステーション

[4] ステンレス鋼製の大阪ドームの屋根

[5] 構造物（駅とその周辺）の塗膜下腐食の状況

[6] 塗装したトタン（亜鉛メッキ鋼板）の腐食状況

第1章 さびとの戦い

紀元前、人類により銅や鉄などが初めて狩猟や武器用に使われました。

蒸気機関の発明から産業革命が始まり、そして人口が著しく増加しました。

この時期には、金属腐食の問題が持ち上がり、電気化学的な手法による腐食メカニズムの解明やステンレス鋼などの新合金の開発につながっています。さびの問題を解決することが、人類の生活を豊かにすることにつながります。

1 さびとの戦い

人類は紀元前から金属を武器用の材料として利用し、最初は銅、次に鉄に移っていった

人類の歴史は、豊かな生活を求めたさびとの戦いであったともいえます。

建築物の防食対策が必要

紀元前の銅および鉄の使用から始まり、人間はいろいろな金属や合金を、自分たちの生活を豊かにするために使用してきました。

産業革命とともに世界の人口は飛躍的に増加し、金属の使用形態も多種多様になってきました。

左頁［1］にあるとおり、各種のプラント、建築物、橋梁（きょうりょう）、海洋構造物などには目標使用期間が設定されています。この期間の使用に耐えさせるため、**耐食性金属**および**合金**をはじめ各種の**腐食対策**が施されています。

街なかにおいて我々の目に映る建築物、あるいは自動車、鉄道車両、飛行機などの乗り物は、いずれも美しく塗装されています。近年の**防食技術**の進歩は著しく、機器や構造物は長期間にわたって美しさを保ちつつ、腐食から守られています。

左頁［2］に我が国における年間の**腐食対策費**を示しています。その総額は我が国のＧＤＰの３％に相当します。

塗装費を筆頭に、表面処理費、耐食材料と続きます。**防錆油**（ぼうせいゆ）、**インヒビター**（防錆剤、防食剤）、**電気防食**なども活用されています。

- 金属材料は、紀元前から狩猟や戦の道具に使われ始めた
- 工業化、文化の進歩とともに、防食方法も多様化した

[1] 金属考古学と環境材料学の接点

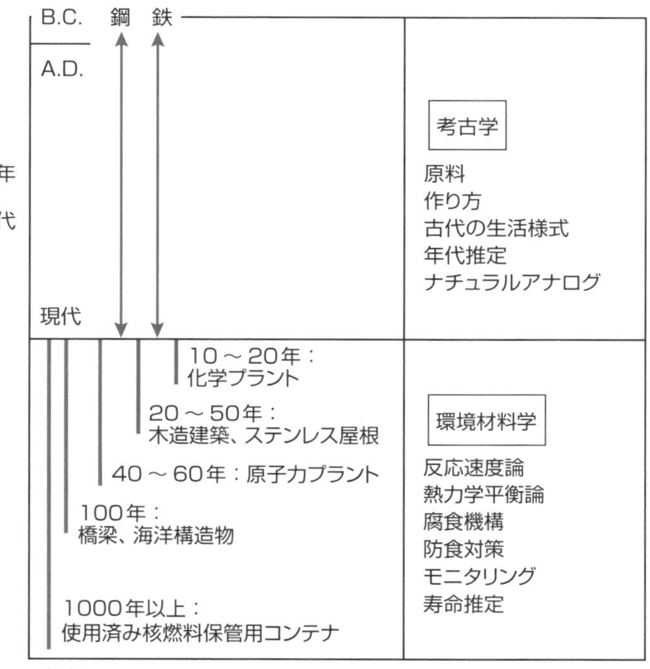

出所：長野、山下、内田　共立出版

[2] 我が国における腐食対策費の推移

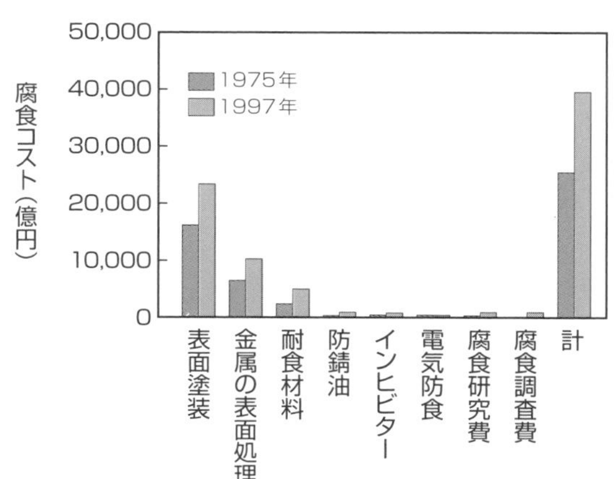

出所：腐食コスト調査委員会：材料と環境，50,49-512（2001）をもとに作成

用語解説 ナチュラルアナログ：天然類似現象。
モニタリング：監視。

2 金属の自由電子が腐食電流を運ぶ

金・銀・銅に比べて鉄が腐食しやすい理由は結晶構造にある

鉄は水分と接触して初めて腐食します。腐食やさびの対策は、人類にとって太古より永遠の課題です。

鉄は大気中や水中で腐食しやすい

鉄の構造は最小単位が**鉄原子**であり、それらが集まって**体心立方格子**を形成します。さらに体心立方格子が集まり、鉄の**結晶粒**を形成します。研磨した鉄の表面を見ると一様で、金属光沢を呈しています。**左頁【1】**のように、鉄の中には**自由電子**があり、鉄の一様で大きな引張強さ、**電気伝導性**、**熱伝導性**や**加工性**などの優れた性質を与える存在ですが、一方で、さびの生成にも大きく関与しています。

鉄板が水の中に浸かると、鉄の溶解、つまり**腐食**が始まります。人の目には一様に見える鉄の表面に**腐食局部電池**ができて、腐食が進行することになります。酸性溶液では、水素を発生して鉄がFe^{2+}イオンとして水に溶解します。この場合、Fe^{2+}が溶出する際に鉄板に残った自由電子は、鉄の溶解する場所から水素イオンが集まる場所に移動します。電子と水素イオンとが反応して水素原子、さらには水素分子を生成します。こうした「鉄イオンの生成→電子の流れ→水素原子と水素ガス生成」の一連の反応が**腐食反応**です。一方、中性／アルカリ性溶液では「鉄イオンの生成→電子の流れ→水酸化物イオンの生成」の一連の反応が進みます。その結果、**水酸化第一鉄**が生成し、これは水中の**溶存酸素**によって酸化され、**水酸化第二鉄**となります。つまり、赤さびを生成します。

ここまで、対の鉄と水素イオンの反応、鉄と酸素分子との反応について述べましたが、実際の鉄板の表面ではこの対の反応が至るところで無数に起こることから、全面腐食を呈することになります。

- 全面腐食は鉄の腐食の基本
- 酸性溶液中では、さびを生じない全面腐食
- 中性／アルカリ性溶液中では、さびを生じる全面腐食

[1] さび生成に大きく関与する自由電子とは？

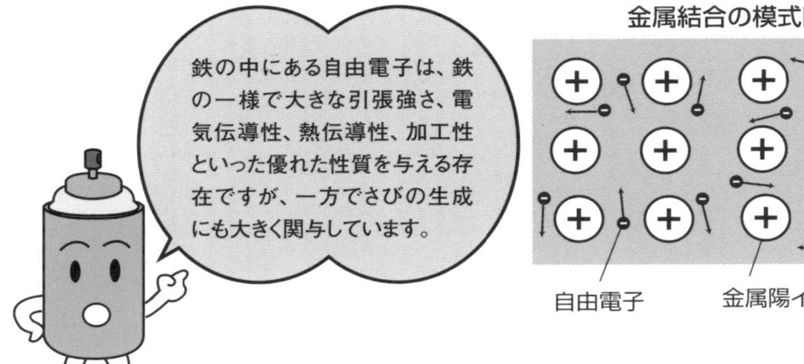

[2] 鉄原子の詰まり方と位置

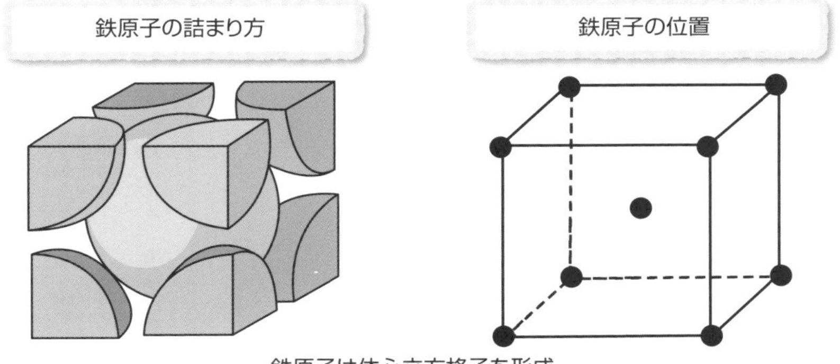

鉄原子は体心立方格子を形成

[3] 鉄表面の腐食反応

酸性溶液中の腐食反応

アノード反応：$Fe=Fe^{2+}+2e^-$

カソード反応：$2H^++2e^-=H_2$

中性／アルカリ性溶液中の腐食反応

アノード反応：$Fe=Fe^{2+}+2e^-$

カソード反応：$2H_2O+O_2+4e^-=4OH^-$

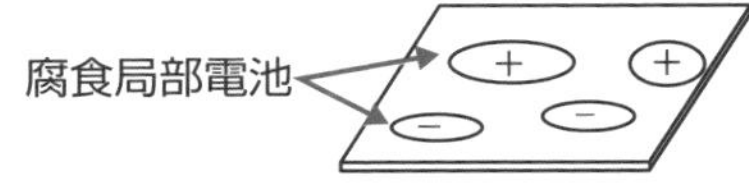

腐食部の断面

溶存酸素：水に溶けている酸素。

3 なぜ、さびが生じる？

金属と水との反応で、さびが生じる

さびは金属の腐食生成物で、金属水酸化物です。

さびは金属特有の色を呈する

我々の周囲にある水は、中性で微量の酸素を含んでいます。その中で、水と全く反応しない金属として、**金**や**パラジウム**があります。金やパラジウムでは、金属のエネルギー状態が安定していて、酸素がこれらの金属の腐食反応に関与できないので、腐食は生じません。このエネルギー状態と**左頁**【1】に示す電位とは相関します。

水中で酸素と反応するために腐食が生じる金属の代表としては、鉄、銅、亜鉛などがあります。**左頁**【2】に、鉄から鉄さびへの〝旅路〟を示します。Fe_3O_4や$FeOOH$は安定したさびといえます。

腐食反応の結果、溶出したFe^{2+}イオンと酸素が還元されて生成したOH^-イオンが会合して$Fe(OH)_2$および$[Fe(OH)_3(OH_2)_3]$や$[Fe(OH)(OH_2)_5]^{2+}$が生成し、最終的にγ-$FeOOH$になります。結局、これらがさびとなります。**赤さび**$FeOOH$、**黒さび**Fe_3O_4などがあります。通常、水中でできた鉄さびは鉄の表面に堆積しますが、鉄を防食するほどの力はありません。

銅や亜鉛でも同様に、銅から溶出したCu^{2+}イオン、亜鉛から溶出したZn^{2+}イオンが沈殿さびを生成します。銅は緑色の緑青$CuCO_3 \cdot 3Cu(OH)_2$、亜鉛には白色の塩基性炭酸亜鉛$ZnCO_3 \cdot 3Zn(OH)_2$などがあります。これらのさびは、鉄さびより防食性能が格段に優れます。

水中で酸素と反応するけれども一瞬で不活性になる金属として、**チタン**、**アルミニウム**、**ステンレス鋼**などがあります。これらには**不動態皮膜**が生成し、酸素を含んだ水からこれらの金属を隔離し、腐食が起こらないようにします。

- 鉄さびは、腐食で溶出した鉄の酸化物沈殿
- 銅・亜鉛のさびは、鉄のさびより防食性能が格段に高い酸化物沈殿
- ステンレス鋼は、不動態皮膜によりさびから守られている

[1] 各種金属の標準電極電位

記号	名称	化学反応式	電位(V.25℃)
Au	金	$Au^{3+}+3e^-$	1.69
O	酸素	$O_2+4H^++4e^-$	1.23
Pt	白金	$Pt^{2+}+2e^-$	1.19
Pd	パラジウム	$Pd^{2+}+2e^-$	0.987
Ag	銀	Ag^++e^-	0.799
Hg	水銀	$Hg_2{}^{2+}+2e^-$	0.788
Cu	銅	Cu^++e^-	0.521
Cu	銅	$Cu^{2+}+2e^-$	0.337
H	水素	$2H^++2e^-$	0
Pb	鉛	$Pb^{2+}+2e^-$	−0.126
Sn	すず	$Sn^{2+}+2e^-$	−0.136
Mo	モリブデン	$Mo^{3+}+3e^-$	−0.200
Ni	ニッケル	$Ni^{2+}+2e^-$	−0.230
Co	コバルト	$Co^{2+}+2e^-$	−0.277
Tl	タリウム	Tl^++e^-	−0.336
In	インジウム	$In^{3+}+3e^-$	−0.342
Cd	カドミウム	$Cd^{2+}+2e^-$	−0.403

記号	名称	化学反応式	電位(V.25℃)
Fe	鉄	$Fe^{2+}+2e^-$	−0.440
Ga	ガリウム	$Ga^{3+}+3e^-$	−0.529
Cr	クロム	$Cr^{3+}+3e^-$	−0.744
Cr	クロム	$Cr^{2+}+2e^-$	−0.913
Zn	亜鉛	$Zn^{2+}+2e^-$	−0.763
Mn	マンガン	$Mn^{2+}+2e^-$	−1.18
Zr	ジルコニウム	$Zr^{4+}+4e^-$	−1.53
Ti	チタン	$Ti^{2+}+2e^-$	−1.63
Al	アルミニウム	$Al^{3+}+3e^-$	−1.66
Hf	ハフニウム	$Hf^{4+}+4e^-$	−1.70
U	ウラン	$U^{3+}+3e^-$	−1.80
Be	ベリリウム	$Be^{2+}+2e^-$	−1.85
Mg	マグネシウム	$Mg^{2+}+2e^-$	−2.37
Na	ナトリウム	Na^++e^-	−2.710
Ca	カルシウム	$Ca^{2+}+2e^-$	−2.87
K	カリウム	K^++e^-	−2.93
Li	リチウム	Li^++e^-	−3.05

[2] 鉄さび生成モデル

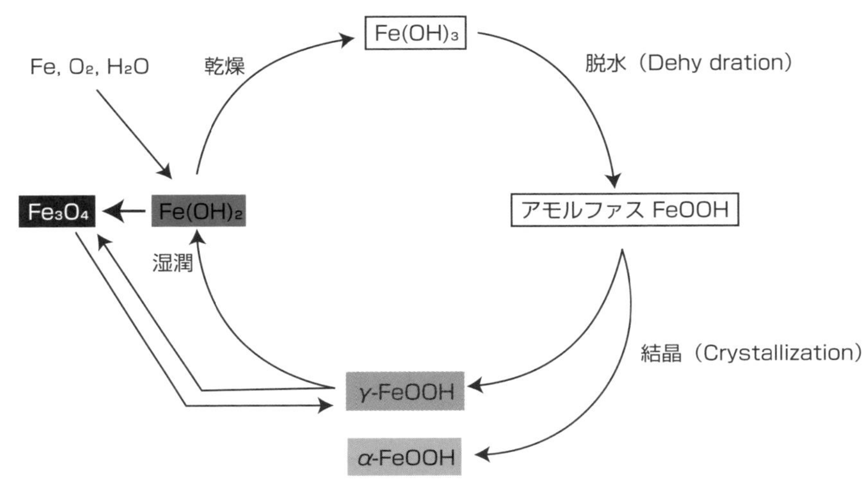

沈殿さび：金属水酸化物沈殿。
不動態皮膜：薄膜金属オキシ水酸化物。

4 水中に酸素があるためにさびが生じる

水の中には微量の酸素が存在する。酸素と鉄が反応して鉄が腐食する

鉄と水中の酸素が腐食局部電池を生成して、鉄の溶解が進みます。

鉄の腐食速度は酸素濃度に左右される

左頁【1】に示すように、水中の**溶存酸素濃度**が高くなるほど鉄の腐食量が増大します。**左頁【1】**のとおり、溶存酸素がゼロであれば、鉄の腐食速度もゼロになります。

鋼の表面には無数の腐食局部電池が生成しており、電池の**カソード部**で酸素が還元され、**アノード部**で鉄が溶解します。つまり、局部電池の反応は酸素の**還元反応**が支配的であるので、腐食速度は酸素の量に支配されているといえます。

鋼の腐食速度への酸素と温度の影響は**左頁【2】**のようになります。装置が密閉されていると、酸素濃度は一定に保たれるので、温度の上昇とともに腐食速度は増加します。

一方、装置が開放されていると、温度の上昇とともに酸素の水への溶解度は減少するので、**左頁【2】**に示すように腐食速度は80℃のところが最大となります。

鋼の腐食速度は、腐食局部電池における酸素の還元および鉄の溶解速度の影響を受けて決まります。溶存酸素は温度上昇とともに減少する傾向にあり、一方、鉄の溶解速度は温度とともに上昇します。

その二つの因子（酸素の還元と鉄の溶解）の影響が同時に働くために、80℃近辺に鋼の腐食速度の最大値が現れます。

- **鉄の腐食は、鉄と酸素の局部電池で進行**
- **鉄の腐食速度は、酸素濃度に比例して増大**
- **腐食に対する温度の影響は、開放系か密閉系かで異なる**

[1] 軟鋼の腐食速度に及ぼす溶存酸素の影響

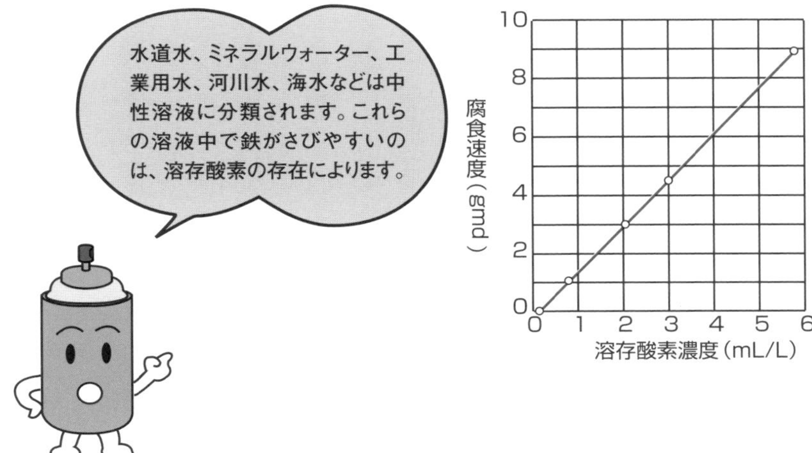

出所：H. H. Uhlig 等 , Corrosion and corrosion control

[2]「溶存酸素を含む水中」での鉄の腐食に及ぼす温度の影響

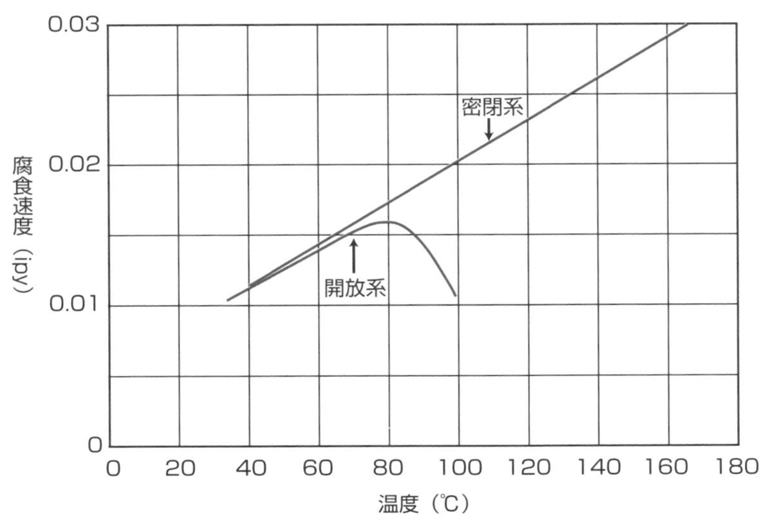

出所：H.H.Uhlig等, Corrosion and corrosion control.

腐食速度の単位：gmd（g/m^2・h）,ipy（inch per year）。

5 酸性で腐食しやすいのは？

腐食におけるpH（水溶液中の水素イオン濃度）の影響

腐食速度が酸性で大きく、アルカリ性で小さいのは、鉄から溶け出る鉄イオンの溶解度に関係します。

pHが小さいほど酸性度が高い

pH3未満を**酸性**、3以上6未満を弱酸性、6以上8以下を**中性**、8以上11未満を弱アルカリ性、11以上を**アルカリ性**として表示することが、家庭用品品質表示法で定められています。身近な物資で例示すると、「酢、レモン、りんごなどは酸っぱく酸性で、pHが低い」、「水道水、牛乳、血液などは中性」、「石鹸、コンクリートなどはアルカリ性で、その溶液のpHは高い」などです。

水溶液中の腐食反応は、鉄の溶解反応と、水素イオンH^+あるいは酸素O_2分子の還元反応から成り立ちます。**左頁【1】**は、水のpHと鉄の腐食との関係です。pHが低い酸性溶液中、例えば3以下では、水素イオンの還元が酸素イオンの還元を上回り、腐食速度が大きくなります。一方、pHが4より高くなると、酸素イオンの還元が水素イオンの還元を上回ります。水素イオンの濃度に比べ、酸素分子の水への溶解度ははるかに小さいので、中性からアルカリ性になるにしたがって腐食速度は低下します。

つまり、鉄表面は、酸性溶液中では裸であり、中性／アルカリ性溶液中ではさびで覆われます。特にpH11以上のアルカリ性になると、黒いさび（Fe_3O_4）や茶褐色のさび（FeOOH）が鉄表面をくまなく覆います。**左頁【2】**は、水のpHとできるさびの形態との関係です。こうした鉄の表面のさびの有無およびさびの形態が、**腐食速度**を左右します。例えば、コンクリート中は高アルカリ性なので鉄筋は裸のまま使えます。すなわち、腐食・防食の観点からは、溶液のpHをわきまえて適切な材料を選ぶことが大切です。

- pHにより酸性、中性、アルカリ性と区分する
- 鉄表面のさびの有無、さびの形態が腐食速度を左右
- アルカリ性溶液中では、さびが防食効果を発揮

[1] 水のpHと鉄の腐食との関係

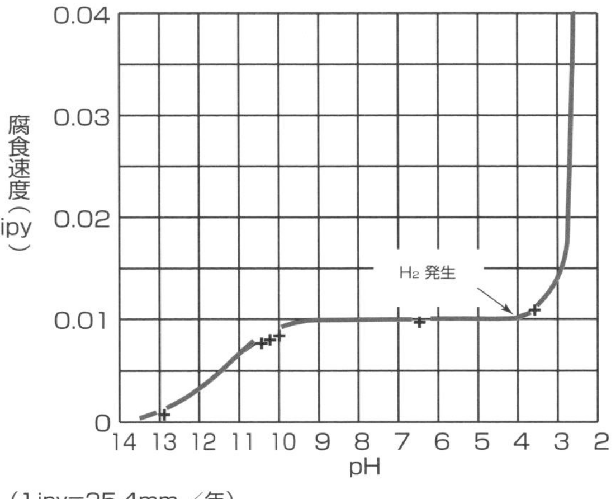

（1 ipy=25.4mm ／年）

出所：H.H.Uhlig 等, Corrosion and corrosion control.

- pHが低い酸性溶液中（例えば4以下）では、水素イオンの還元が酸素イオンの還元を上回り、腐食速度が大きい。
- pHが4より高くなると、酸素イオンの還元が水素イオンの還元を上回る。

水素イオンの濃度に比べて酸素分子の水への溶解度ははるかに小さいので、中性からアルカリ性になるにしたがい、腐食速度は低下する。

[2] 水のpHとできるさびの形態

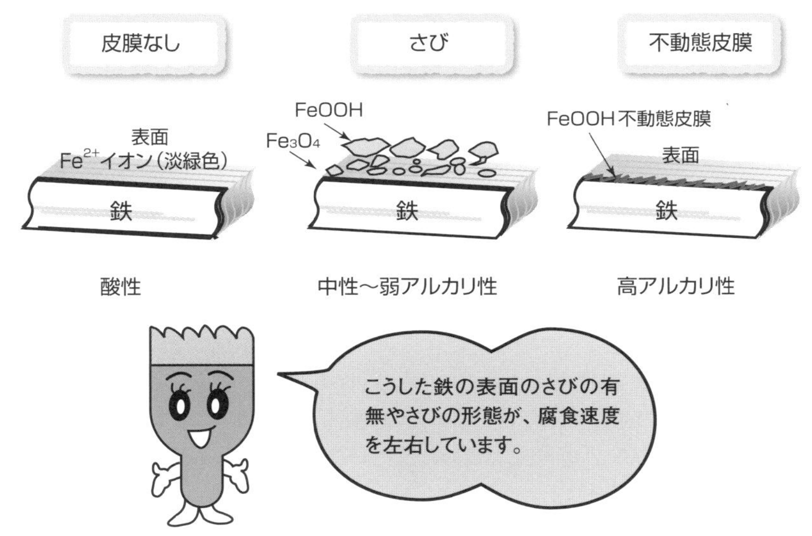

pH：水溶液の酸性、アルカリ性の度合いを表す指標。一般に「水素イオン濃度」といわれることもあるが、正確には、水素イオン濃度の逆数の常用対数を示す値。

Column

さびの色は金属によって異なる

「腐食すること」と「さびること」とが同じ意味を持つのは、一般に、大気環境あるいは中性の水の中で腐食する場合です。金属によってさびの色も異なります。鉄では、鉄さびの化学式は$Fe(OH)_3$、$Fe_2O_3 \cdot nH_2O$、Fe_2O_3で表示されますが、化学構造式で表すとFeOOHとなります。色は赤褐色です。また、黒色のFe_3O_4もさびとして存在します。鉄は機器、プラント、乗り物、遊具などあらゆるところに使用され、人目につくことから、鉄さびは鉄の劣化と関係付けられ、一般に良い印象を持たれていません。鉄さびは、美しいというよりは、むしろ汚れたものだと受け取られています。

それとは対照的なのが銅のさびです。化学式ではブロカンタイト［塩基性硫酸銅、$Cu_4SO_4(OH)_6$］として表示され、青色で、緑青と呼ばれています。古い建築物の銅の屋根や銅像の表面は、緑青で覆われています。人に与える感じは、鉄さびとは異なり、長い年月を耐えてきた文化財の雰囲気を醸し出します。また、亜鉛は白色の$Zn(OH)_2$を生成し、色が白いことから、やはり汚れた印象は与えません。

大気中で耐食性の良いステンレス鋼、アルミニウム、チタニウムなどには、さびは見られません。これらの金属が水に接するやいなや、それぞれに数十Å（オングストローム、1Å=10^{-10}m）という極薄の不動態皮膜のCrOOH、AlOOH、TiOOHなどを生成し、さびの発生を防止します。

鉄は太古から使用されてきていますが、さびを生じて朽ちるのが大きな欠点です。銅や亜鉛も鉄と同様にさびを生じますが、これらのさびは鉄のさびより防食効果が大きいため、耐用寿命が鉄よりはるかに長くなります。金属表面に生成するさびの構造、緻密性、下地金属との密着性がさびの防食性を左右し、金属材料の寿命を決定します。耐候性鋼という低合金鋼では、大気中において防食性のさびを生成することにより、鉄構造物の耐用寿命を大幅に延ばすことが可能になりました。また、さびやすいという鉄の欠点を補うためにステンレス鋼が発明され、さらに、その他の防食法（例えば塗装、めっき、電気防食、防食剤など）の開発のきっかけともなりました。

第2章

腐食の理屈

腐食の世界では、常識に反することが起こります。例えば、「周囲より温度が低い場所で局部腐食が発生」したり、「希硫酸中では腐食する鉄が濃硫酸には耐えたり」することがあります。また、超純水を輸送する配管の管壁に腐食孔が貫通することも同様です。

なぜ、そんな不思議なことが起こるのかを、根本原理から説明するのが腐食の理屈（腐食機構）です。

1 金属の腐食は原子の安定志向から

金属に限らず、原子でできている自然界の万物は、安定な状態へ向けて変化する

金属を構成する原子が安定志向であることは、金属の構造が結晶質であることからも分かります。

では、結晶質とは?

結晶質とは、**左頁【1】**に示した金属のモデル図において、大きい方の球体で表された原子が規則正しく並んでいることです。これらの原子の中心を線で結ぶと格子ができます。これが**結晶格子**です。

一方、小さい球体で表された自由電子は、原子の間を自由に動き回っていて定まった位置はありません。

原子が規則正しく並んで結晶を形成することが安定志向だといえるのはなぜでしょうか。その理由は、**左頁【2】**の「金属結晶が構成される過程」を考えると分かります。まず、最初の原子を1とします。次の「原子2」は「原子1」に対してある特定の位置をとります。その位置が安定な位置だというのは、次のことから分かります。「原子2」が「原子1」に近付き過ぎると、二つの原子の間に反発力が働いて、「原子2」は元の位置に押し戻されます。逆に二つの原子が離れ過ぎると、二つの原子の間に引力が働いて、「原子2」は元の位置に引き戻されます。このように、「原子2」の位置は不動の安定位置なのです。その次の「原子3」は、「原子1」に対しても、「原子2」に対しても安定な位置をとります。このようにして、平面上に規則正しく配列された金属原子の層ができ上がります。

この層の上に「原子4」が置かれると、立体的な結晶格子ができます。このようにして、金属はすべての原子が規則正しく並んだ結晶質となります。逆にいえば、金属原子が規則正しい格子配列をとる理由は、原子に安定志向があるためです。さらに金属原子が同じ形かつ同じ大きさであることも、結晶体となるための必要条件です。

- 金属は結晶質である
- 原子が安定な位置をとるから結晶質となる
- だから金属原子は安定志向である

[1] 金属の構造（モデル図）

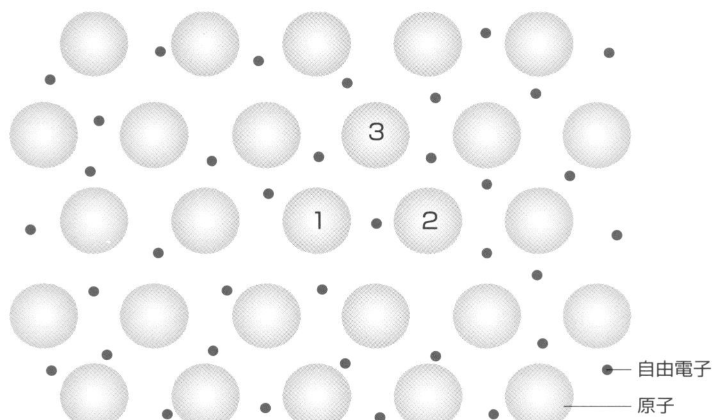

[2] 金属結晶が構成される過程

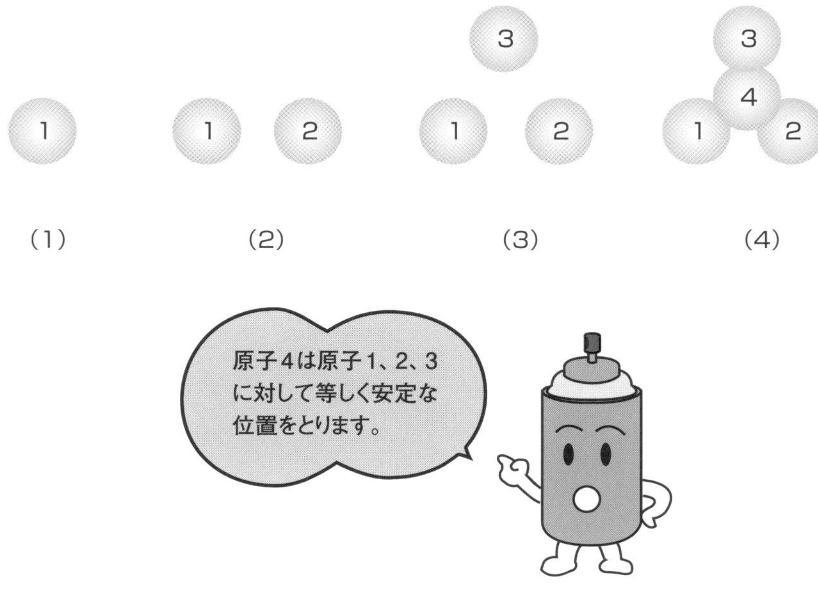

用語解説 **結晶格子**：17-3節参照。金属の結晶は面心立法格子、最密立法格子、体心立方格子のいずれかの配列をとる。

2 金属原子はさらなる安定を目指す

金属原子は電子を放出してイオンとなり、結晶格子から解放される

電子は、原子核とともに原子を構成する重要な要素です。

電子は原子の安定に関与する

金属原子に限らず、すべての原子は原子核と電子から構成されています。そして原子核は、陽子と中性子から構成されています。これらのうち、陽子は正の電荷と一定の質量を持っています。中性子には電荷はありませんが、質量は陽子と同じです。電子はほとんど質量を持っていませんが、陽子と同じ量の負の電荷を持っています。どの原子においても陽子の数と電子の数は等しいため、どの原子も中性です。

大きな原子では原子核も大きく、したがって陽子や中性子の数も多く、また、電子もたくさんあります。例えば、不活性ガスの一つであるネオンNeより原子番号が一つ大きいナトリウムNaは、陽子も電子も一つ増えています（**左頁【1】**）。

一つの原子の安定に関与するのは、最外殻電子の数です。その数が0または8のときにその原子が安定状態になります。例えばネオンNeは、最外殻（M殻）にある電子の数が0なので安定しており、反応しません。それに対して金属ナトリウムは、水をかけるだけで爆発するほど不安定です。これは、ナトリウムが安定なNeと同じ最外殻電子配列になろうとして、最外殻電子を簡単に放出してしまうからです。

最外殻電子を失ったナトリウム原子は安定ですが、もはや中性ではなく、電子1個分だけ正に帯電しています。これが**イオン**です。

原子が電子を放出するプロセスを**酸化**と呼びます。逆に、放出した電子を取り戻すプロセスは**還元**です。金属原子が安定を目指し、電子を放出してイオンに変わるプロセスが、酸化であり腐食です。

- **金属原子は、原子核と多数の電子からなる**
- **原子が最外殻電子を放出すれば、安定なイオンになる**
- **金属原子がより安定なイオンを志向することが、腐食の動機**

[1] 原子の構造

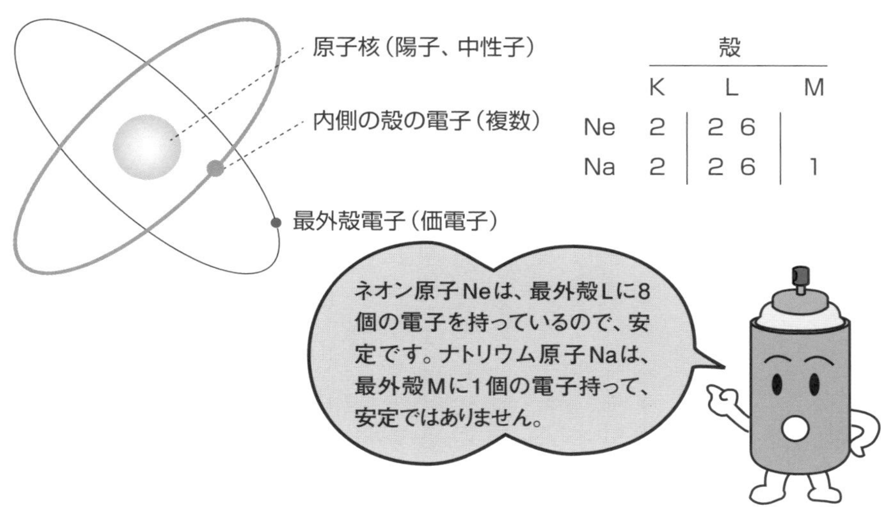

	殻		
	K	L	M
Ne	2	2 6	
Na	2	2 6	1

[2] 原子からイオンと電子へ

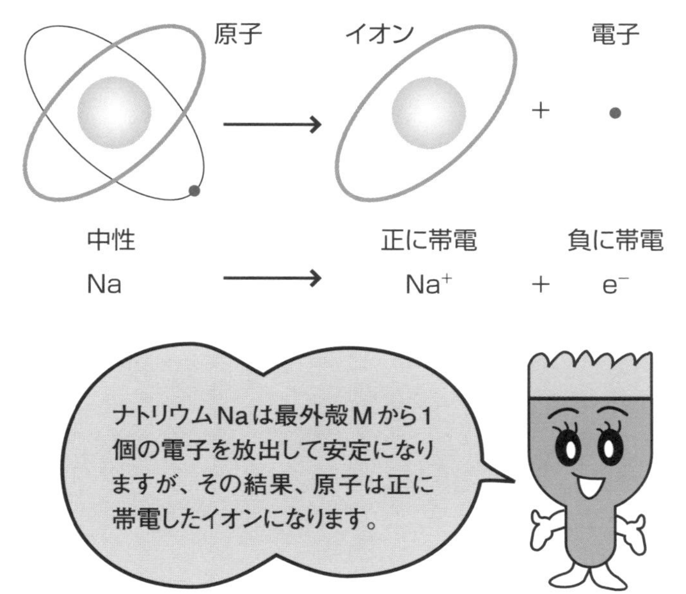

3 イオンが残した電子はどうなる?

金属原子がイオンになるとき、放出された電子はどうなるのだろう

イオンは水に溶けるので水中へ溶け出しますが、電子は水に溶けないので金属内に残ります。

金属内の電子の挙動

金属内にはすでにたくさんの**自由電子**が居ます(**2-1節左頁【1】**)。これらの電子は、名前こそ自由電子と呼ばれていますが、その実態は原子核を取り巻く電子のうちの最外殻にある価電子です。したがって、自由に動き回れるといっても原子核の近辺に限られ、原子核から完全に離れることは簡単にはできません。つまり、金属結晶の中の自由電子は数も居場所もほぼ定まっています。そのため金属結晶内には、イオンになった原子が放出した電子を収容する余裕はほとんどありません。このような状況では、新たな自由電子の発生は原子のイオン化プロセスの大きな障害です。この、いわば邪魔者の電子を処理できるのが、水中の**溶存酸素**と**水素イオン**です。溶存酸素は電子をもらって水酸化物イオンOH^-となり、水中へ拡散します(**左頁の式2**)。また、水素イオンは電子をもらって水素ガスになり、大気中へ去ります(**左頁の式3**)。

酸素や水素イオンが電子をもらう反応を、**還元反応**あるいは**カソード反応**と呼びます。電子を返してもらうので還元です。これに対し、金属原子が電子を放出する反応(**左頁の式1**)は**酸化反応**、**アノード反応**です。重要なのは、酸化反応で発生する電荷の量(e^-)と還元反応で収容される電荷の量とが等しいことです。これは**保存則**と呼ばれ、自然界の万物が変化するときに守らなくてはならない法則です。結論として、腐食とは「金属原子が保存則を守りながら安定なイオンへと変化すること」です。なお、原子、イオン、電子の間の量的関係は**左頁【2】**に示すとおりです。

- **金属原子がイオンになるのは酸化反応(アノード反応)**
- **電子が消費される反応は還元反応(カソード反応)**
- **保存則とは「酸化反応量=還元反応量」のこと**

[1] 腐食反応式

$$Fe \rightarrow Fe^{2+} + 2e^- \quad (式1)$$

$$\frac{1}{2}O_2 + H_2O + 2e^- \rightarrow 2OH^- \quad (式2)$$

$$2H^+ + 2e^- \rightarrow H_2 \quad (式3)$$

上の化学反応式において、Fe, O, Hは元素を、O_2, H_2, H_2Oは化合物の種類を表すとともに、それぞれの量をmol（モル）で表しています。また、Fe^{2+}, OH^-, H^+はイオンの種類を表すとともに、量をmolで表しています。同様に、電子e^-の1個の量も1 molです。

[2] 発生電気量の式

上の式1によると、イオンの持つ電荷の量は、符号は異なるものの、反応によって生じる電子の電荷の量と同じです。したがって、発生する電気量[C, クーロン]は、アノード反応金属の質量[kg]から下の式で求まります。

発生電気量 ＝（金属の質量／原子量）×イオンの価数×F

F ＝ 96500 クーロン／当量　　当量 ＝（金属質量／原子量）×イオン価数

4 イオンも自由電子もやはり安定志向

安定を目指して原子から生じたイオンや自由電子も、同様に安定を目指す

安定とは、それぞれが保有しているエネルギーが低い状態のまま、変化しないことです。

平衡状態とは釣り合い状態

腐食反応は自由電子を含むので、**電気化学反応**あるいは**電極反応**と呼ばれます。電極とは、**左頁【1】**にあるように、その金属のイオンを含む溶液に浸漬された金属片のことです。電極を形成する金属、イオン、自由電子は、それぞれ異なった種類のエネルギーとその準位を示す指標を持っています。

鉄金属についての腐食反応（**2-3節の式1**）は、右方向へも左方向へも進むことのできる**可逆反応**です。右方向へ反応が進めば電子を失うので酸化反応、左へ進めば電子を返してもらうので還元反応です。

イオンの化学ポテンシャルが高いほど、還元反応速度が大きくなります。この関係を**左頁【2】**の図の右部が表しています。一方、自由電子の持つ電気的エネルギーレベルを示す電位が高くなると、酸化反応速度が大きくなります。この関係が**左頁【2】**です。

それぞれのエネルギーは互いに独立であり、相手に関係なく変化することができます。したがって、いかなる状態においても、還元反応も酸化反応も同時に進行していて、見かけ上は、反応速度の大きい方向へそれらの差額が発生しているように見えます。

いま、化学ポテンシャルがある値のとき、還元反応速度はある値になります。それと等しい酸化反応速度となる電位が存在するはずです。この電位では還元と酸化が相殺されて、見かけ上は酸化反応も還元反応も起きておらず、したがってイオンの量も自由電子の量も変化しません。変化がないのは、安定な状態であることの証拠です。酸化・還元反応ではこれを平衡状態、そのときの電位を**平衡電位**と呼びます。

- **平衡状態では、酸化反応速度と還元反応速度が等しい**
- **平衡状態では、イオンでも自由電子でも状態に変化なし**
- **変化がないのは安定の証拠**

[1] 電極構成員の持つエネルギーとその指標

鉄金属の電極反応（可逆反応）：　$Fe \rightleftarrows Fe^{2+} + 2e^-$

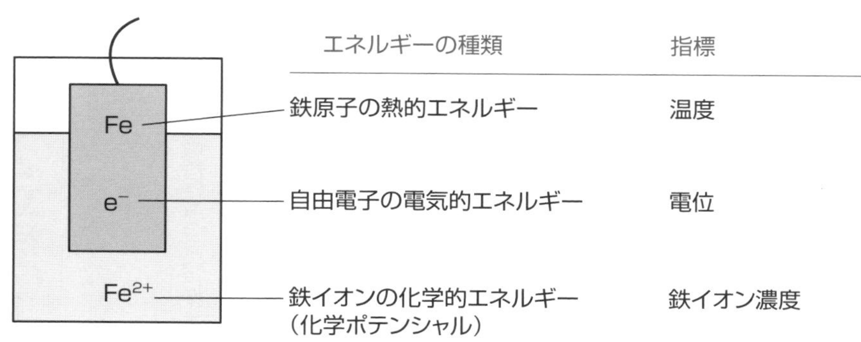

[2] 酸化・還元反応速度と駆動力

$Fe \rightleftarrows Fe^{2+} + 2e^-$

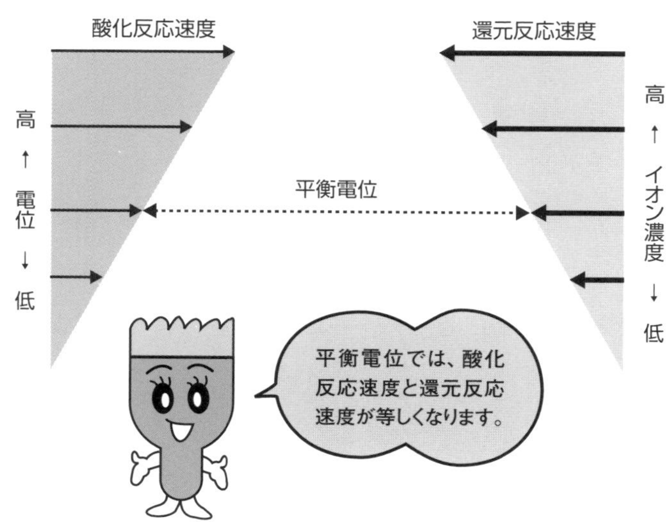

可逆反応：例えば反応式$Fe \rightleftarrows Fe^{2+} + 2e^-$のように、右方向（酸化反応）へも、あるいは逆に左方向（還元反応）へも進むことのできる反応。

5 安定な金属と活性な金属がある

安定な金属はイオンになりにくく、活性な金属はイオンになりやすい

安定でイオンになりにくい金属は貴金属、イオンになりやすい金属は卑金属と呼ばれます。

貴卑の判定基準は標準電極電位

電極反応には金属原子、金属イオン、自由電子が関与します。このうち、自由電子の挙動はいずれの金属の中でも同じです。つまり、自由電子の保有する電気的エネルギーの大小の指標は、どの金属中でも電位です。

一方、イオンについては、それぞれの金属原子に対応してイオンが存在します。それらの水中での振る舞いは、イオン種によって異なります。言い換えれば、水中のイオンの保有する化学的エネルギーの大きさは、一つの指標では表せません。

例えば、イオンのモル濃度（単位はmol/LまたはM）は化学的エネルギーの指標としてしばしば用いられますが、**左頁【1】**に示されるように、イオン濃度を1Mに揃えても、それぞれのイオンの還元反応速度R_Rは異なります。安定な金属である銅Cuの還元反応速度は大きく、銅がイオンになりにくい金属であることを示しています。一方、卑金属のナトリウムNaの還元反応速度は小さく、ナトリウムがイオンになりやすい金属であることが分かります。

逆にこのことは、「同一イオン濃度における還元反応速度を比較すれば、金属の貴卑が判定できる」ことを示しています。さらに、これらの還元反応速度と等しい酸化反応速度R_Oも、酸化反応速度がその速度になるときの電位も、金属の貴卑を示す良い指標となります。酸化反応速度と還元反応速度が等しくなるときの電位は平衡電位です。つまり標準状態（イオン濃度1M、温度25℃）における平衡電位は**標準電極電位**と呼ばれ、金属の貴卑を示す指標となっています。

- イオン化しやすい金属は卑金属、しにくい金属は貴金属
- 金属のイオン化傾向はイオンの濃度にも依存する
- 標準電極電位は、金属の貴卑を数値で示す優れた指標

[1] 標準電極電位（$E_0{}^0$）はイオン濃度1Mのときの平衡電位

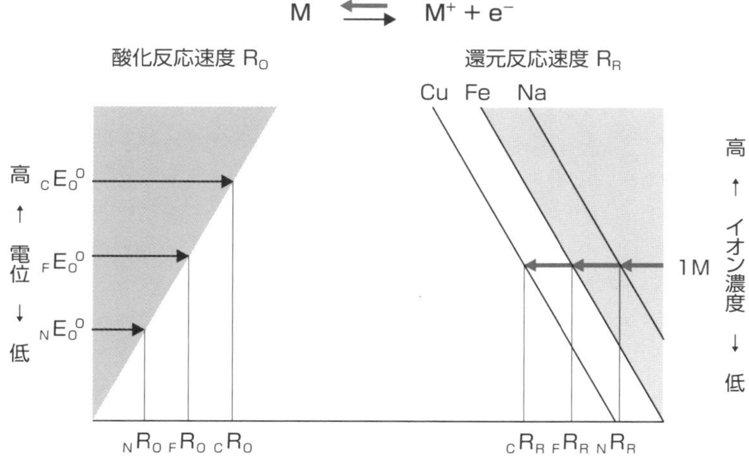

「イオン濃度1Mにおける還元反応速度」と同じ酸化反応速度になる電位が標準電極電位。

[2] 主な金属の標準電極電位

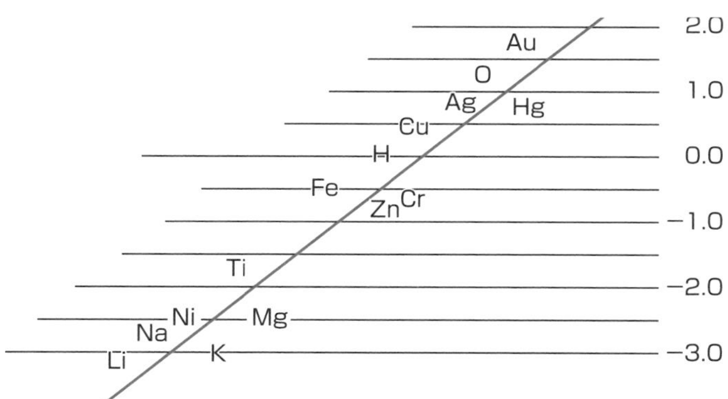

縦軸の標準電極電位が高いほど安定で貴な金属。電位の数値は水素の$E_0{}^0$を0とした相対値。

6 電位と反応速度の関係が分極曲線

電位と酸化反応速度や還元反応速度との関係を表すのが分極曲線

酸化反応を推進するのは自由電子の保有する電気的エネルギーであり、その指標が電位です。

電位が還元反応に関係する理由

左頁［1］に示すように、平衡電位E_0では還元反応速度と酸化反応速度は等しいので、これらは相殺して正味0となり、見かけ上は還元反応も酸化反応も起きていないように見えます。このとき、水中の鉄イオン濃度を変えずに、鉄金属の電位を平衡電位より高くすると、還元反応速度より酸化反応速度の方が少し高くなり、実質的には酸化反応が進行していることになります。電位をさらに上げると、実質的酸化反応速度はさらに高くなります。この実質的酸化反応速度をアノード反応速度と呼びます。この電位と実質的酸化反応速度との関係を示したのが**アノード分極曲線**です（**左頁［2］**）。

水中のイオン濃度を変えずに、鉄金属の電位を平衡電位より低くすると、還元反応速度より酸化反応速度が少し低くなり、差し引き還元反応だけが進行していることになります。電位をさらに下げると、この実質的還元反応速度はさらに高くなります。この実質的還元反応速度がカソード反応速度です。そして実質的還元反応速度と電位との関係を示したのが**カソード分極曲線**です。

水素イオンについてもアノード分極曲線、カソード分極曲線が存在します。このときの電位は、その表面で水素の酸化・還元反応が起きている金属の電位です。これは、水素の酸化・還元反応に関与する自由電子がこの金属に所属しているからです。

水素のカソード分極曲線と鉄金属のアノード分極曲線の交点の電位では、アノード反応速度とカソード反応速度が等しくなります。

- 実質的酸化反応速度と電位との関係が、アノード分極曲線
- 実質的還元反応速度と電位との関係が、カソード分極曲線
- 鉄のアノード分極曲線と水素のカソード分極曲線が交差

[1] 酸化・還元反応速度と駆動力

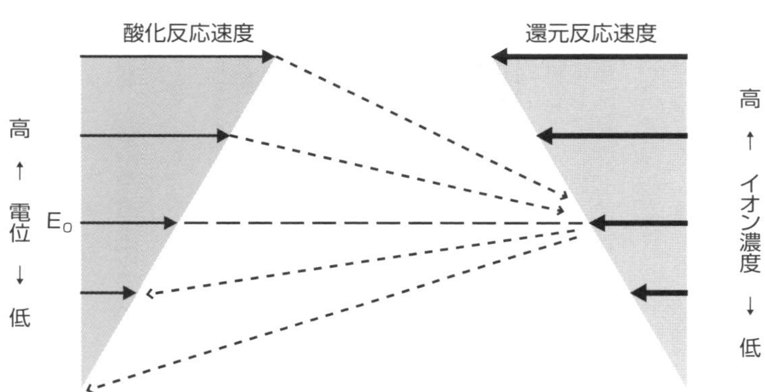

[2] 分極曲線

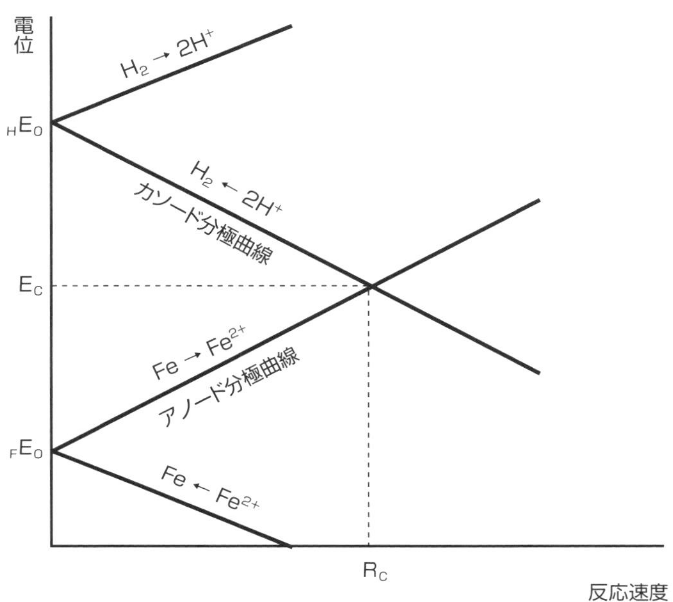

7 分極曲線とエバンスダイアグラム

電極反応の速度は、電位が平衡電位から離れるほど大きくなる

エバンスダイアグラムは、腐食反応における駆動力と抵抗と速度の関係を示します。

腐食速度を表示する次元

左頁【1】は、鉄金属と水素イオンからなる腐食系の**エバンスダイアグラム**です。縦軸には自由電子が保有する電気的エネルギーの指標である電位がボルト[V]で表示されています。この軸上の平衡電位E_0は一つの電極反応において酸化反応速度と還元反応速度が等しくなる電位です。この平衡電位からのズレが、実質的に電極反応を推し進める駆動力です。

横軸には、腐食速度が電流の対数で表示されます。電流とは、電極反応速度の次元である[mol/sec]を、ファラデー定数を用いて[C/sec＝A]へ換算したものです。決して電流が流れているわけではありません。

アノード分極曲線とカソード分極曲線の交点の座標軸で腐食電流（腐食速度）i_Cが与えられるのは、この交点では「アノード反応速度＝カソード反応速度」の保存則が満足されているからです。この交点が腐食電位であることは、「アノード反応が起きている場所の電位とカソード反応が起きている場所の電位は同じ」だということを意味しています。

分極曲線の勾配は電極反応の抵抗です。ただし、電気回路に適用されるオームの法則V＝IRで示される抵抗ではありません。左頁【2】に示したように、「分極曲線の勾配が小さくなると腐食速度が上昇する」という意味での抵抗です。水中での腐食ではイオンが水に溶けやすく、そのためさびができにくく、抵抗が小さく、結果として腐食速度が高くなります。

- エバンスダイアグラムの縦軸は、腐食反応の駆動力
- 横軸の電流は、腐食の速さ
- 分極曲線の勾配は、腐食反応における抵抗

[1] 鉄金属-水素イオン系のエバンスダイアグラム

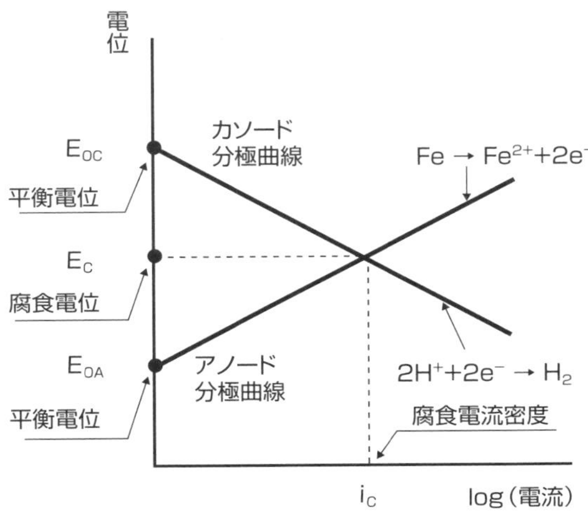

[2] 分極曲線の勾配は反応抵抗

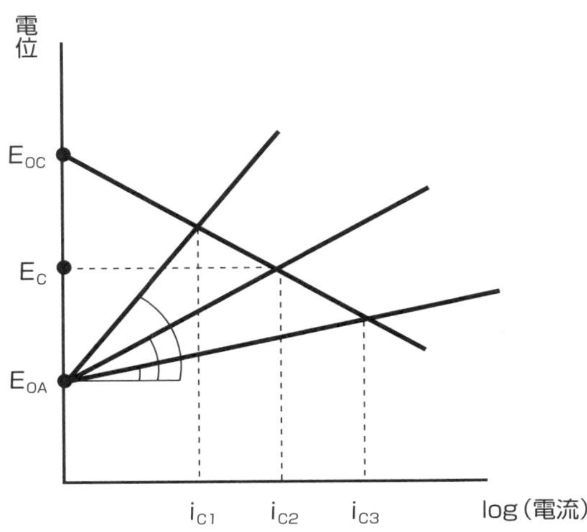

Column

水と石

無邪気な小学生から「水に濡れると鉄がさびるのは何故ですか」と問われれば、「それは、鉄イオンが水に溶けるからです」と答えればよいでしょう。しかし、同じ質問を大学生から受けた場合は、この答えが適切かどうか逡巡せざるを得ません。何故なら、さびはイオンではなく酸化物だからです。また、この質問の裏にある「乾いていれば鉄はさびない」が正しいかどうかも微妙です。なにしろ乾いた状態でも鉄の表面は薄い水の膜で覆われていて、その厚さが１μmのときの腐食速度は、それが1mmのときより高い（第１章 第４項）というのですから。

もっと悩ましいのは、水です。この小学生は無意識に「きれいな」水を考えているのでしょうが、この世に純粋な水は存在しないと言っても良いぐらいです。そのうえ、身の回りの現実の水の中には、実に様々な物質が溶けています。それらのうち、水にとけてイオンになる塩類だけを考えればよいのであれば、その影響の大小は本章で述べたように導電率（電気伝導度）によってある程度は表せるかも知れません。しかし、有機物はどうでしょう。水中の有機物の量で水の汚れを表すことがあります。その反面、有機化合物の中には金属表面に吸着して腐食を防ぐ腐食抑制剤（第２章第６項参照）の機能を持っているものもあります。見方によっては、汚い水なら鉄がさびないと言えなくもありません。

また、水の中には気体も溶け込んでいます。酸素は典型的な酸化剤ですから、溶存酸素濃度が高いほどその水の腐食性は高いと言えます。ところがステンレス鋼については必ずしもそうとは言い切れません。第３章にあるように、ステンレス鋼の優れた耐食性は、不動態皮膜のお陰です。溶存酸素を全く含まず、逆に還元性物質を含む水に濡れると、ステンレス鋼の表面の不動態皮膜が壊れて、さびないはずのステンレス鋼がさびることがあります。

腐食の分野では、一つの腐食現象を分かり易く説明することさえ大変であるのに加えて、その説明を、全ての条件下の、全ての金属の腐食に適用することは到底できないのです。これは、金属の性質やその周囲の環境条件が少しでも異なると、ある影響因子の効果が正反対に現れることがあるためです。

腐食の分野におけるこのような状況はよく囲碁に例えられます。つまり、囲碁の序盤には、名人といえども動かせない定石があるものの、その後の石の置き方は正に千変万化、一つとして同じ石はない、というわけです。

第3章

大気腐食

さびは水があって初めて生成します。鉄の亜鉛メッキ構造物や銅製屋根が長寿命なのは、大気中で防食性のさびを生成するためです。

一方の鉄は、大気中の水環境が乾湿を繰り返せば、防食的なさびを生成しますが、常に湿った環境では、さびにより構造物の命は短くなります。

本章では、鉄鋼構造物の長寿命化のために、金属側と環境側のそれぞれの因子と影響を紹介します。

1 大気中の腐食プロセス

雨や結露水のウェット／ドライサイクルによる鉄の腐食

鉄の大気中での腐食は、水溶液中とは異なり、薄膜水中の条件で防食的なさびが生じ得ます。

薄膜水って何？

大気中で生じる鉄の最初の腐食生成物は$Fe(OH)_2$（緑さびと呼ばれる）ですが、これはさびではなく、緑色の水溶液です。これが酸化されると黒色のFe_3O_4（**マグネタイト**）になります。大気中では酸素が十分に存在するので、赤さび（γ-FeOOH）および**茶色さび**（α-FeOOH）が生成します。

さびの厚さに関して立体構造的に見てみると、鉄の側から、鉄➡Fe_3O_4➡α-FeOOHまたはγ-FeOOHという構造となります。

α-FeOOHは安定なさびで、これ以上反応することはありません。一方、γ-FeOOHは不安定なさびで、還元されてFe_3O_4となるので、酸化反応を担うことになります。すなわち、鉄の溶解反応を促進するので、さびがさびを呼びます。

左頁［1］に、鉄の腐食速度に及ぼす結露水の水膜厚さの影響を示しました。1㎛前後では、腐食速度が1㎜の水膜厚さの場合より大きくなっています。ただし、これはあくまでも初期の腐食速度であり、長期的に見ると、水膜厚さ1㎜の方が、1㎛よりもはるかに大きくなります。

水膜厚さ1㎛では不動態皮膜近似の安定さびで防食性があり、水膜厚さ1㎜では沈殿さびで防食性はほとんどありません。

建築物に生じるさびの一例として、**左頁**［2］に米国ペンシルベニア州コンショホッケンのプラットホームのさびの状況を紹介します。さびはγ-FeOOHの赤さびだと思われます。

- 鉄の大気腐食さびは、α-FeOOH、γ-FeOOH、Fe304など
- さびには、防食性さびと非防食性さびがある
- さびの構造は、腐食の水膜厚さに左右される

鉄の金属表面の水膜厚さと腐食速度の関係

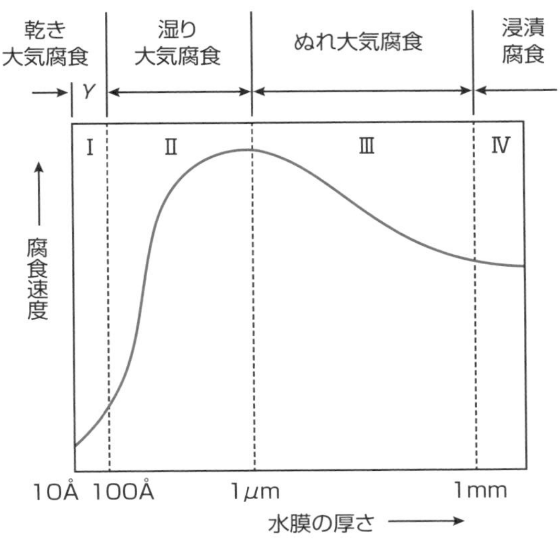

出所：N. D. Tomashor, Corrosiom, 20.7（1964）

[2] 鉄道のプラットフォーム

鉄道施設：(Conshohocken, Pa, USA)の大気腐食

赤さびた駅の屋根

レール側面も赤さびに覆われている

2 潮風や大気汚染で鉄は朽ちる

鉄の大気腐食は、大気環境の腐食性に左右される

酸性雨が降ってきたり、あるいは海浜地帯で海塩粒子が飛んできたりすると、大気腐食は増大します。

大気腐食は地域性に左右される

大気が汚染されるとSO_xやNO_xが大気中で増え、雨が降るとこれらの化学物質は雨に溶け込んで雨のpHを下げます（5以下になる）。pHが下がって酸性になると、通常の中性の雨水よりも鉄の腐食は増大します。**左頁［1］**は**酸性雨**のできるプロセスです。

また、普通鋼の例では、大気中での腐食速度は海浜地帯が最大で、次に工業地帯、最も少ないのが田園地帯となります。海浜地帯では田園地帯の約10倍の腐食速度です。これは、海浜地帯では鉄の表面に$NaCl$や$MgCl_2$を含む**海塩粒子**が付着するためです。海塩の表面は**潮解性**があり、低い相対湿度で水分が凝縮します。つまり、鉄表面が水で覆われる時間が長くなります。また、腐食溶液となる薄膜水の**電気伝導度**を高めるので、腐食性が増大します。

付着した海塩粒子が水分を吸収して生じた薄膜水下では、***β*-FeOOH（アカガネアイト）**という特別なさびが生成します。レピドクロサイトやゲーサイトと一緒に存在します。工業地帯や田園地帯で生成するさびには、これは含まれません。**左頁［2］**はアカガネアイトの立体構造で、水分子の通りやすいすき間が存在します。酸素を含んだ水が、このすき間を通じて比較的容易に基板の鉄に到達でき、腐食速度が増します。

このように、鉄さびの防食性は環境に左右されますが、鋼種によっても左右されます。**3-4節左頁［1］**において少量の銅、クロム、ニッケルを含有する耐候性鋼の腐食速度は、普通鋼の数分の一になっています。合金元素によってさびの防食性が上がります。

- **酸性雨のもとでは、防食性さびが形成されない**
- **海塩粒子の付着は、鉄の腐食速度を加速する**
- **鉄さびの防食性は環境に左右される**

[1] 酸性雨のできるプロセス

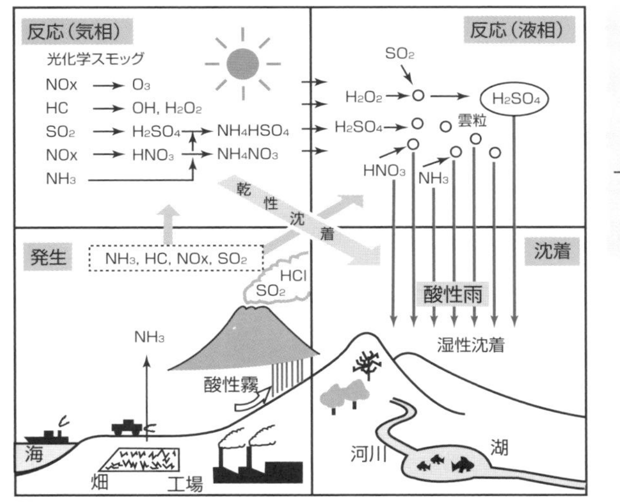

大気が汚染される

↓

SO_x、NO_xが増える

↓

上記の化学物質が雨に溶け込む

↓

雨のpHを下げる=酸性になる

[2] アカガネアイトの立体構造

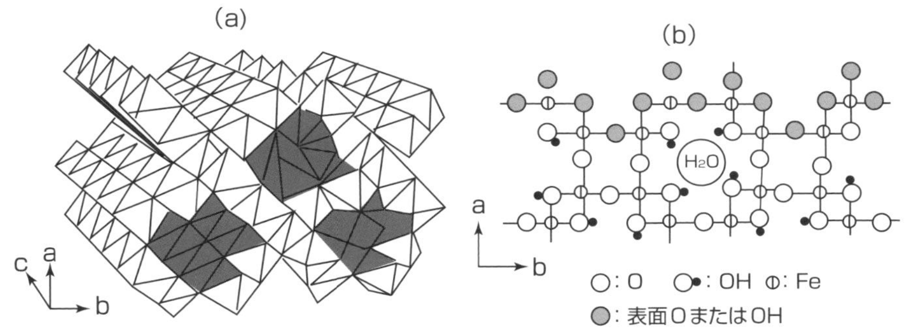

(a) 全体
(b) 表面

潮解性：潮解とは、物質が空気中の水（気体）を取り込んで水溶液となる現象。この現象を起こす物質の例として、塩化マグネシウム（$MgCl^2$）、水酸化ナトリウム（NaOH）などがある。

3 金属による大気腐食速度の違い

大気腐食抵抗性（耐候性）は、銅、亜鉛、鉄の順で優れている

鉄と同様に建築素材として使用される銅や亜鉛は、大気中で腐食し、特有のさびを生じます。

海浜地帯ではさびの組成や腐食速度が違う

銅や**亜鉛**は建築物用材料として多用され、大気中でさびますが、鉄とは違う色合いを呈します。銅のさびは緑青で、暴露環境により緑青の化学成分が異なります。亜鉛は白色のさびを呈します。

亜熱帯に位置するタイでの、銅、亜鉛および鉄の大気腐食結果を左頁［1］に示します。**大気腐食抵抗性**（耐候性）は銅が最も優れ、次いで亜鉛、鉄の順です。いずれの金属も田園地帯に比べて海浜地帯での腐食速度が非常に大きくなっています。

左頁［2］に示すように、工業・都市・田園地帯では、銅のさびには酸化銅（Cu_2OおよびCuO）、緑青（$CuCO_3 \cdot Cu(OH)_2$）があります。

亜鉛のさびには、**酸化亜鉛**ZnO、**水酸化亜鉛**$Zn(OH)_2$、**塩基性炭酸亜鉛**（$2ZnCO_3 \cdot 3Zn(OH)_2 \cdot H_2O$）などがあります。

銅および亜鉛の最終さびによって、これらの金属の大気腐食は抑制されます。

海浜地帯では、銅および亜鉛の腐食速度は田園地帯と比べ、ほぼ10倍くらいの速度になります。金属に付着する**海塩粒子**によって腐食が加速されるためです。

このような環境条件下では、銅には緑青の一種の**アタカマイト**$Cu_2Cl(OH)_3$（**左頁［3］**）、亜鉛には**シモンコレイト**$Zn_5(OH)_8Cl_2 \cdot H_2O$（**左頁［4］**）が生成します。

これらのさびは、さび組成にClを含有しており、田園地帯で生成するさびのようなClを含有しないさびに比べて、防食効果に劣ります。

- **大気腐食抵抗性（耐候性）：（優れる）銅→亜鉛→鉄（劣る）の順**
- **さびの色：銅は緑青、亜鉛は白色**
- **銅と亜鉛に生じるさびの組成：田園地帯と海浜地帯で違う**

[1] 材料による耐候性の違い

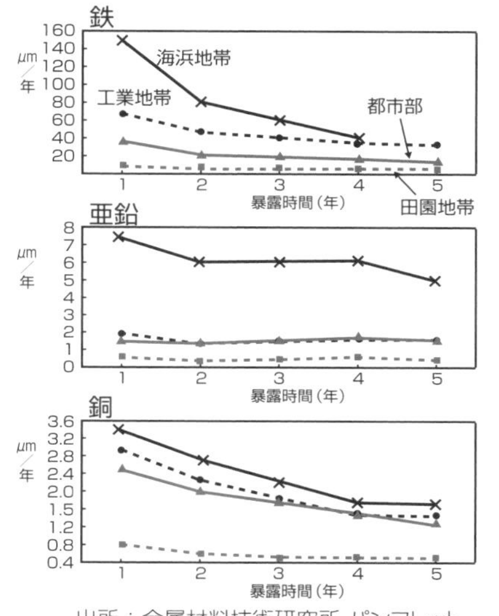

出所：金属材料技術研究所 パンフレット

[2] 工業・都市・田園地帯での銅・亜鉛のさび

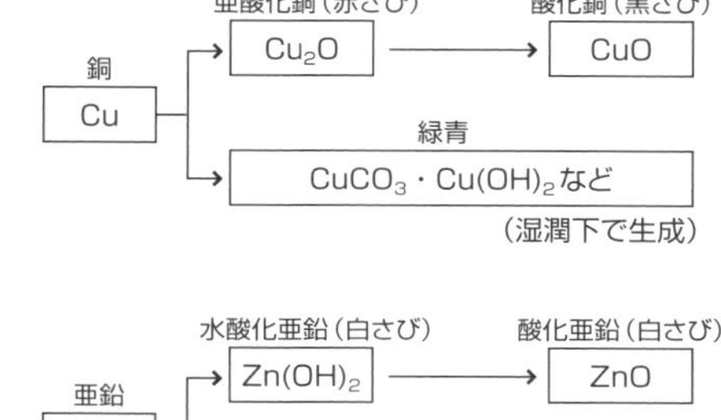

[3] 銅でのアタカマイト生成

[4] 亜鉛でのシモンコレイト生成

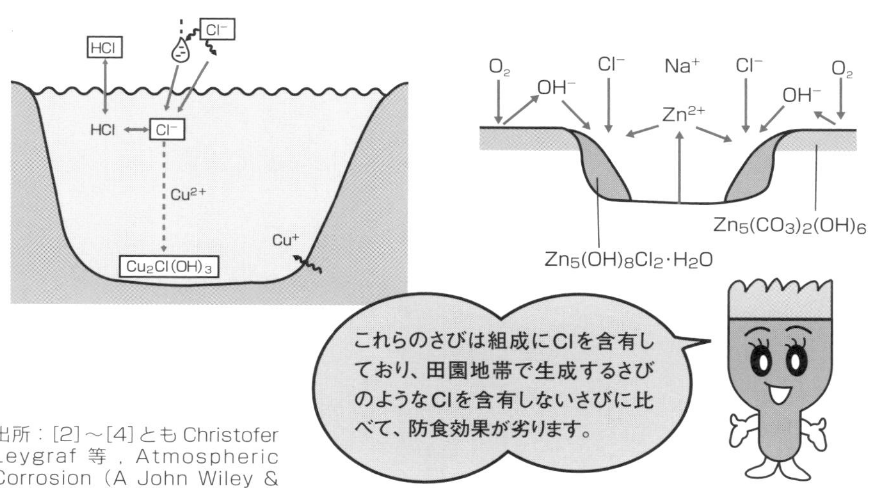

出所：[2]～[4]とも Christofer Leygraf 等, Atmospheric Corrosion (A John Wiley & Sons, Inc.)

用語解説　緑青（ろくしょう）：銅が酸化することで生成される青緑色のさび。

4 耐候性鋼の威力

塗装やめっきなしで長年月にわたり屋外で使用可能

耐候性鋼中の微量合金元素（銅、クロム、ニッケル等）のうち、クロムは防食性さび生成に必須です。

100年メンテナンスフリー

耐候性鋼には、JIS規格で、**溶接構造用熱間圧延鋼材**SMA400、490、570および**高耐候性圧延鋼材**のSPAがあります。成分は、前者が0.4Cu-0.5Cr-0.2Ni、また後者が0.1P-0.5Cu-1Cr-0.5Niです。耐候性鋼材は、田園・工業・海浜地帯などで、炭素鋼に比べて2～4倍の優れた耐候性を発揮します（**左頁【1】**）。

大気腐食によるさびは、二層構造を有します。偏光顕微鏡で観察すると、上層は明るいさび層で、主にレピドクロサイトのγ-FeOOH、内層は暗色のさびで主にゲーサイトのα-FeOOHからできています。内層のゲーサイトにはCrが濃縮し、微細な結晶構造になっています。このことが、良好な耐候性発現のもとになっています。

耐候性鋼に生じる防食性さびは、数年から10年にわたる大気暴露の結果、形成されます。二層構造のさび、すなわち、レピドクロサイト／ゲーサイト構造において、クロム置換微細ゲーサイトが防食さびの機能を担っています。

左頁【2】はさびの**SEM**（走査電子顕微鏡）写真です。写真cは炭素鋼のさび層で、大きなクラックが見られます。

写真aと写真bは耐候性鋼のさびです。bのクロム置換ゲーサイトα-(Fe,Cr)OOHは饅頭（まんじゅう）型の構造で、クラックは見られません。この饅頭の中身は微細なクロム置換ゲーサイトからできています。この構造により、薄膜水下で耐候性鋼は不動態化でき、耐候性を発揮します。

- 耐候性鋼は銅、クロム、ニッケル等を微量含有
- クロム置換ゲーサイトのさび層が、防食性さびのもと
- 防食さび生成により、耐候性鋼は薄膜水中では不動態

[1] 耐候性鋼と炭素鋼（普通鋼）の耐候性の違い

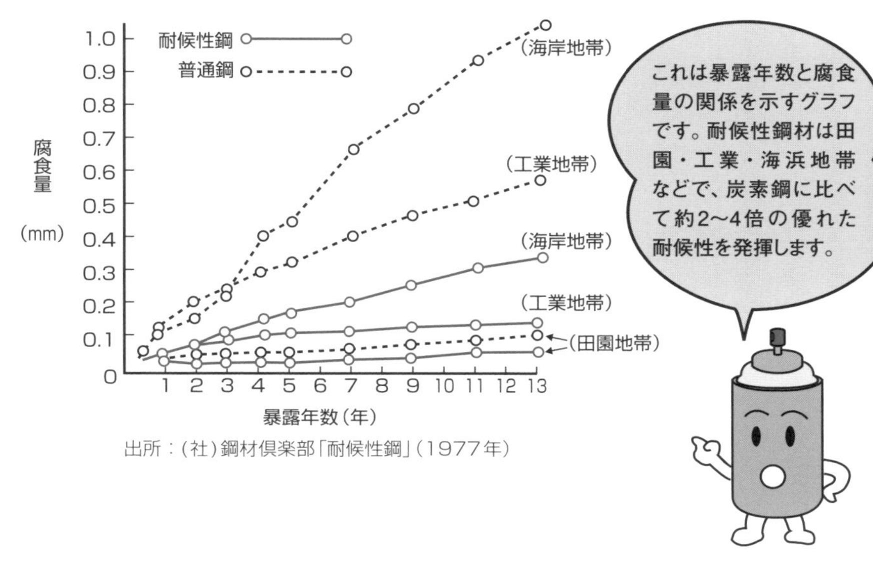

出所：（社）鋼材倶楽部「耐候性鋼」（1977年）

[2] SEMで見た耐候性鋼と炭素鋼のさびの違い

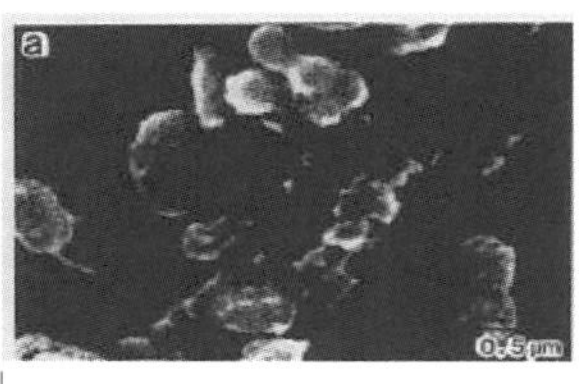

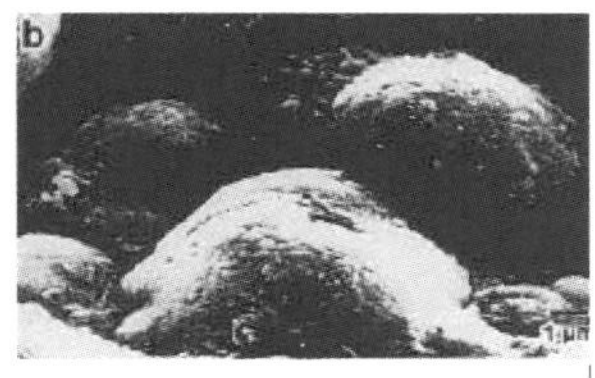

耐候性鋼。bにはクラックが見られない

炭素鋼。クラックが見られる

これらは、さびのSEM（走査電子顕微鏡）写真です。

クロム置換ゲーサイト：α-オキシ水酸化鉄の一種。緻密で保護性のある安定さび。

5 さびの防食性は環境で異なる

鉄表面がウェット-ドライのサイクル条件になることが必要

鉄さびが防食的になるには、厳しい条件が必要になります。

防食性さびが生まれる条件は？

耐候性鋼は、田園地帯あるいは都市・工業地帯において、腐食速度が年間10μm以下、100年間で1mm以下になることから、耐候性鋼を使用した橋がメンテナンスフリーとして建設されています。耐候性鋼を使用した橋は、**左頁【1】**に示すように〝しぶい〟さび色を呈し、橋の維持費も他の塗装橋に比べて低く、経済的にも魅力があります。

しかし、**左頁【2】**に示すように、耐候性鋼橋において、防食性さびが生成する箇所と、そうでない箇所があります。No.1およびNo.2の**水が常にじとじとしている箇所**では、さび結晶が大きく、基板の耐候性鋼から剥がれやすいものです。いわゆる鱗状（りんじょう）のさびになっています。このような環境では、さびが水中の酸素の拡散壁になることは不可能で、防食性に乏しい。一方、No.3とNo.4の箇所は、**水はけの良いところ**です。さびの結晶は細かく、基板との密着性も良好です。防食性さびが生成しています。

防食性さびが生成し、橋がメンテナンスフリーになるためには、〝氏（うじ）〟と〝育ち〟の両方が大切です。橋の**材質**（耐候性鋼）が氏であり、**環境**が育ちを決めます。じとじとした環境では、水膜厚さが常時1mm以上で厚く、水溶液と同じようなものです。この条件下では、耐候性鋼は活性態腐食を呈し、鱗状のさびしかできません。一方、水はけの良いところでは、薄膜水下の腐食で、耐候性鋼は不動態に維持され、緻密で基板との密着性に優れたさびが生成します。上層にγ-FeOOH、下層にα-FeOOHができ、特に後者のさびが防食性を発揮します。

- 常時じとじとしている環境：防食性さびは生成せず
- ウェット-ドライがサイクルする環境：防食性さびが生成する
- 防食性さびの生成には、材質と環境の両方が大切

[1] 耐候性鋼を使用した橋

耐候性鋼を使用した橋。防食性さびが生成することで、腐食速度を大きく減少させることができている。

[2] 防食性さびが生成する環境は？

水が常にじとじとした箇所

No.1

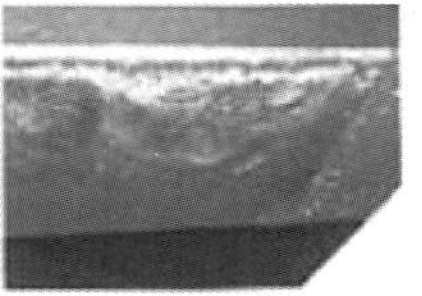

No.2

さびは、結晶が大きく鱗状で、基板の耐候性鋼から剥がれやすいものになっており、防食性に乏しい。

水はけの良い箇所

No.3

No.4

さびは結晶が細かく、基板との密着性も良好で、防食性さびが生成している。

出所：原修一学位論文「耐候性鋼橋梁におけるさび層の保護性と信頼性向上に関する研究」(2007)

6 早期に防食性さびをつくる新技術

「数年から10年」を「1、2年」に短縮するウェザーアクト処理技術

新表面技術で塗膜に防食性さびが生成しやすい環境を整えます（塗膜は防食性さび生成後に消失）。

防食性さびをより早く生成

裸の耐候性鋼に防食性さびが生じるまでの間、腐食は少なくなく、また、耐候性鋼の周囲がさび汁により汚れる場合もあります。これらの問題点を解決したのが**ウェザーアクト処理技術**（住友金属工業㈱）です。耐候性鋼に早期に防食性さびを生成させる表面処理技術であり、裸の耐候性鋼に防食性さびが生成するのに数年から10年かかるところ、この技術ではその期間を1、2年に短縮します。

この新技術は、塗膜の役割を従来とは一変させたものです。塗膜は本来、鋼を環境遮断して防食するために使用されます。しかし、この新技術では、塗膜の中にもさび生成元素を含有させ、基板の耐候性鋼と塗膜中の合金元素の両方が、防食性さびの形成に貢献します。**左頁【1】**に防食性さびの促進プロセスを示しました。

ここで重要なのは、「大気暴露環境下で塗膜には水が浸透し、塗膜そのものが防食性さび形成の反応サイトを提供する」ことです。いったん防食性さびが十分に生成すれば、塗膜は不必要となり、消失していきます。

さび促進法によるさびの設計を**左頁【2】**に示します。「さび生成中には、防食性さび生成に好ましくない塩分の侵入を抑える」塗膜デザインが可能なので、海浜地帯でも防食性さびを生成できます。

左頁【3】は、さび促進法の効果です。α／γ（ゲーサイト／レピドクロサイトの質量比）が短期間で2以上となり、その結果、大気腐食速度が著しく低下します。

- 新表面処理技術で、防食性さびを早期に生成
- 新技術では、さび生成元素を塗膜中にも含有できる
- 防食性さびが生成したあと、塗膜は消失する

[1] ウェザーアクト処理によるさび生成の促進

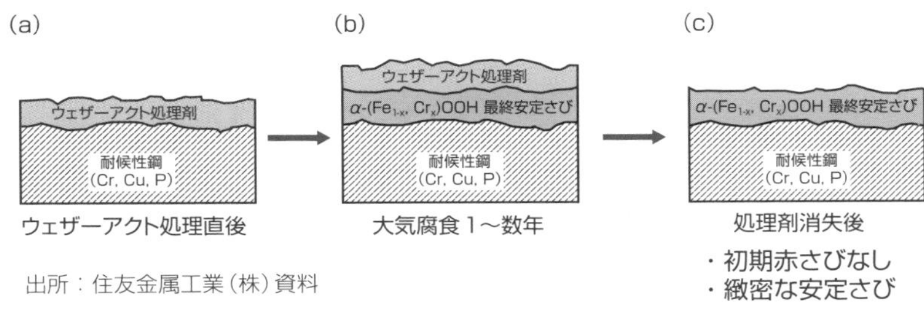

出所：住友金属工業（株）資料

[2] さび促進法によるさびの設計

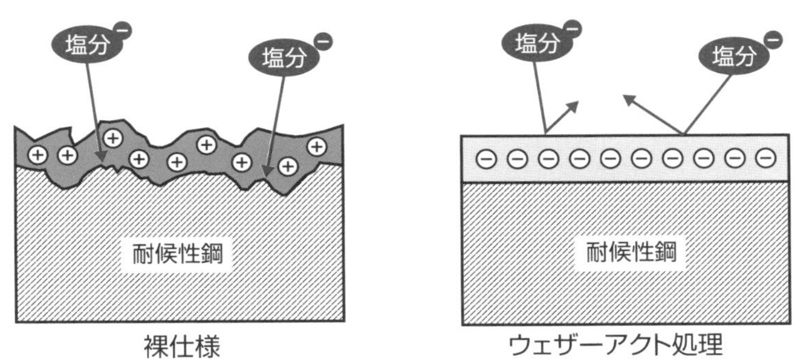

[3] さび促進法の効果

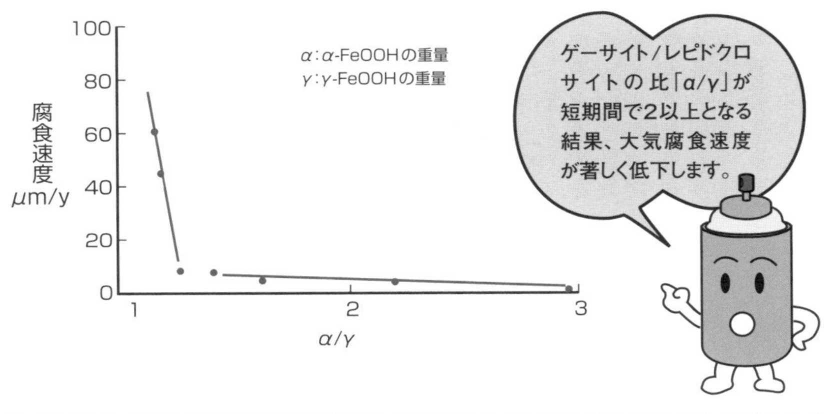

さび汁：金属の腐食により腐食生成物が液体となって流れ出たもの。

7 防食と景観を兼ね備えた黒染め法

鉄のさび現象を利用し、鉄製品をマグネタイトで被覆する方法

人工的に作ったマグネタイトは黒色を呈し、鉄の表面を緻密な結晶で覆っています。

黒さびで「わび、さび」を演出

マグネタイト（Fe_3O_4）は**左頁**【1】に示すように、アルカリ環境下の、特有の電位領域で生成します。

通常、鉄を水中あるいは大気中に放置すると、赤さびのFeOOHが生成し、その下に少量のマグネタイトが生成します。したがって、自然状態で我々の目に触れるさびは、最表面の赤茶色をしたFeOOH赤さびです。

マグネタイトの結晶を**左頁**【2】に示します。立方体の結晶がぎっしりと敷き詰められています。マグネタイトだけが生成する条件は「数十%の苛性ソーダ溶液で、熱水状態で処理する」ことです。このマグネタイトの厚さは数μmで、防食効果があるものの、ステンレス鋼、アルミニウム、チタンなどに生成する不動態膜とは性質が違います。マグネタイトをつくったままの状態で水中に放置すれば、遅かれ早かれ赤さびが生じます。それは、マグネタイトの細孔を通じて水が浸透し、基板の鉄と腐食反応を起こすからです。マグネタイトは「防食効果を有する沈殿性皮膜」として考え、取り扱う必要があります。

したがって、マグネタイトの生成処理の直後には、**湯洗い**、**乾燥**ののち、封孔処理として**油煮**（あぶらに）が行われて黒さびとなります。

左頁【3】は**黒染め**した鉄鍋です。黒色が落ち着いた雰囲気を醸し出し、できる料理の味も良く、また、しっかり保温してくれます。同時に、基板の鉄を腐食から守る役目も果たします。注意事項として、さびの生成を防止するため、使用後は鉄鍋の表面を洗浄したあと、乾燥させておくようにします。

- 黒染めは、鉄に施すマグネタイト皮膜処理
- この皮膜は防食効果と景観効果を持つ
- 赤さびの発生防止には要注意

[1] マグネタイトが生成する条件は？

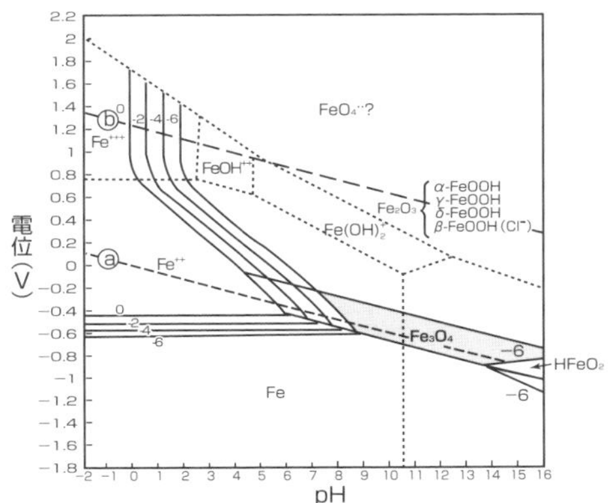

マグネタイトは、アルカリ環境において、特有の電位領域で生成する。

通常は、鉄を水中あるいは大気中で放置すると赤さびのFeOOHが生成し、その下にマグネタイトが生成する。

↓

数十%の苛性ソーダ溶液で、熱水状態で処理することにより、マグネタイトのみの被覆が可能になる。

[2] マグネタイトの結晶

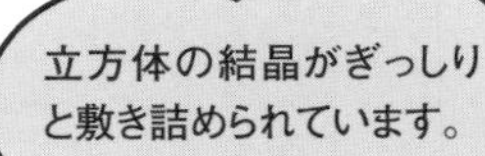

※走査電子顕微鏡写真

[3] 黒染めした鉄鍋

黒色が落ち着いた雰囲気を醸し出しています。使用後は、鉄鍋の表面を洗浄したあと乾燥させておけば、さびの生成を防止できます。

マグネタイト：別名、磁鉄鉱。鉱物の一種。鉄分を含むため黒色をしており、金属光沢がある。組成はFe_3O_4で、等軸晶系。

Column

社会資本の長寿命化あれこれ

橋、橋梁、道路、送電鉄塔などの社会資本、あるいは、鋼建築物、コンテナなどに、基幹材料として鉄が使用されています。寿命は数十年ですが、橋などになると近年は「100年もたせたい」との希望も出ています。

しかし、橋の例でいえば今日、全国の多くの橋は経年劣化が進み、どのようにメンテナンスを続けたらよいか難しい事態になっています。長年使用する間に、橋桁や橋脚で腐食が進行し、また繰返しの振動を受ける部位では腐食疲労などが生じてきます。筆者（長野）がアメリカのミネソタ大学で研究生活を送っていたとき、アパートから大学へ行く途中でよく利用していた、ミシシッピ川にかかる大橋が最近崩落し、通行中の多数の自動車が行方不明になったことが新聞で報じられました。最悪のことが起こりました。

橋のメンテナンスとしては、通常、一定間隔で再塗装をします。橋が古くなればなるほど、再塗装の前工程として、古い塗膜やさびを除去するケレンの作業量が増えます。そのため、再塗装の費用が莫大なものとなります。また、腐食の進行とともに、「この橋は一体いつまで使用できるのか」との不安も強まります。すでに長期間使用されてきている社会資本や鉄構造物、機器の長寿命化を図るにはどうすればよいのでしょうか。この問題は国家と国民の関心事であり、利用者の安全確保のためにも重要な課題です。

さびの科学的研究の進展により、さびについての新たな情報が得られるようになりました。さびには、防食効果を持つものと持たないものがあります。さびに覆われた鉄製の橋基幹部の腐食状態がどうなっているか、余寿命はどれくらいあるか、などを推定できる技術も進化しています。さびの状態の観察・分析を経て、的確で経済的なメンテナンス手法を選び、長寿命化につなげる必要があります。

一方、新たに長寿命化を期待されて、建造物に金属製の屋根が使用され始めました。屋根材としては新顔のステンレス鋼、古顔の銅が、景観と長期耐用性の両面から金属屋根材として選択されています。ステンレス鋼は強度・耐候性・景観性、銅は歴史的な雰囲気を醸し出す景観性が好まれ、使い始められているわけです。今後、長期間の耐用年数が必要な社会資本や建造物においては、「トータルライフコスト最小化」の見地からの材料選びが基本になるでしょう。

第4章 不動態皮膜と局部腐食

鉄に13%以上のCr(クロム)を含有した合金は、腐食しなくなります。この現象を不動態化と呼び、合金をステンレス鋼と呼びます。不動態化する金属は、他にAl(アルミニウム)、Ti(チタン)、Zr(ジルコニウム)などがあります。

不動態皮膜の厚さは、僅か1nm(ナノメーター)です。この皮膜が、水中の溶存酸素が金属地金に到達することを妨げることで、腐食を防ぎます。

本章は、不動態皮膜の生成の仕方・構造を説明します。

1 不動態皮膜

「熱力学的に活性なのに、水溶液中で皮膜を形成して腐食しない」現象を不動態と呼ぶ

不動態皮膜を生成する金属は、チタン、クロム、アルミニウム、ステンレス（Fe-Cr合金）などです。

不動態皮膜の構造は？

不動態皮膜の生成プロセスは、ステンレス鋼を例にとると**左頁［1］**のようになります。水溶液中において、ステンレス鋼中のCrがCr^{3+}イオンとして溶解すると直ちに皮膜CrOOHに変化します。これが不動態皮膜で、厚さは数十Åです。なぜ、限られた金属のみが不動態皮膜を生じるのでしょうか。例えば、**左頁［2］**を参考にすると、不動態皮膜を形成できるTi、Al、Crなどの水酸化物、例えば、$Cr(OH)_3$の**溶解度積**K_{sp}は1×10^{-30}と極端に小さい値です。最初の腐食反応で溶出したCr^{3+}イオンが直ちに不動態皮膜になることを裏付けます。

左頁［1］に示すように、数十Å程度の極薄の皮膜は、クロムが地金より水中に溶出した途端にCrOOHに変化することで生成されます。同様な不動態皮膜の生成は、チタン、アルミニウムにも見られます。

特別な金属のみに見られる不動態皮膜は、**左頁［2］**に示す各種金属イオンの溶解度積と関係があると思われます。溶解度積が極端に小さい金属イオン、例えば、クロム、チタン、アルミニウムのイオンにおいては、溶解度積が小さいために、地金から金属イオンとして溶出するとき、直ちにMOOH（Mは金属の意味）として金属表面に析出することになります。

不動態皮膜がステンレス鋼の全表面を完全に覆っていれば、ステンレス鋼の耐食性は良好です。しかし、局部的な欠陥部があれば、そこから腐食が発生します。このような腐食を局部腐食と呼び、粒界腐食、孔食、すき間腐食、応力腐食割れ、腐食疲労などの原因となります。

- 不動態とは、熱力学的に活性なのに腐食しない現象
- 不動態化する金属は、金属イオンの溶解度積が極端に小さい
- 不動態皮膜が不完全なところは、局部腐食が発生

[1] ステンレス不動態皮膜の生成過程

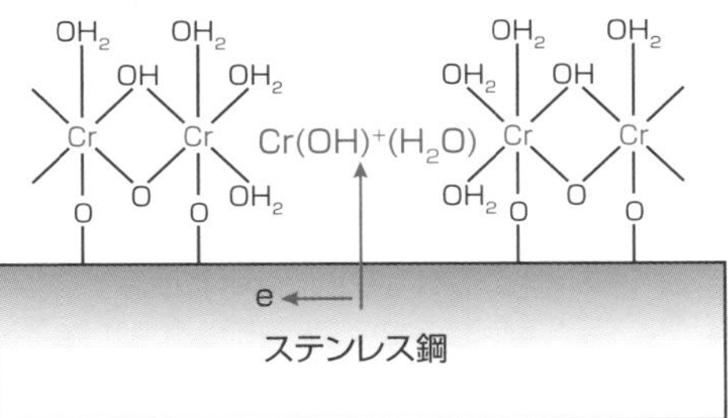

出所：正橋直哉、東北大学金属材料研究所

[2] 水酸化物が沈殿する下限のpHと溶解度積

沈殿する おおよその下限 pH	水酸化物	溶解度積 K_{sp}
2	$Ti(OH)_4$	8×10^{-54}
3	$Fe(OH)_3$	1×10^{-38}
4	$Al(OH)_3$	1×10^{-32}
5	$Cr(OH)_3$	1×10^{-30}
6	$Cu(OH)_2$	1×10^{-18}
7	$Fe(OH)_2$	1×10^{-15}
8	$Ni(OH)_2$	1×10^{-14}
9	AgOH	1×10^{-8}
11	$Mg(OH)_2$	1×10^{-10}
12	$Ca(OH)_2$	1×10^{-5}

溶解度積：K_{sp} (solubility product) を指し、イオン積がK_{sp}を超えるとイオンが沈殿生じる。

2 不動態皮膜の強化

不動態皮膜により、金属の耐食性は格段に向上する

鉄の沈殿さびより、ステンレスやチタンの不動態皮膜の方が格段に優れた防食性を備えます。

不動態皮膜強化に及ぼすMoの効果

原子力発電設備である沸騰水型原子炉の**304ステンレス鋼**(18%Ni-8%Cr-残りFe)の高温高圧水中における、応力腐食割れ(第8章参照)の挙動について説明します。304ステンレス鋼の溶接部は、その熱影響部が600~900℃の温度に曝され、結晶粒界に$Cr_{23}C_6$(**クロムカーバイド**)が生じ、そのため粒界近傍にクロム欠乏層が生じます。この溶接熱影響部の条件を実験室的に再現するため、筆者(長野)らは650℃、3時間の鋭敏化(5-1節参照)の処理を行いました。

腐食環境は250℃の高温水で、脱気していない純水です。応力負荷条件は、**左頁【1】**に示すダブルUベンド試験片を用いました。**左頁【2】**に示すように、**ダブルUベンド試験片**のすき間箇所のうち、引張応力がかかるところで**粒界応力腐食割れ**(IGSCC)が生じました。このようなIGSCCが生じる高温水中に、酸素酸イオンCrO_4^{2-}、MoO_4^{2-}、WO_4^{2-}などを微量添加して、耐IGSCC性向上効果を確かめました。

その結果、微量の酸素酸イオンの添加による応力腐食割れ抑制効果が著しいことが分かりました。防食効果は、MoO_4^{2-}>WO_4^{2-}>CrO_4^{2-}の順になります。

酸素酸イオンはどのようにして、鋭敏化した304ステンレス鋼に耐IGSCC性をもたらすのでしょうか。試験後の試験片表面の不動態皮膜分析結果を**左頁【3】**に示します。皮膜中ではCr量が最大で、Moの存在が確認されました。皮膜中に微量存在するMoが、応力腐食割れの抑制に関わっています。

- ダブルUベンド試験片のすき間内でIGSCCが発生
- 応力腐食割れ抑制に及ぼすMoO_4^{2-}イオンの効果大
- 不動態皮膜中にMoが濃縮し、IGSCCを抑制

[1] ダブルUベンド試験片（単位：mm）

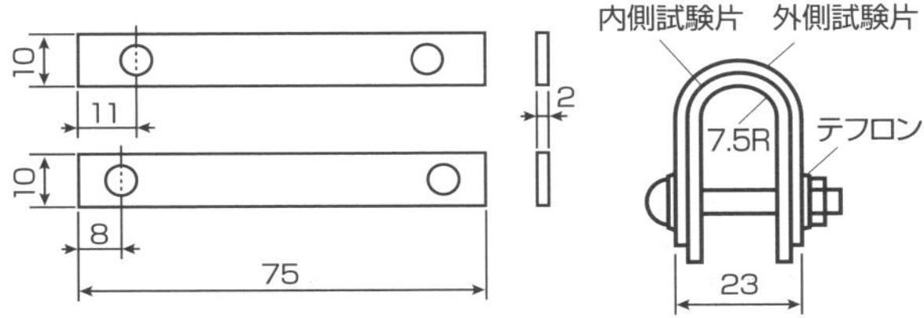

出所：柘植，村山，長野：鉄と鋼，第69年，P2068(1983)

[2] 鋭敏化304ステンレス鋼の高温高圧水中のIGSCCに対する酸素酸イオンの効果

（非脱気，250℃，500h）

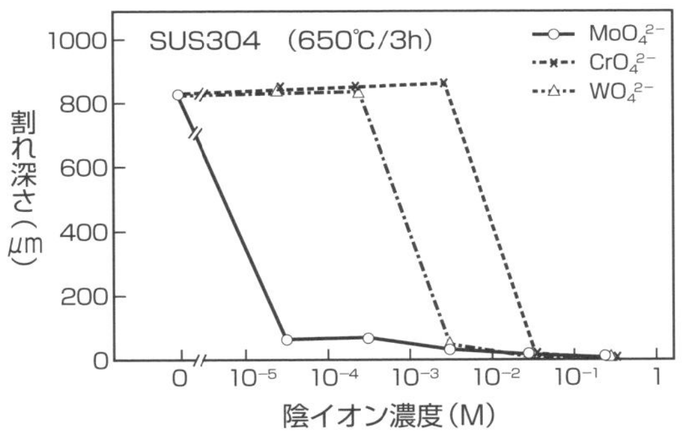

酸素酸イオンのステンレス表面への吸着により、割れ感受性を低下させます。

出所：柘植，村山，長野：鉄と鋼，第69年，P2068(1983)

[3] ダブルUベンド試験片すき間内に生成した不動態皮膜のIMMA分析結果

（3×10^{-2}M Na_2MoO_4，250℃，500h）

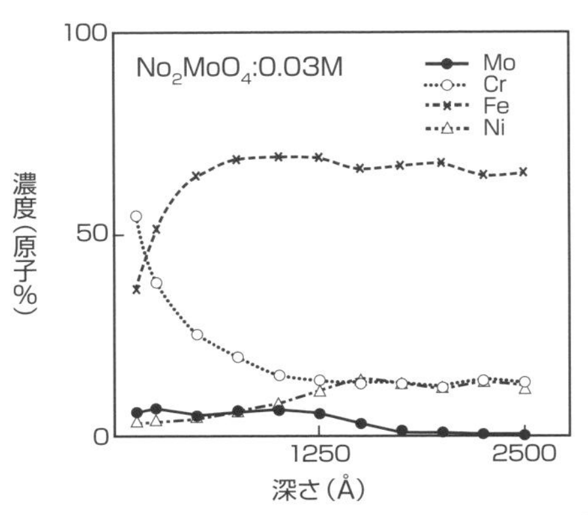

Moが混在するCr-Mo不動態皮膜になっています。

出所：柘植，村山，長野：鉄と鋼，第69年，P2068(1983)

IGSCC：粒界応力腐食割れ。
IMMA：局所質量分析。

3 不動態皮膜強化のメカニズム

ステンレス鋼の不動態皮膜強化機構をイオンで実証します

高温水中のステンレス鋼の溶解の程度や割れの進展が、MoO_4^{2-}イオンにより抑制されます。

MoO_4^{2-}イオンによる不動態皮膜強化

304ステンレス鋼（18Cr-8Ni）にMoを含有する**316ステンレス鋼**（18Cr-8Ni-2Mo）は、耐食性が非常に優れている理由を、腐食溶液中にMoO_4^{2-}を溶解させる手法で説明します。高温水中での**IGSCC**の発生とMoO_4^{2-}イオン添加によるIGSCC防止のメカニズム（機構）を、**左頁【1】**に示します。

添加なしのとき、鋭敏化ステンレス鋼では粒界のクロム濃度は18％以下（最低3％まで）低下するために高温水中で、クロム濃度が著しく欠乏した粒界は不動態皮膜が生成できず、IGSCCが進展します。

一方、MoO_4^{2-}イオンを少量含む高温水中では、MoO_4^{2-}イオンの腐食抑制効果でクロム欠乏の粒界が不動態化し、IGSCCが発生しません。**左頁【2】**は、クロムが欠乏しない粒界に相当するSUS304とクロム欠乏部に相当する12Cr-11Niの電位-電流曲線です。電流密度は腐食速度に相当することから、Mo_4^{2-}イオン添加によりSUS304と12Cr-11Niの電流密度差はなくなり、クロム欠乏部が解消し、健全な粒界に戻るのだと理解されます。

次に、塩化物イオンCl^-によるステンレス鋼の腐食に対するMoO_4^{2-}イオンの効果を説明します。Cl^-イオン含有の高温水中における**粒内応力腐食割れ**（TGSCC）のメカニズムが**左頁【3】**です。MoO_4^{2-}イオンによるTGSCC防止の機構を右図に左図には、孔食による微小ピットを起点とした割れの発生を示します。鋼中にMoを添加した316ステンレス鋼のMoによる耐食効果は、上記のMoO_4^{2-}イオンによる効果と同様です。

- MoO_4^{2-}イオンによる、ステンレス鋼のIGSCCの抑制
- MoO_4^{2-}イオンによる、Cr欠乏層12Cr-11Niの耐食性向上
- MoO_4^{2-}イオンによる、ステンレス鋼のTGSCCの抑制

[1] MoO_4^{2-}イオンによるステンレス鋼のIGSCC（粒界応力腐食割れ）防止効果

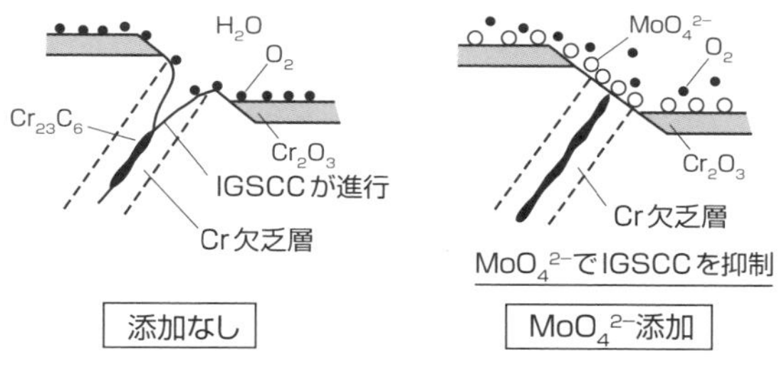

出所：柘植，薄木，長野：防食技術，34，P99(1985)

[2] 304ステンレス鋼と鋭敏化部相当Fe-12Cr-11Ni合金の高温水中の電位-電流曲線

（3×10^{-2}M MoO_4^{2-}，250℃）

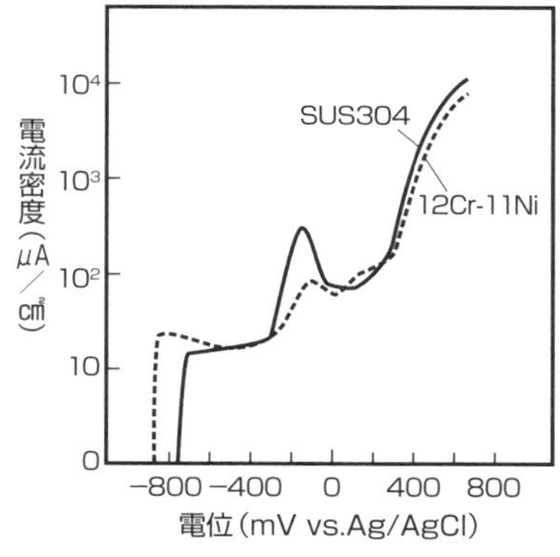

出所：柘植，薄木，長野：防食技術，34，P99(1985)

[3] MoO_4^{2-}イオンによるステンレス鋼のTGSCC（粒内応力腐食割れ）防止効果

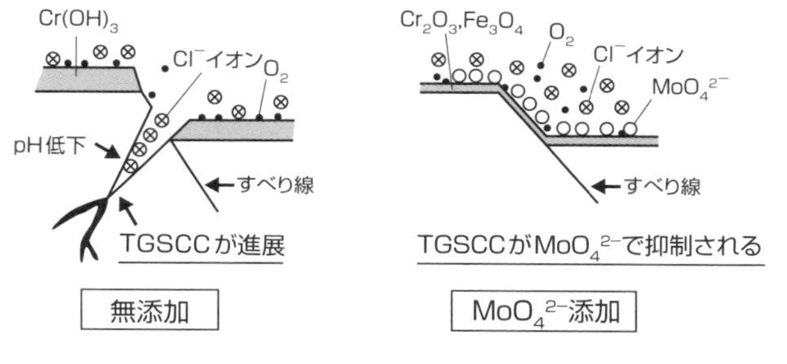

出所：柘植，薄木，長野：防食技術，34，P99(1985)

TGSCC：粒内応力腐食割れ。

4 ステンレス製屋根の美しさ

ステンレス鋼は軽量で強度・耐食性・耐久性に優れた建築材料

大阪ドームの屋根には、大気腐食に強い低炭素フェライト系ステンレス鋼が使用されています。

ステンレス鋼製屋根はさびフリー

屋根材には瓦、スレートなどの鉱物系材料、あるいは金属材料として**ガルバリウム鋼板**（溶融亜鉛アルミニウム合金メッキ鋼板）、**トタン**（溶融亜鉛メッキ鋼板）、ステンレス鋼板、チタンなどが使用されます。

ステンレス鋼は軽量で耐久性に優れ、数十年間のメンテナンスフリーが期待されます。12%以上のクロム添加により、鉄系材料は大気中で不動態化し、耐食性が著しく向上します。屋根用としてポピュラーなステンレス鋼には、Fe-Cr系**フェライト系ステンレス鋼**、Fe-Cr-Ni系**オーステナイト系ステンレス鋼**などがあります。フェライト系は磁性を有し、非磁性のオーステナイト系ステンレス鋼より安価で、鉄道車両、ガソリン車のマフラー、大型建造物の屋根、外装などに使用されています。代表的なフェライト系ステンレス鋼として、13Cr、17Cr、17Cr-1Mo、極低炭素17Cr-2Mo-Ti、Nb、Zrなどがあります。塩化物溶液に対する応力腐食割れに対して高い抵抗性があります。Cr量が高くなるにしたがって耐食性が向上します。

一方、オーステナイト系ステンレス鋼は、耐食性、加工性、溶接性などの実用性の面でフェライト系ステンレス鋼より優れます。水素による脆化（ぜいか）が起こらないので、水素を扱う機器への使用が推奨されます。フェライト系およびオーステナイト系とも、耐食性は主にCrおよびMoの含有量で決まります。

ステンレス鋼は屋根材としてメンテナンスフリーですが、塩化物イオンや硫化物イオンによる局部腐食の定期的なチェックが推奨されます。

- **大阪ドームのステンレス屋根の美しさ**
- **ステンレス屋根は長期間使用でのメンテナンスフリーを期待できる**

[1] 耐食性と美しさを追求したフェライト系ステンレス鋼(SUS445J2L)の屋根

大阪ドーム　　出所：Wikipedia

[2] オーステナイト系ステンレス鋼を使った段型尖塔の外装

米国のクライスラー・ビルディング
出所：Wikipedia

Column

散歩と思考

筆者（長野）は、夕方の散歩を日課にしています。

散歩の場所は、神戸市の二級河川　住吉川です。市街地の川としては珍しく清流で、春になると鮎(あゆ)の稚魚の群泳が見られます。また、越冬する鴨(かも)が泳ぐ姿も見ることができます。

この住吉川は、六甲山から水が流れ、1年中、水が途絶えることはありません。川の両側には、散歩用の歩道が設けられています。

この河畔を散歩することで、目の保養となり、頭の疲れから解放されます。

ノーベル賞を受賞された益川博士が、「新しい構想は散歩から生まれたと言っておられました。」それ以来、彼の言葉に従って、いろいろなことを考えながら、散歩しています。

散歩することで、体力の維持もできます。益川博士とは大学の同期で、彼の受賞を祝して大学で同期会が開かれ、筆者も出席して、彼と親しく談笑したことがあります。

しかし、残念ながら、彼は最近他界しました。

今後とも、住吉川をこよなく愛し、散歩を通じて、構想を練り、体力維持を図っていきたいと思っています。

粒界腐食

本章では、ステンレス鋼の粒界でクロム炭化物析出による粒界腐食を説明します。また、オーステナイト系ステンレス鋼が600～900℃で加熱されると、クロム炭化物が析出し、Cr欠乏層が生成します。これを、鋭敏化現象と呼びます。加えて熱処理とは別に、溶接部の熱影響部でも鋭敏化現象は生じます。

粒界腐食（材料の脆化）の現象を理解して予防することは、構造物や機器の安全対策上で重要なことです。

1 粒界腐食とは？

ステンレス鋼粒界のクロム欠乏層には粒界腐食が発生する

ステンレス鋼の粒界腐食は、粒界において不動態皮膜が生成しないために発生します。

粒界腐食の原因と対策は？

ステンレス鋼には、大別してFe-Cr合金のフェライト系ステンレス鋼、**マルテンサイト系ステンレス鋼**、Fe-Cr-Ni合金のオーステナイト系ステンレス鋼およびFe-Cr-Ni系α＋γ**二相系ステンレス鋼**の４種があります。

左頁［1］に示すように、結晶粒の境界すなわち粒界には、結晶粒内とは異なり、不純物のN、P、Sなどが**偏析**（へんせき）する傾向があります。

左頁［2］に、粒界における不純物の存在状態を示します。（a）は不純物が偏析したものです。

（b）は、ステンレス鋼が600～900℃の温度に保持されたとき、$Cr_{23}C_6$（クロムカーバイド）が粒界に**析出**した状態です。このとき、その近傍には**Cr欠乏層**が生じています。例えば、304ステンレス鋼（18%Cr-8%Ni）では、クロム濃度が3％まで低下します。粒界のこの現象を**鋭敏化**と呼び、**粒界腐食**の原因となります。

（c）はクロムカーバイドが不連続に析出したもの、（d）は粒界に偏析や析出が見られないクリーン粒界です。

23Cr ＋ 6Cr ➡ $Cr_{23}C_6$の反応が粒界で起こります。ステンレス鋼の熱処理時や溶接作業時の鋭敏化を防ぐには、**TTS曲線**が大変参考になります。

左頁［3］はステンレス鋼のTTS曲線（時間-温度-鋭敏化曲線）です。T_Mは鋭クロムカーバイドが析出し始める最高温度、T_Nはクロムカーバイドが最短時間で生じる温度です。

- 偏析やクロムカーバイト析出状態からの粒界の区別
- 粒界の構造や形態
- ステンレス鋼のTSS曲線の特性値

[1] 結晶粒界（不純物が偏析）

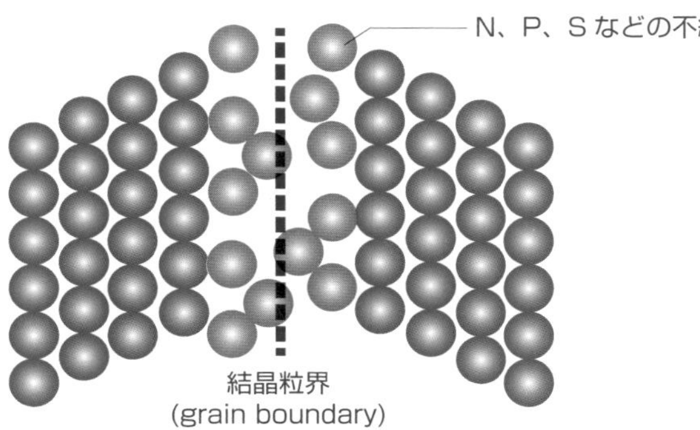

[2] 粒界の形態

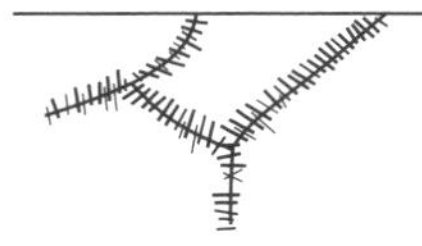
(a) 不純物偏析

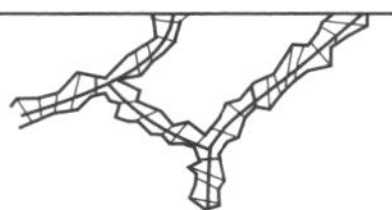
(b) 連続的な析出
（鋭敏化）

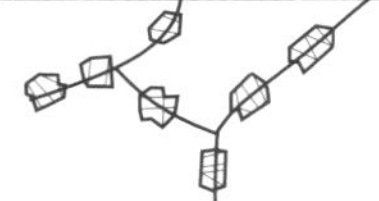
(c) 不連続な析出

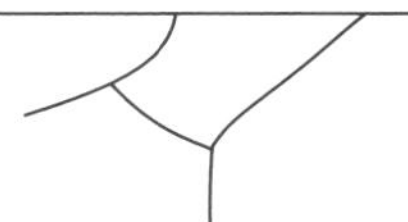
(d) クリーン粒界

[3] ステンレス鋼のTTS（時間-温度-鋭敏化）曲線の特性値

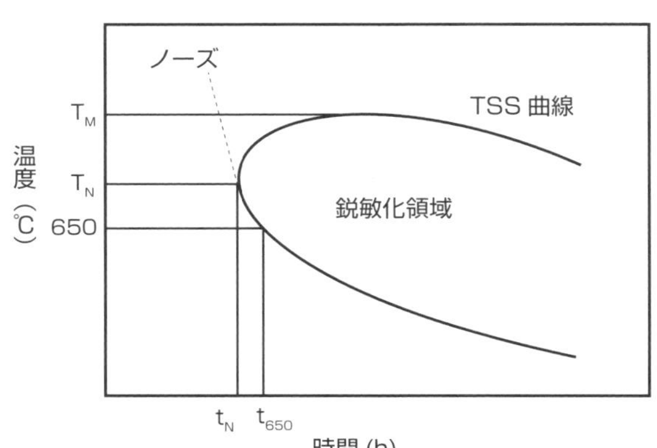

T_M ：鋭敏化領域の最高温度
T_N ：鋭敏化のノーズ温度
t_{650} ：650℃における鋭敏化時間

用語解説
偏析：不純物が粒界に偏ること。
析出：固溶体から金属間化合物（2種類以上の金属で構成される化合物）が分離すること。

2 粒界腐食の原因は？

ステンレスに粒界腐食はなぜ起こるのか？

粒界腐食の主原因は、粒界におけるクロム貧困層の存在です。

粒界腐食の原因を紹介

一般にオーステナイト系ステンレス鋼の鋭敏化による粒界腐食が見られます。**左頁【1】**は304ステンレス鋼の溶接部の温度履歴です。700〜900℃、すなわち熱影響部で$Cr_{23}C_6$が析出、Cr欠乏層が生成し、ここに粒界腐食が生じます。腐食環境は塩化物溶液、高温水、酸などです。

左頁【2】にステンレス鋼のTTS曲線を示します。304ステンレス鋼の粒界腐食ノーズが650℃にあり、時間が長いほど粒界腐食速度が増大します。一方、316ステンレス鋼（18Cr-8Ni-2Mo）では合金元素Mo添加の影響でTTS曲線のノーズが730℃くらいまで上昇し、304鋼と同様、時間とともに粒界腐食速度が増大します。

鋭敏化対策として、合金面では、オーステナイト系ステンレス鋼のC量を0.03%以下とする（**極低炭素化**）や、TiやNbを添加してクロムカーバイドの生成を抑えた安定化ステンレス鋼が市販されています。

左頁【3】は、その比較図です。オーステナイト系ステンレス鋼のみが鋭敏化して、粒界腐食を呈する傾向があります。フェライト系と二相系では、ステンレス鋼中でのCr拡散速度が速いために、$Cr_{23}C_6$が析出しても回復するため鋭敏化に至りません。

一方、フェライト系および二相系のステンレス鋼では、物理的に脆（もろ）くて著しく腐食しやすい金属間化合物σ相が生じるので要注意です。**左頁【3】**では、この3鋼種のいずれもσ相生成温度（σ脆性）が書かれていますが、生成時間の点からオーステナイト系ステンレス鋼では問題になりません。

- **粒界腐食は、溶接熱影響部に生じる粒界の選択腐食**
- **原因は、粒界での$Cr_{23}C_6$析出によるCr欠乏層の生成**
- **高温脆化には、粒界腐食、σ脆性、脆性がある**

[1] 304ステンレス鋼（18%Cr-8%Ni）の溶接部の温度履歴

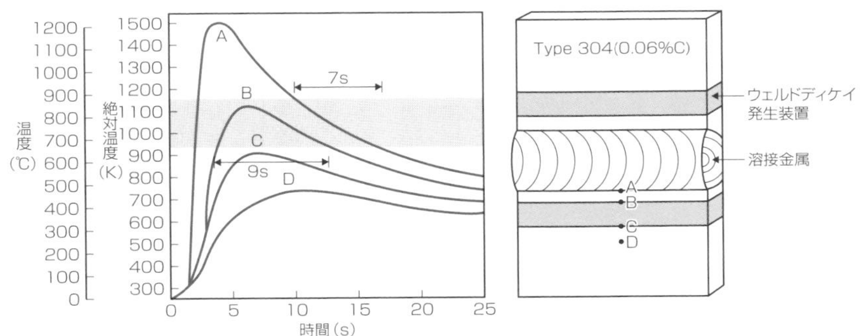

[2] ステンレス鋼の熱処理の沸騰65％硝酸によるTTS曲線。試験片温度と熱処理時間との関係

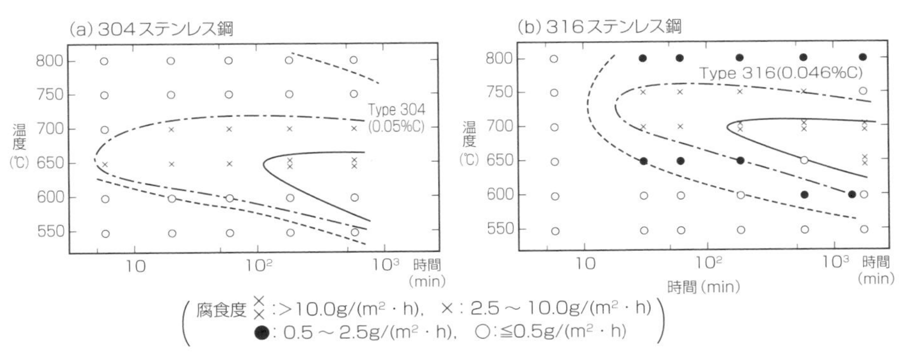

[3] 各種ステンレス鋼の析出・脆化に及ぼす温度の影響

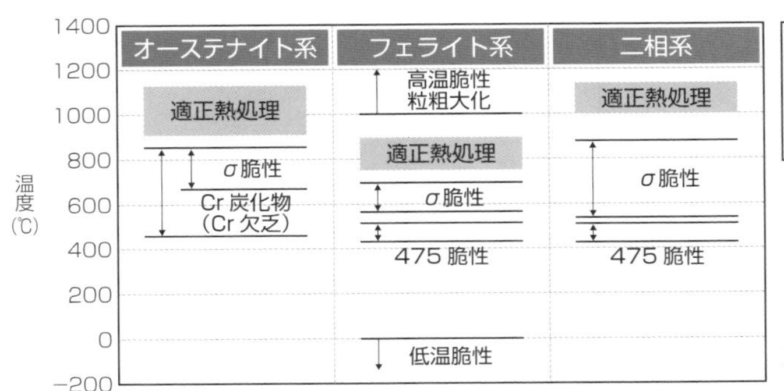

フェライト系は他に比べて脆化温度や適正熱処理温度域が低温にシフトする

出所：正橋直哉、東北大学金属材料研究所

用語解説 **粒界の選択腐食**：金属結晶は、粒内と粒界で構成されているのに粒界だけが腐食される現象。

3 溶接部に強いステンレスは？

ステンレス溶接継ぎ手部の耐食性は母材部より劣る？

ステンレス溶接時の、高温に曝されることによる接合部近傍の耐粒界腐食性劣化の防止法を考えます。

溶接熱影響部で生じる鋭敏化

ステンレス鋼——例えば、オーステナイト系の304(C 0.08%以下-18Cr-8Ni)や316(C 0.08%以下-18Cr-10Ni-2Mo)——を使ってプラントや構造物を製作するときには、必ず溶接が必要です。ステンレス鋼同士を溶接するときの**入熱**で、ステンレスは1500℃の温度になり、溶融します。この部分は**溶着金属**と呼ばれます。**左頁【1】**は溶接継ぎ手部の断面組織です。

耐食性上問題になるのは、**炭化物析出**が起こる熱影響部です。ここではクロム炭化物の$Cr_{23}C_6$やCr_7C_3が粒界に析出します（**左頁【2】**）。時間t_0は溶接開始時点です。溶接直後のt_1で炭化物が析出し始め、粒界近傍のCr量が落ち込み、最低3％程度になります。この現象を**鋭敏化**と呼びます。Cr濃度がこの程度まで低下したところはCr欠乏層領域となり、もはやステンレス鋼ではなくなって、その結果、**粒界腐食**（**左頁【3】**）が生じます。また、粒界腐食を起点として**粒界応力腐食割れ**に発展する危険が生じます。

統計的にも、溶接時の鋭敏化に基づく粒界腐食および粒界応力腐食割れが、オーステナイト系ステンレス鋼に大変多く見られることから、粒界腐食への対策が重要です。「クロム炭化物の生成した溶接熱影響部を1000～1100℃に加熱して炭化物を溶解させる」、「材質を変更する——例えばC量0.03%以下のステンレス鋼304Lや316Lにしたり、Cr炭化物の代わりにTiCを生成する321ステンレス鋼、NbCを生成する**347ステンレス鋼**を使用する」といった対策がとられます。

- Cr欠乏層は粒界腐食、粒界応力腐食割れの原因となる
- 対策①：クロム炭化物を熱処理で溶解する
- 対策②：クロム炭化物を生じない材料にかえる

[1] 突合せ溶接継ぎ手の断面図

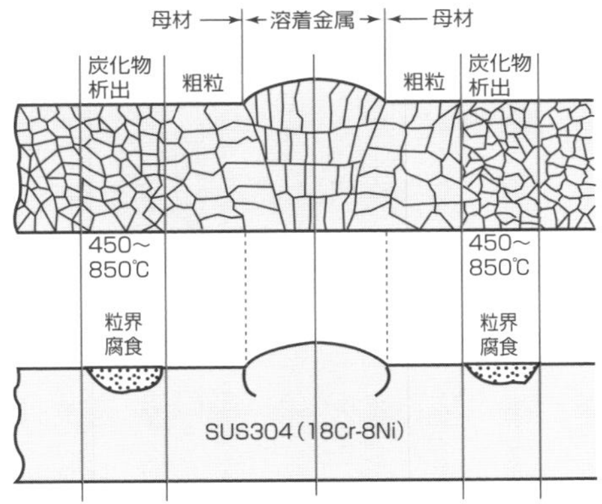

[2] 粒界のCr量の鋭敏化時間による変化

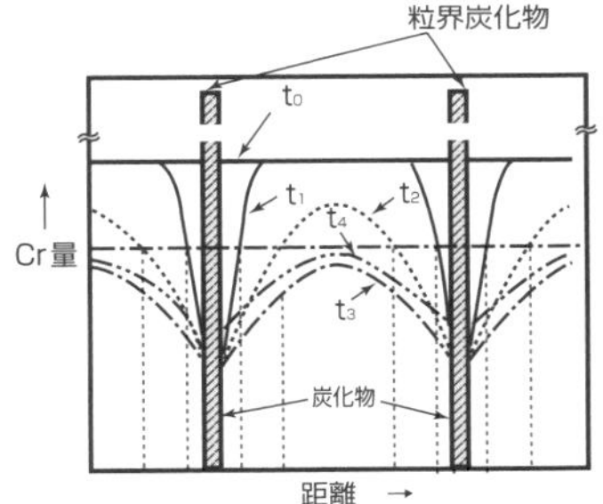

溶接直後のt_1で炭化物が析出し始める。

↓

鋭敏化…粒界近傍のCrが落ち込み、最低3%程度になる。

↓

粒界腐食…Cr濃度が低下したところはCr欠乏層領域となる。

[3] 溶接熱影響部の炭化物析出による粒界腐食

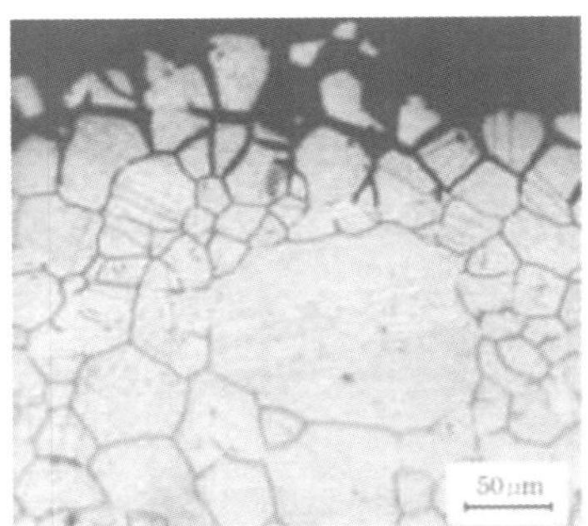

4 粒界腐食防止で耐応力腐食割れ性向上

原子力発電のステンレス配管で粒界応力腐食割れ対策を検討する

粒界応力腐食割れ対策としては、起点部の粒界腐食部を防止することが大切です。

高温強度維持に必要な炭素・窒素量のコントロール

左頁［1］の再循環系で使用されるステンレス鋼大径管の溶接熱影響部で、応力、材料の鋭敏化、高温水環境の3因子が同時に作用することで割れが発生します。割れは粒界応力腐食割れです。

水質は高純度水ですが、稼働中、中性子による**水の放射線分解**のために溶存酸素が数百ppb（1ppbは比率10^{-9}）生成し、ステンレス配管の割れ感受性を高めます。原子炉水の溶存酸素は完全に除去されているのですが、原子炉の稼働中には溶存酸素の生成が不可避であるため、対策として耐応力腐食割れ性ステンレス鋼の開発が重要です。

対策材料として、**左頁**［2］に示すように極低炭素（≦.03%）304、極低炭素316Lおよびニオブ添加347を基本とする**原子力用304、316、347**が実用化されました。

この中で、特に鋼管の製造性・加工性・耐食性に優れる**原子力用316**について説明します。

極低炭素316ステンレス鋼の常温・高温での強度は、鋼中に微量存在する炭素および窒素により達成されます。しかし、一定量以上になると、$Cr_{23}C_6$およびCr_2Nが析出し、**左頁**［3］中の斜線で示される応力腐食割れ（SCC）が発生します。以上により、原子力用316は、材料の強度ならびに耐応力腐食割れ性から成分を決定した材料となりました。開発以来、沸騰水型原子力発電設備用ステンレスとして、広く世界各国で使用されています。

- 沸騰水型原子炉におけるステンレス配管のIGSCC
- 割れは、ステンレスの先鋭化・溶存酸素・応力
- 割れ対策は耐SCC鋭性材料

[1] 沸騰水型原子炉（BWR）の構造

BWRの水質

	不純物濃度（ppb）				電導度	
	Fe	Cu	Cl⁻	O_2	μS/cm at 25℃	pH at 25℃
炉水	10 − 50	＜20	＜20	100 − 300	0.2 − 0.5	～7

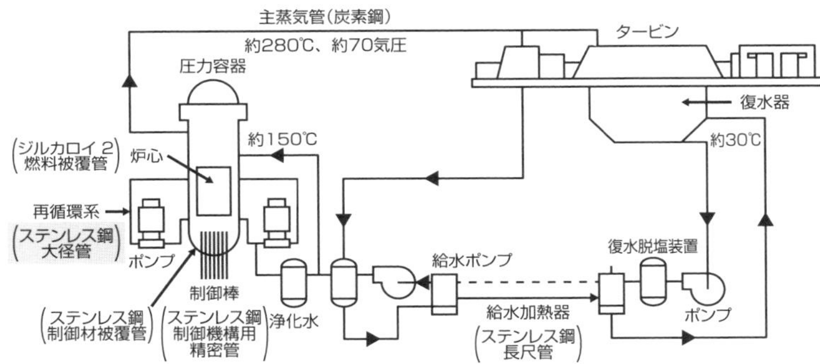

[2] 沸騰水型原子炉配管用耐SCC性ステンレス鋼の開発経緯

[3] 316ステンレス鋼におけるクロム炭化物・窒化物の生成条件

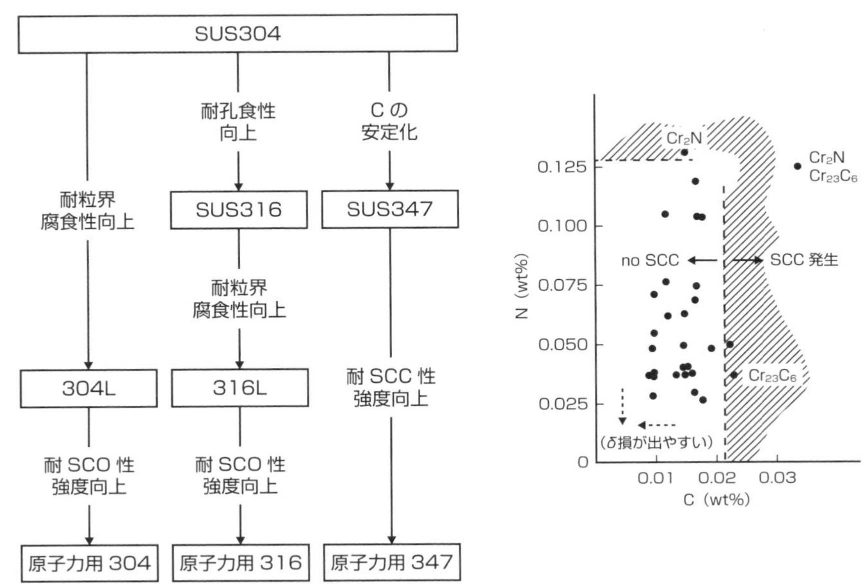

出所：小若、長野、他、「住友金属誌」、34 巻 No.1,P85（1982）

Column

ものづくり

ものづくりには、技術革新が求められます。科学的な発見と、それを製品化することが、究極のものづくりとなります。現代においては、競争が激しく、旧態依然でものをつくっていては、企業は生きていけません。新しい技術革新が必要になります。

独創的なものづくりとして、例えば、トランジスターラジオは、半導体の動作原理の発表からトランジスターの製造にチャレンジしたことで、トランジスターラジオという製品が誕生しています。

ステンレス鋼の発明なども、「Fe-Cr合金で、Crが12%以上となったとき、腐食をしない」現象を発見したことで、「不動態現象」を利用しました。そのことが、その後100年を経て今日まで、ステンレス鋼の絶え間ない発展につながっています。

自然界のできごとに興味を持ち、原理・原則の絡みを明らかにする——そして、明らかにした事実にもとづいて、市場の調査、製造技術を駆使して製品を生みだすのが、創造的なものづくりの基本だと考えられます。どんなことであれ、その原理・原則に興味を持ち、忍耐強く追究する精神が大切です。

第6章

孔食

　金属を板や管として長期間使用すると「孔食」が発生して、漏洩事故や破壊が生じます。

　孔食の形状は、ステンレス鋼では「ピンホール」、炭素鋼では「オープンピット型」で、ピットが成長すると板厚を貫通する危険もあります。

　ステンレス鋼では、塩化物溶液中で不動態皮膜が破壊された箇所が孔食の起点となります。鋼や銅では、沈殿さびで覆われた表面が局部的に腐食して孔食を発生すします。本章では孔食を詳しく説明します。

1 孔食の形態と発生点

孔食形態には、オープンピットと閉鎖型ピットの2種類がある

不動態皮膜が局所的に破壊されて、ピンホールを生成します。

閉鎖型ピットは非常に小さい穴

左頁［1］に示すように、**孔食のピット形状**には、ピットの口が開いている「**オープンピット**」と、口がほとんどふさがって、ピットの中が侵食されている「**閉鎖型ピット**」の2種類に分類されます。

炭素鋼は、水道水中あるいは海水中において、オープンピット型の孔食を発生します。**酸素濃淡電池型**の**マクロセル腐食**（10-4節参照）において、陽極（アノード）にオープンピット型孔食の発生・成長が見られます。

一方、水中で不動態化するステンレス鋼では、**左頁［2］**の下図に示すように、塩化物イオン（Cl^-）が不動態皮膜に吸着し、局部的な微小孔すなわち孔食が発生します。孔中では溶出したCr^{3+}, Fe^{3+}などのM^{n+}イオンが濃縮し、これらが**加水分解**し、その結果、内部を酸性化して腐食が拡大します。

孔食発生の電気化学的メカニズムについて簡単に説明します。金属が水溶液と接すると、腐食局部電池が発生し、金属の種類、環境因子の酸素濃度の影響を受けて、ステンレス鋼の**自然浸漬電位**（自然電位）が決まります。ステンレス鋼の自然電位が孔食発生電位より高い（貴である）と、ステンレス鋼に孔食が発生します。

- 孔食のタイプ：炭素鋼とステンレスとで形状が異なる
- オープンピット：酸素濃淡電池型
- 閉鎖型ピット：ハロゲンイオンによる不動態皮膜の局所破壊型

[1] 孔食の形態

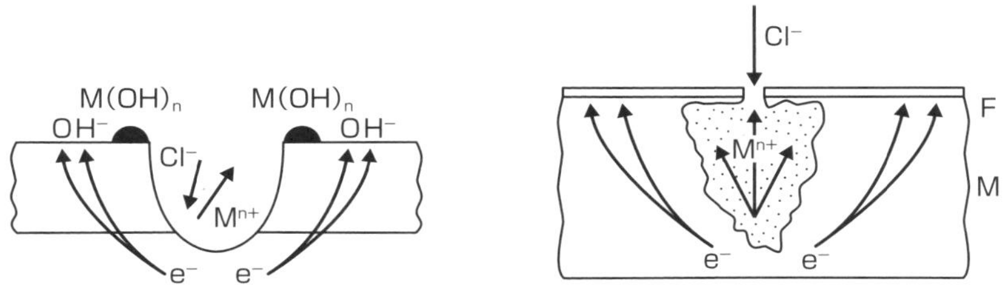

$M(OH)_n$ $M(OH)_n$
OH^- OH^-
Cl^-
M^{n+}
e^- e^-

オープンピット

Cl^-
F
M
M^{n+}
e^- e^-

閉鎖型ピット

[2] 不動態皮膜の生成と破壊

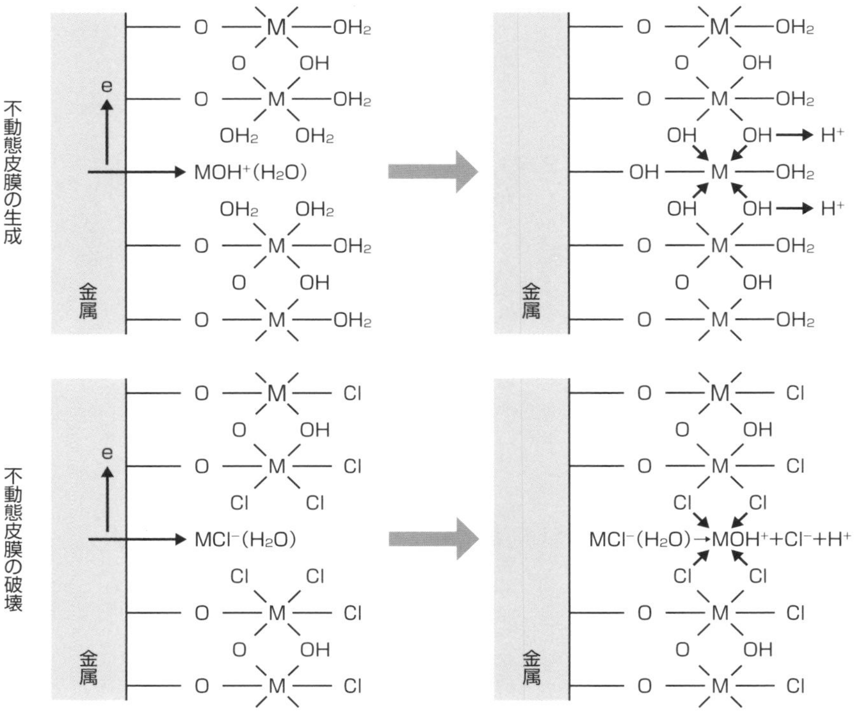

不動態皮膜の生成

金属
e
$O-M-OH_2$
O OH
$O-M-OH_2$
OH_2 OH_2
$\rightarrow MOH^+(H_2O)$
OH_2 OH_2
$O-M-OH_2$
O OH
$O-M-OH_2$

金属
$O-M-OH_2$
O OH
$O-M-OH_2$
OH $OH \rightarrow H^+$
$OH-M-OH_2$
OH $OH \rightarrow H^+$
$O-M-OH_2$
O OH
$O-M-OH_2$

不動態皮膜の破壊

金属
e
$O-M-Cl$
O OH
$O-M-Cl$
Cl Cl
$\rightarrow MCl^-(H_2O)$
Cl Cl
$O-M-Cl$
O OH
$O-M-Cl$

金属
$O-M-Cl$
O OH
$O-M-Cl$
Cl Cl
$MCl^-(H_2O) \rightarrow MOH^+ + Cl^- + H^+$
Cl Cl
$O-M-Cl$
O OH
$O-M-Cl$

孔食電位：孔食発生電位とも呼ぶ。電位を高い電位方向に掃引することで、電流の立ち上り電位を孔食発生電位とする。

2 孔食を加速試験で再現するには？

実機と加速試験とは、腐食メカニズムは同じであることが大切

実機で孔食が数十年に1回起こるとしても、一度起これば重大な事故になりかねません。

ピットの発見が難しい

左頁［1］はステンレス鋼の孔食およびすき間腐食の代表的な試験方法です。**浸漬試験法**として、食塩（NaCl）や塩化第二鉄（$FeCl_3$）などの溶液を用いるものがあり、いずれかを選んで、ステンレス鋼の海水中の耐孔食性を評価します。**塩化第二鉄溶液**は酸性のため、酸性塩化物溶液中のステンレス鋼の耐孔食性を評価することになります。

左頁［2］に、鋼中のCr、Ni、Mo量の異なるステンレス鋼のアノード分極曲線を示します。電流密度が急激に立ち上がる電位を孔食電位と呼びます。ステンレス鋼のCrあるいはMo含有量を増やすと、孔食電位が高くなります。ステンレス鋼の自然電位が高くなって、ステンレス表面に吸着するCl^-イオン量が多くなりますが、そのような状態でも不動態皮膜がCl^-イオンにより破壊されにくいことを意味します。

左頁［2］は各種合金鋼の電位－電流曲線です。電流が急に立ち上がっている箇所の電位が孔食電位です。孔食電位が高いほど、耐孔食性が優れています。ステンレス鋼のCr、Moは、耐孔食性を向上させます。

しかし、孔食電位あるいはすき間腐食電位（**左頁［2］**）を測定することで、ステンレス鋼の海水に対する耐孔食性、耐すき間腐食性の相対評価は可能です。自然海水中で孔食が問題になれば孔食電位で評価し、一方、すき間腐食が問題であればすき間腐食電位で評価できます。**左頁［2］**に示すように、V_c（孔食電位）がV_{crev}（すき間腐食電位）より高いことから、すき間腐食の方が孔食より起こりやすいことが分かります。

- ステンレス鋼の孔食試験：浸漬試験、孔食電位の測定
- 孔食電位から、ステンレス鋼の相対的耐孔食性の評価が可能
- すき間腐食の方が孔食より起こりやすい

[1] 孔食およびすき間腐食試験法

<table>
<tr><th rowspan="2">腐食形態</th><th colspan="3">試験法</th></tr>
<tr><th>試験法</th><th>試験片</th><th>試験溶液あるいは評価法</th></tr>
<tr><td rowspan="2">孔食</td><td>浸漬試験</td><td>シングル</td><td>1）3% NaCl
2）10% $FeCl_3$</td></tr>
<tr><td>電気化学測定</td><td>シングル</td><td>塩化物溶液における孔食電位 V'_c（動電位法）</td></tr>
<tr><td rowspan="2">すき間腐食</td><td>浸漬試験</td><td>すき間付き試験片</td><td>1）3% NaCl
2）10% $FeCl_3$
3）流動海水</td></tr>
<tr><td>電気化学測定</td><td>すき間付き試験片</td><td>1）すき間腐食発生電位 V'_{crev}（動電位法）
2）すき間腐食の発生しない最高電位
（Immunity potential）</td></tr>
</table>

[2] 各種ステンレス鋼の3%NaCl＋1/20MNa_2SO_4溶液中のアノード分極曲線（35℃）

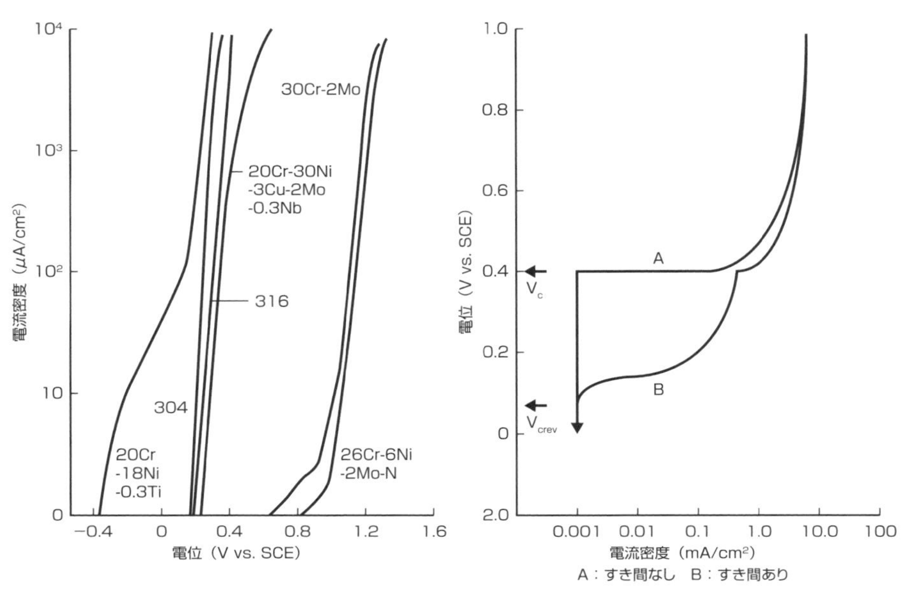

A：すき間なし　B：すき間あり

3 重大な災害につながる管壁の腐食

あらゆる分野で、あらゆる種類の液体や気体を輸送する配管

圧力の高い流体（液体と気体）を輸送する場合は、管壁肉厚の厚い管を選びます。

腐食による管壁肉厚の減少

一般の規格に定められている、金属製の管の口径と肉厚は、数ミリメートルから数メートルに及びます。また、材質についても、**鋳鉄類**、**炭素鋼**、**低合金鋼**、**合金鋼**、ステンレス鋼などの鉄鋼材料をはじめ、**黄銅**、**青銅**などの**銅合金**、**キュプロニッケル**などのニッケル合金といったものがあります。原子炉では、特殊で高価な600合金（17-8節参照）など、多様な材料が使われています。

機械や装置、プラントなどの設計においては、輸送する流体の流量から管の口径を、口径と圧力から肉厚を、流体の腐食性から管の材質を選定します。また、過去の腐食速度データおよび運転温度などの環境条件に基づいて、管の寿命を推定します。

問題は、過去の腐食速度データの大部分が、**左頁【1】**の全面均一腐食モードに基づいていることです。もし現場で、**孔食**などの高面積比モードの局部腐食が発生すると、減肉速度は全面均一腐食を想定した場合の数十倍にも達し、短時間のうちに腐食孔が管壁を貫通して、管内の流体が漏れ出します。例えば、管内の有害熱媒体が食用油を汚染した場合（**左頁【2】**）などは、著しい人的被害が生じる可能性があります。一方、低面積比モードの局部腐食が生じた場合は（**左頁【3】**）、広い範囲に減肉が生じ、管は突然破裂して、たとえ管内流体が無害の純水であっても、それが高温高圧の場合は大きな被害が生じます。こういった災害の発生を避けるためには、局部腐食の発生機構の研究と、現場における定期検査が不可欠です。

- 配管の選択・設計に欠かせない腐食速度の予測
- 管の寿命推定に欠かせない局部腐食モードの推定
- 配管の安全運転に欠かせない定期的な肉厚検査

[1] 腐食の形態

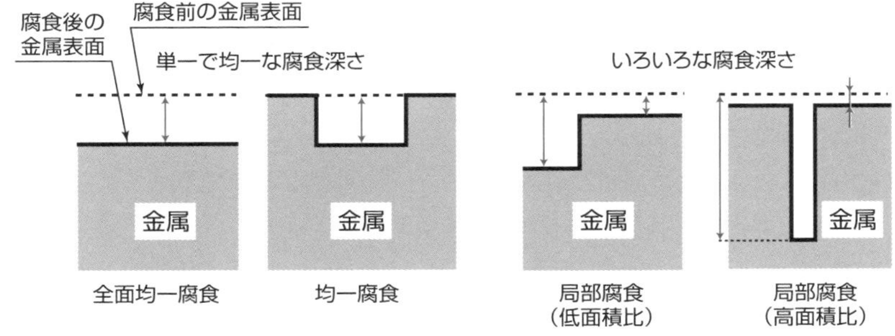

[2] 蛇管型熱交換器

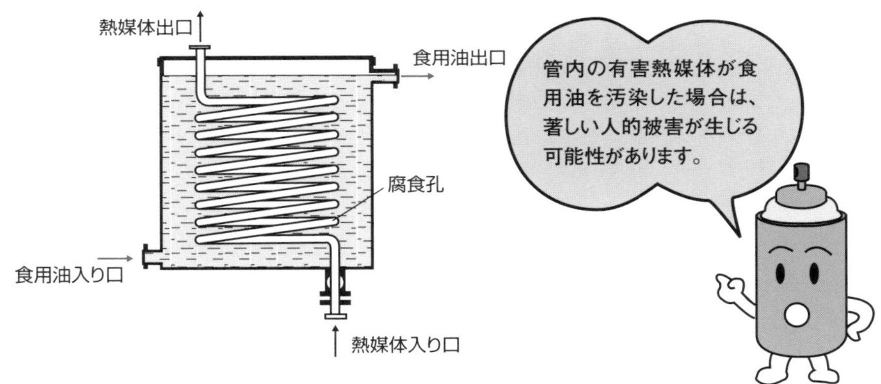

[3] 比較的広い範囲の減肉が生じて破裂した炭素鋼鋼管

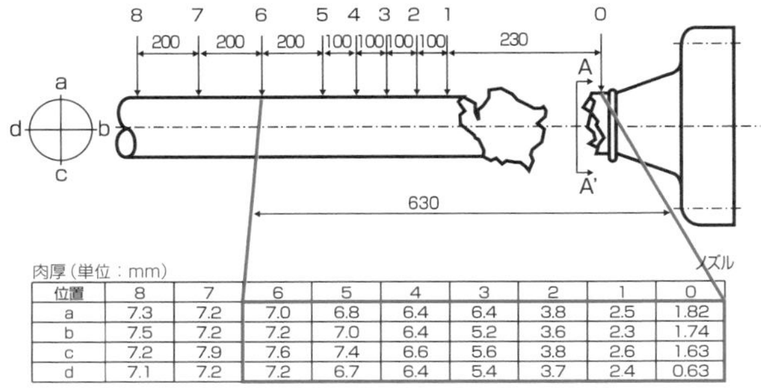

肉厚（単位：mm）

位置	8	7	6	5	4	3	2	1	0
a	7.3	7.2	7.0	6.8	6.4	6.4	3.8	2.5	1.82
b	7.5	7.2	7.2	7.0	6.4	5.2	3.6	2.3	1.74
c	7.2	7.9	7.6	7.4	6.6	5.6	3.8	2.6	1.63
d	7.1	7.2	7.2	6.7	6.4	5.4	3.7	2.4	0.63

キュプロニッケル：銅とニッケルの合金。

Column

語学と腐食

仕事、あるいは旅行などで、英語の必要性は大変大きいものです。

他国の人と、英語を通じて意思疎通ができるのは、本当に素晴らしいことです。ある程度のレベルの英語を活用できれば、世界中の人との交流に役立ち、専門知識の習得にも役立ちます。

中学・高校で一生懸命勉強すれば、必要な英語の語彙を蓄積できます。会社に入ってからの研究成果を、英語で海外の国際学会で発表できるのは大変素晴らしいことです。この機会を通じて、腐食・防食が専門の海外の友人を得ることができるかもしれません。

英語でのコミュニケーションには、やはり発音が大切です。仲間同士で英会話の練習をして、スキルを高め合うのもいいでしょう。また、英語発音用の教材、あるいはラジオ講座を活用するのも有効です。会話には、難しい文章は不要です。やさしい単語を使いこなすことで、会話を楽しみましょう。

ある程度の会話力を得られれば、「武者修業で留学する」あるいは「外国で仕事をする」といったことも、きっと楽しいと思います。実行すれば、国際的な視野が広がります。外国の人との壁もなくなり、皆が親しい友人に見えてきます。

コツコツと勉強すれば、英語はしゃべれるようになります。日本語でも同じですが、英語で発言するときは、勇気をもって最初の2、3語を声に出すことができれば、あとは自然に英語が続いて出てきます。皆さんも一緒に英語の勉強に挑戦しましょう。

第7章

すき間腐食

すき間腐食と呼ぶので、本当にすき間を想像されがちですが、すき間腐食で定義する「すき間」は、間隔がほぼない密着面とお考えください。

すき間腐食は、自然海水中で起きる現象であり、人工海水中では生じにくいものです。本章では、ステンレス鋼のすき間腐食が自然海水中で起きやすく、人工海水中で起きにくい理由を説明いたします。

すき間腐食機構

海水中の304／316ステンレス鋼は、容易にすき間腐食を発生する

すき間内外の酸素濃淡電池の生成が、腐食局部電池の起動力となります。

すき間内の酸性化が問題

塩化物溶液あるいは海水中におけるステンレス鋼のすき間腐食の発生状態を**左頁【1】**に示します。「すき間外」では酸素の移動が容易であるため酸素濃度は高く、「すき間内」では酸素の移動が困難なために酸素濃度は低くなっています。そのため酸素濃淡電池が生成し、すき間内にすき間腐食が発生します。

左頁【2】に、アクリル樹脂（プレキシグラス）とステンレス鋼（Fe）の接触部に形成された断面の腐食の進行状況を示します。

左頁【2】の図の下部に示した**分極曲線**（電位-電流曲線）は、Feの腐食状況に対応します。

塩化物溶液中では、すき間腐食発生電位E_{Pit}においてすき間腐食が開始し、Cr^{3+}、Fe^{3+}が溶出します。その結果、加水分解によりpHが低下し、奥まった部位では活性溶解が始まります。すなわち、すき間腐食の開始です。

左頁【2】の図の上部にあるX_LからX_{Lim}のすき間に腐食が発生しています。すき間外ではステンレス鋼は不動態化していますが、すき間内では不動態から活性溶解に変化しています。なお、**非塩化物溶液中**では、すき間腐食は起こりません。

すき間腐食は、すき間内のアノード反応、すき間外のカソード反応が連携して進みます。

カソード反応の主なものを**左頁【3】**に示します。**酸素還元**、**塩素還元**、**次亜塩素酸還元**、**硫黄還元**などがあります。

- すき間内外の酸素濃淡電池が、すき間腐食の発生原因
- すき間内の酸素枯渇と溶液の酸性化で、すき間腐食が進展
- すき間腐食の進展は、カソード反応支配

[1] 通気差電池によるステンレス鋼のすき間腐食

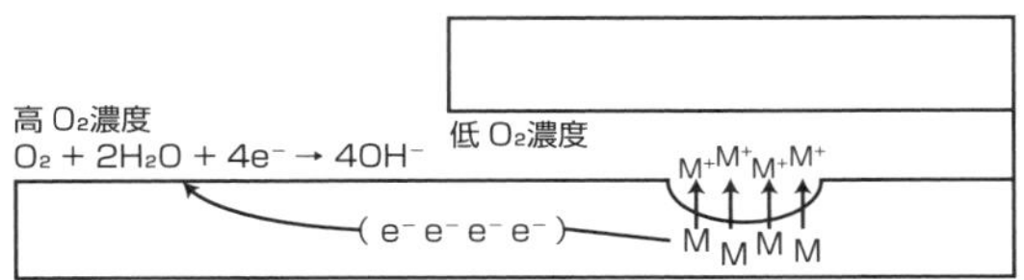

[2] すき間腐食電位変化機構

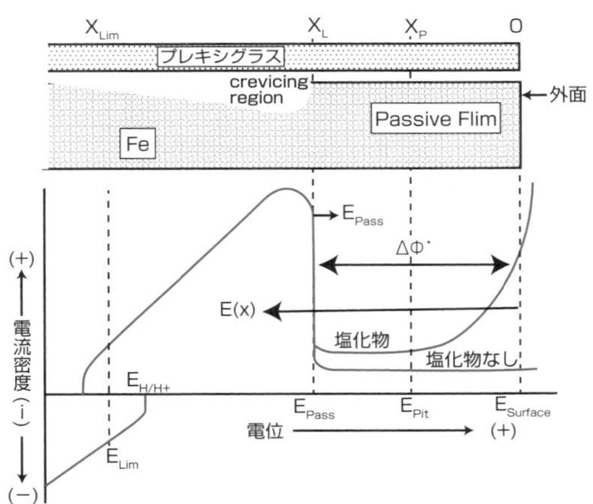

[3] すき間腐食のカソード反応のまとめ

名称	反応	平衡電位 E（25℃）、V（SHE）
酸素還元（酸性）	$O_2+4H^++4e^- \rightarrow 2H_2O$	$E=1.228-0.0591pH+0.0148\log PO_2$
酸素還元（中性／アルカリ）	$O_2+2H_2O+4e^- \rightarrow 4OH^-$	$E=0.401+0.0148\log PO_2-0.0591\log[OH^-]$
塩素還元（酸性）	$Cl_2+2e^- \rightarrow 2Cl^-$	$E=1.358+0.0295\log PCl_2-0.0591[Cl^-]$
次亜塩素酸還元（ほぼ中性）	$HClO+H^++2e^- \rightarrow H_2O+Cl^-$	$E=1.494-0.0295pH+0.0295\log[HClO]-0.0295\log[Cl^-]$
次亜塩素酸還元（アルカリ）	$ClO^-+H_2O+2e^- \rightarrow 2OH^-+Cl^-$	$E=0.590+0.0295\log[ClO^-]-0.0591\log[OH^-]-0.295\log[Cl^-]=1.716+0.0295\log[ClO^-]-0.0591pH-0.0295\log[Cl^-]$
硫黄還元	$S+2H^++2e^- \rightarrow H_2S$	$E=0.141-0.0591pH-0.0295\log P_{H2S}$
チオ硫酸塩	$S_2O_3^{2-}+6H^++4e^- \rightarrow 2S+3H_2O$	$E=0.499-0.0887pH+0.0148\log[S_2O_3^{2-}]$
水素発生	$2H^++2e^- \rightarrow H_2$	$E=0.000-0.0591pH-0.0295\log P_{H2}$
水素発生（中性／アルカリ）	$2H_2O+2e^- \rightarrow H_2+2OH^-$	$E=-0.825-0.0591\log[OH^-]-0.0295\log P_{H2}$

P は、Pressure のことで、ガスの圧力（濃度に相当）を意味します。

2 各種ステンレス鋼の海水すき間腐食

孔食電位の異なるステンレス鋼の、海水によるすき間腐食

孔食電位の極めて高いステンレス鋼にも、すき間腐食が発生する。

人工海水と自然海水との違い

人工海水中で孔食電位の異なる種々のステンレス鋼について、鉄鋼会社の海水取り入れ口の自然海水中で、1年間および2年間の暴露試験を行いました。その結果、**左頁【2】**に示すように、試験片表面のうち「絶縁樹脂と試験片の接触部」および「貝の付着したところ」にすき間腐食が大量に発生しました。こうした試験では、**高孔食電位**の329J1二相ステンレス鋼（25Cr-5Ni-2Mo）や30Cr-2Moフェライトステンレス鋼にもすき間腐食が発生しました。

人工海水中では優れた耐孔食性を発揮するステンレス鋼も、自然海水中では腐食しました。その理由としては次の要因が考えられます。

①孔食とすき間腐食のメカニズムの違い
暴露試験では孔食は生じていないため、孔食電位による耐海水性評価は不可能です。耐海水性は、すきま腐食試験法で評価すべきです。

②自然海水と人工海水の違い
両者には大きな違いがあります。
自然海水は、人工海水より酸化力が高く、自然海水中ではステンレス鋼の自然電位が高くなり、すきま腐食が起こりやすくなります。

③実験室試験では短時間、海水暴露試験では1～2年間という長期間

④自然海水中には微生物が存在し、腐食を誘発
実際、自然海水中に生息する微生物が試験片の表面を覆い、微生物の排出するH_2O_2（過酸化水素）がワッシャーや貝の周辺で陰極反応を起こします。

- 微生物から生成される過酸化水素が、自然電位を上昇させた
- 自然海水中で、ステンレス鋼にすき間腐食が発生した
- 自然海水中では、すき間腐食の方が孔食より起こりやすい

[1] 自然海水中の暴露腐食試験片

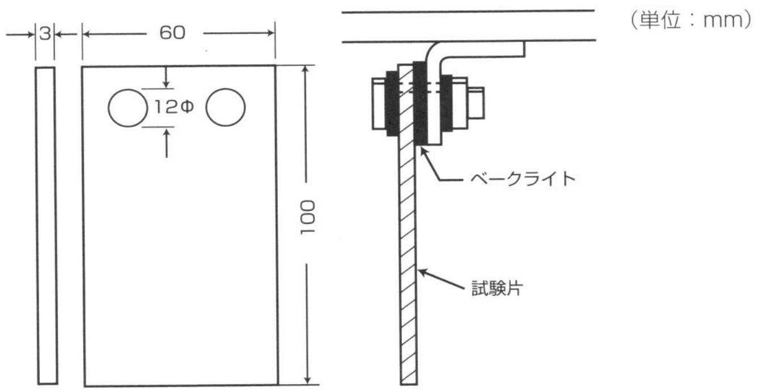

[2] ステンレス鋼の自然海水中の暴露試験結果（1年間および2年間）

Steel	試験期間	
	1年	2年
304		
316		
20Cr-18Ni-0.3Ti		
Carpenter 20Cb		
329J1		
30Cr-2Mo		

100mm

3 海水とすき間腐食発生の関係

海水は、腐食に関与する有機物・無機物であふれている

自然海水の酸化性は、人工海水（例えば3%NaCl）に比べて非常に高いといえます。

微生物がH_2O_2を作り酸化性を促進

ステンレス鋼のすき間腐食は、海水中で、すき間内外面間の酸素濃淡電池（**通気差電池**）を形成して進みます。

①すき間内がカソード、すき間外がアノードになります。すき間外でH_2O_2や溶存酸素の還元、すき間内でステンレス鋼の溶解が起こります。Cr^{3+}、Fe^{2+}イオンが溶出して加水分解し、すき間内のpHが下がります。陽イオンに引き付けられ、すき間外からCl^-が侵入して濃縮します。

②「すき間腐食の発生」……限界電位（すき間腐食電位V_{crev}）より貴な自然電位で不動態皮膜の破壊が始まります。

左頁［1］は、人工海水3%NaCl＋Na_2SO_4に活性炭（蒸気賦活）を添加した溶液にポンプで空気を導入して、ステンレス鋼のすき間腐食にpHが及ぼす影響を測定しました。溶液のpHが下がるほど、すき間腐食量が増加します。

左頁［2］は、316ステンレス鋼の「3%NaCl（活性炭無添加）」中と「人工海水（3%NaCl＋Na_2SO_4、活性炭あり）」中の自然電位の差異です。3%NaCl中では、自然電位は−100mVです。対して活性炭添加の人工海水中では、約150mVに上昇します。人工海水中に活性炭を添加すると酸化性が強くなります。**左頁［3］**は、すき間腐食の発生に及ぼす活性炭の影響です。活性炭を添加しないと、すき間腐食は発生しませんが、活性炭添加で自然電位は、すき間腐食電位（V_{crev}）より十分に貴になるので、すき間腐食が開始されます。

- 人工海水中で、すき間腐食は発生しにくい
- 活性炭添加の人工海水で、すき間腐が発生
- 活性炭添加の人工海水中で、ステンレス鋼が自然電位化

[1] 人工海水＋活性炭中のすき間腐食

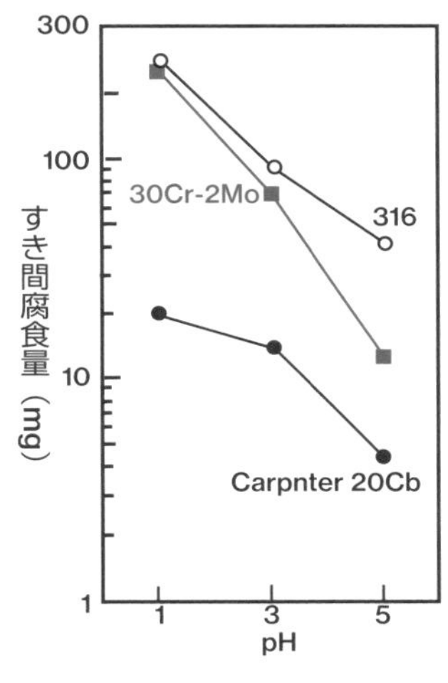

[2] 活性炭の有無での人工海水中の自然電位変化

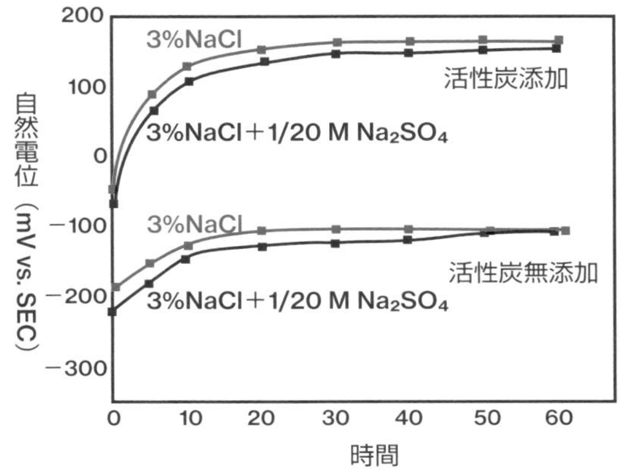

SUS316ステンレス鋼の活性炭含有の塩化物溶液（25℃）中の腐食電位1時間曲線（活性炭混合比（wt%）　溶液：活性炭＝5：2）

[3] 活性炭により引き起こされるステンレス鋼のすき間腐食メカニズム

（E1、E2：初期自然電位
Vcrev：すき間腐食電位）

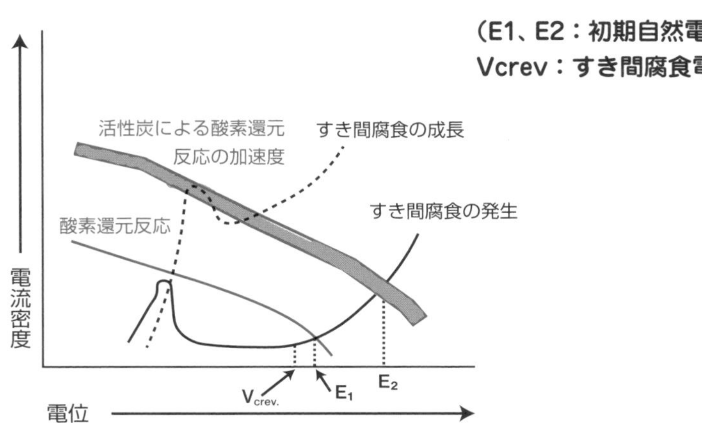

Column

趣味と交流

若いときは仕事が忙しくて、趣味に時間やお金が割けないかもしれませんが、生きがいを得て、あとあとの人生を豊かにするには、趣味は欠かせません。筆者（長野）自身の例として、「ゴルフ」と「詩吟」を紹介します。

筆者は、仕事でコンピュータを頻繁に使うので、近くの画面ばかり見ていて目が疲れます。たまには、遠くを見るためゴルフ場に出かけることが、目の健康に役立っています。さらに、仕事関係以外の人との交流ができ、お付き合いにも広がりが出ました。

当たり前ですが、プロゴルファーは、男女を問わず、非常にお上手です。アマチュアは一般に、うまくなろうとして独りよがりな方法で練習するせいか、なかなかうまくなれません。

練習に熱心であればあるほど、理にかなったフォームを身につけにくくなる傾向があります。なんであれ、我流はいけないということかもしれませんね。しかし、年をとっても楽しめて、健康的でもあるのですから、よいスポーツだと思っています。

文化的な趣味として、詩吟があります。漢詩に日本流の節をつけてうたいます。仕事で中国に出張した折、交流の席上で詩吟を中国語で披露すると、大変に喜ばれ、交流会が盛り上がりました。

例えば、涼州の詩、元二を送る、楓橋夜泊などがあります。

生きがいと健康のために、ぜひ趣味を楽しんでいただけたら——趣味を通じて付き合いができ、また、生きる喜びともなります。

第8章 応力腐食割れ

装置、機械や構造物などを取り巻く環境は多種多様です。とりわけ気体環境や液体環境の影響を強く受けてそれらの強度が著しく低下し、短寿命で破壊する環境脆化が見られます。材料の環境脆化現象の代表例は応力腐食割れや腐食疲労などであり、経済的損失や資源・エネルギーの損失にとどまらず、環境汚染、ひいては人的損害にまで至ることがあります。

本章では、代表的な環境脆化現象の一つである応力腐食割れについて、その機構、試験法、事例や防止対策を中心に解説します。

1 金属の応力腐食割れ現象とその機構

引張応力下の材料は、特定の環境との組み合わせで割れが発生・伝播

応力腐食割れ（SCC）とはどのような現象なのでしょうか。その機構は二つに大別されます。

電気化学的にどう違うのか？

金属の表面および内部で進行する環境脆化現象は、金属・機械工学、化学、腐食科学のいずれにも深く関わって学際色が強く、議論の対象も原子のナノオーダーから実用部材のメートルオーダーまで極めて広範囲に及びます。このように広範かつ多岐に及ぶ環境脆化現象の一例として、化学プラント等で経験された**応力腐食割れ**（SCC）損傷事例の環境別分類を左頁【1】に示します。とりわけオーステナイト（γ）系ステンレス鋼の塩化物水溶液中におけるSCC損傷が多く、代表的な局部腐食事例といえます。

SCCは、「金属材料が特殊な陰イオンを含む腐食環境下で引張応力を受けて脆性的に破壊する」現象です。左頁【2】のように環境・材料・応力の三つの因子が重畳しながら複雑に作用し、どれか一つの因子が欠けても割れは発生しません。

電気化学的には「金属溶解による割れ」と「金属内に吸蔵された水素による割れ」があり、一般に広義のSCCは電気化学的観点から左頁【3】に示すように**活性経路腐食**（APC）と**水素脆化**（HE）に大別できます。狭義のSCCであるAPC型SCCでは、金属が局部的にアノード溶解し、腐食が進行して割れの形態をとり、金属をアノード分極することで破断時間が短くなります。一方、HE型SCCは**水素脆性割れ**とも呼ばれ、カソード反応によって発生した水素が金属中に侵入・脆化して割れが生じます。電気化学反応は類似しているものの、割れの発生機構、伝播する場所や防食法が大きく異なります。

- SCCは、環境・材料・応力の３因子が重畳して起こる
- 機構的にはAPC型とHE型のSCCに大別できる
- 両者は割れの発生機構、伝播する場所や防食法が異なる

[1] SCC損傷事例の環境別分類

材質	環境要因	件数	比率%
炭素鋼 低合金鋼 (22.3%)	硝酸塩水溶液	12	4.1
	シアン化物水溶液	12	4.1
	液体アンモニア	15	5.1
	アルカリ	23	7.9
α-ステンレス鋼	高温高圧水	3	1.0
γ-ステンレス鋼 (71.2%)	塩化物水溶液	178	61.0
	ポリチオン酸	9	3.1
	アルカリ	1	0.3
	高温高圧水	20	6.8
チタン	過酸化窒素	1	0.3
銅合金 (6.2%)	淡水	16	5.5
	大気	2	0.7
	計	292	

出所：武川哲也，三木正義，石丸裕「化学工学」第44巻，P128（1980）

[2] SCC発生の影響因子

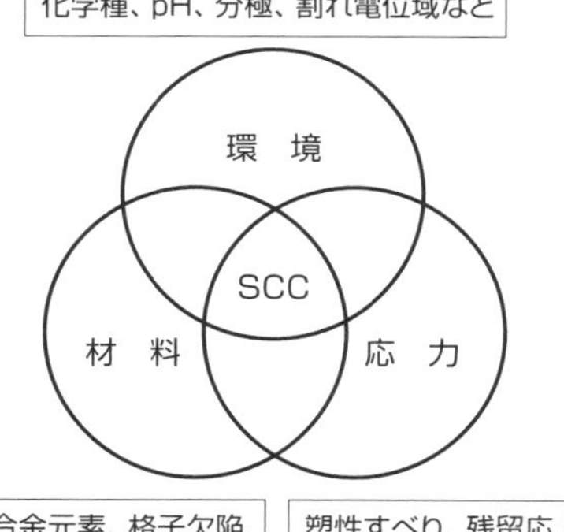

[3] SCC機構と分極特性

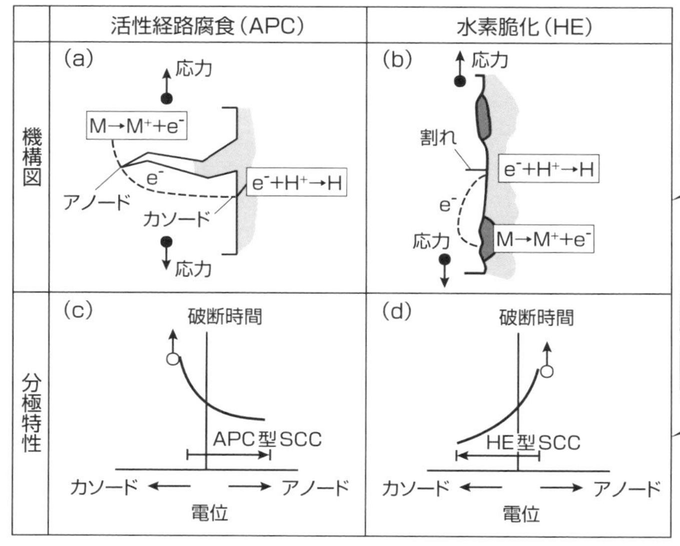

機構的には、金属のアノード溶解と、カソード反応で生じた水素の侵入・脆化の違いである。

電気化学的には類似しているが、割れの発生機構、伝播する場所や防食法が大きく異なる。

出所：長野博夫，山下正人，内田仁「環境材料学」（共立出版），P105(2004)

2 活性経路腐食型応力腐食割れ

割れ感受性は、新生面露出速度と再不動態化速度の均衡関係が重要

活性経路腐食型応力腐食割れ（APC型SCC）では、金属溶解のアノード反応が支配的です。

APC型SCCの機構と特徴

APC型SCCにおいて割れ感受性をアノード分極曲線に関連付けると、**左頁［1］**に示すように、不動態皮膜を有する金属では、活性態／不動態、不動態／過不動態近傍など、皮膜が不安定に存在する特定の電位域で割れが発生します。

そこで、APC型SCCに対する不動態皮膜の役割を考えると、すべりステップの出現とともに新生面が現れ、再不動態化しやすい場合には補修されて割れが発生しません。**左頁［2］**はこの現象を模式的に示しており、aでは再不動態化が遅く新生面の激しい腐食が生じ、cでは再不動態化が速やかに進行し、新生面が不活性化します。故に、SCCは応力による新生面露出速度と再不動態化速度が均衡しているbの状態で生じ、両者の均衡関係が重要です。一例として、**左頁［3］**はSUS304鋼の$MgCl_2$溶液中におけるSCC感受性と電位の関係を示しており、特定の狭い電位域でSCCが生じることが分かります。

APC型SCCの主な特徴を挙げると、一般に純金属で起こりにくく、ほとんどすべての合金で認められます。割れが生じる環境は合金の種類によって異なり、強酸性環境中よりアルカリ性環境中が多いです。割れは引張・剪断応力が作用する場合にだけ起こり、すべりが生じる程度の小さな応力条件下でも起きます。また、割れは電位の影響を大きく受け、上述のように活性態／不動態境界近傍など特定の電位域で生じ、カソード電位によって抑制できます。破面形態には粒内割れと粒界割れがあり、材料・環境・応力の相違によって一義的には決まりません。

- **APC型SCCは、金属溶解のアノード反応が支配的**
- **割れ感受性は、新生面露出速度と再不動態化速度に依存**
- **割れ形態は、影響因子の相違により一義的に決まらない**

[1] APC型SCC発生の電位依存性

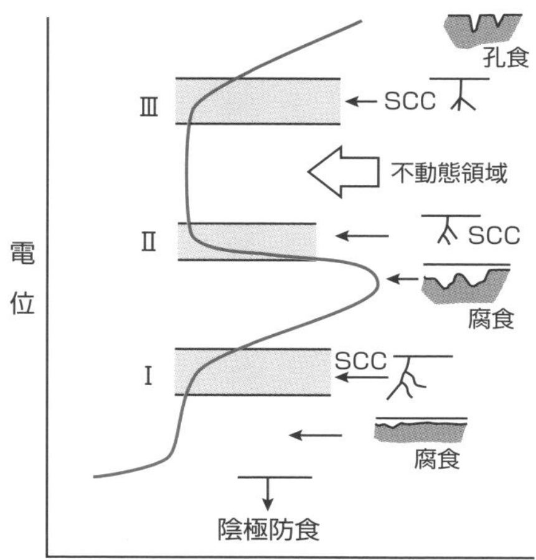

出所：R. W. Staehle, "The Theory of Stress Corrosion Cracking", NATO, Brussel, P223(1971)

SCC機構の諸説

一段階説：塑性変形によって発生した転位や空孔などの格子欠陥、欠陥部への偏析や相変態などが腐食に対して活性経路を提供し、その箇所が大きな溶解速度を示す、いわゆるメカノケミカルによって割れに至るという「皮膜破壊説」がある。

二段階説：割れの発生、伝播が溶解反応だけではなく、機械的な破壊も重視する。腐食は食孔（ピット）など機械的破壊を起こすための応力集中源を作る役割を果たし、伝播は主として機械的破壊によるという「トンネル腐食説」がある。

その他：特定の化学種が金属表面に吸着し表面エネルギーを低下させて割れやすくなるという「応力吸着説」、腐食生成物などが割れを開口して伝播させるという「くさび効果説」などがある。

[2] 新生面露出速度と再不動態化速度の関係

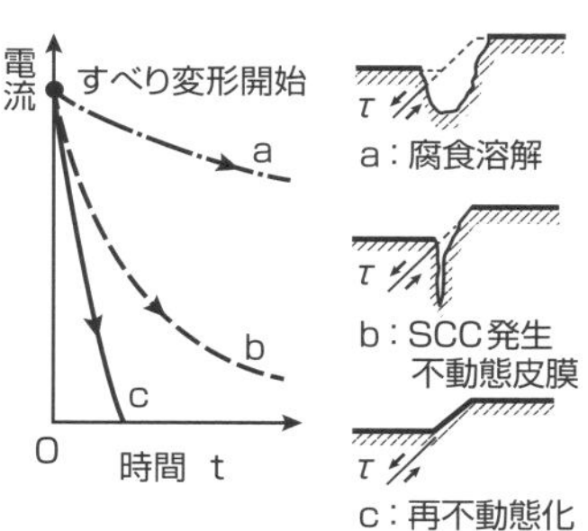

出所：村田雅人「構造材料の損傷と破壊」（日刊工業新聞社），P65（1995）

[3] SCC感受性と電位の関係

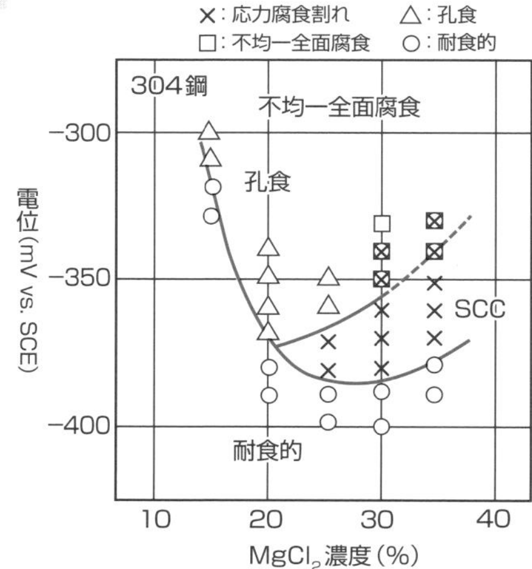

出所：小若正倫，工藤赳夫「鉄と鋼」第62巻，P390（1976）

3 水素脆化型応力腐食割れ

水素が金属中に侵入し、外部応力下で発生する水素脆性割れ

水素脆化型応力腐食割れ（HE型SCC）は、水素発生のカソード反応が支配的です。

HE型SCC機構とその諸説

高強度材ではHE型SCCを容易に生じます。この種の割れ発生の限界応力（σ_{th}）に対する環境と材料強度の影響を**左頁【1】**に示します。蒸留水中や食塩水中では、降伏点（σ_Y）が1000MPa以上の鋼においてσ_{th}の著しい低下が認められます。しかし、腐食性の激しい硫化水素（H_2S）環境中では、σ_{th}の低下がさらに低いσ_Yの鋼でも、**硫化物応力腐食割れ**（SSCC）や**水素誘起割れ**（HIC）が生じます。**左頁【2】**に鋼の強度と水素量によるHIC感受性を、その一例として**左頁【3】**にH_2Sを含む環境中のラインパイプ鋼で発生したHICの断面写真を示します。

いずれも「カソード反応によって生じた水素が金属中に侵入して割れが発生する」点では本質的に同じであり、次のような割れ機構が提案されています。

水素吸着説：水素の吸着による真表面エネルギーの低下により割れが発生します。

転位説：水素と転位の相互作用に着目し、転位移動に対する水素の阻止効果により脆化が生じます。

水素ガス説：金属中の過剰な水素原子が欠陥部に析出して再結合し、体積膨張により割れが生じます。

格子脆化説：引張応力下で三軸応力状態が達成され、格子膨張を生じることによる水素集中と格子結合力の低下により割れに至ります。

水素化物説：チタン／ジルコニウム合金などでは水素の侵入により水素化物を形成して脆化します。

以上のような種々のHE機構が提案されていますが、条件によって支配因子が変化するため、必ずしも統一された機構があるわけではありません。

- HE型SCCは、水素発生のカソード反応が支配的
- 割れ感受性は、高強度材ほど生じやすく環境にも依存する
- 諸説の割れ機構はあるものの、統一された機構はない

[1] HE型SCC発生の限界応力

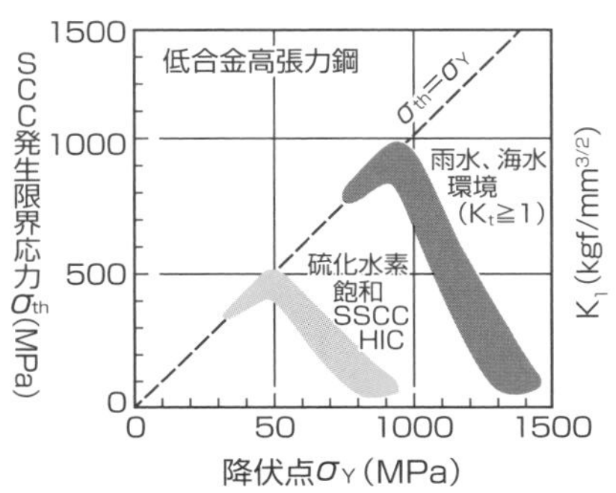

出所：村田雅人「構造材料の損傷と破壊」（日刊工業新聞社）, P100（1995）

[3] 原油用ラインパイプ鋼のHIC

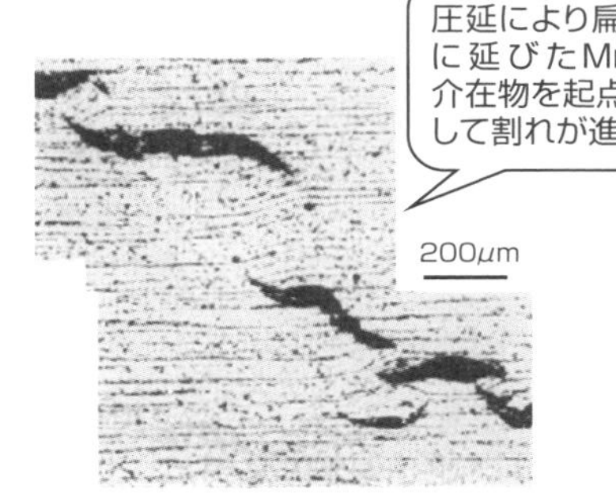

出所：日本材料学会フラクトグラフィ部門委員会編「フラクトグラフィ」（丸善）, P131（2000）

[2] 鋼の強度と水素量によるHIC感受性

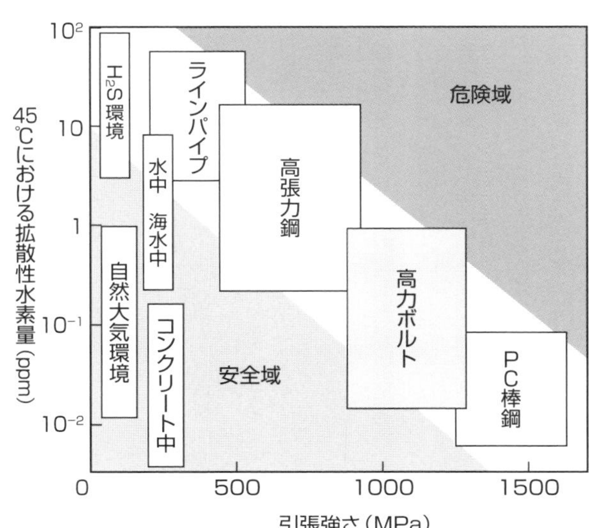

水素誘起割れの特徴

1）割れの発生・成長にはかなり塑性変形が伴う。なお、塑性変形量は水素量や材料強度によっても異なる。
2）歪（ひずみ）速度が水素のき裂先端への拡散に追随できる程度に遅いときに脆化する。

出所：松山晋作「遅れ破壊」（日刊工業新聞社）, P70（1989）

用語解説

三軸応力状態：物体に外力が作用すると、その反作用により物体内に分布内力が生じ、その3つの主応力値がいずれも0でなく互いに異なる状態。

4 応力腐食割れ試験法とその有効活用

試験法によって割れ感受性評価法や活用法が異なることに注意！

SCC試験法には一長一短があって評価対象が異なるため、その選択には注意を要します。

SCC試験法の種類とその特徴

SCC試験法は応力負荷方法によって大きく4種類に分類され、それぞれ左頁【1】に示すような特徴があります。

定歪法：試験片を曲げて一定の歪を与え、腐食環境に浸漬して割れ発生時間（t_i）や割れ深さなどから割れ感受性を評価します。多数の試験片を同時に評価できるので、実環境の試験が容易です。

定荷重法：試験片に一定荷重を負荷し、破断に至るまでの時間（t_f）やその限界応力値（σ_{th}）などから割れ感受性を評価します。同時に腐食電位の経時変化を測定すれば、破断時間を割れの誘導期間と伝播期間に分けることもできます。

低歪速度法（SSRT法）：一定歪速度の条件下で試験片の応力-歪曲線を調べ、非腐食性環境下に対する破断歪比や最大応力比などにより、割れ感受性を評価します。短時間に評価ができて、き裂伝播に関する情報が得られ、**左頁【2】**のようにAPC型とHE型の割れ機構を評価するにも有効です。

破壊力学法：き裂、欠陥、試験片の寸法・形状や荷重条件などを標準化するもので、力学的条件が異なる実験データの客観的な評価が可能となります。**下限界応力拡大係数**（K_{ISCC}）を求めて強度設計基準が得られる一方、割れ発生過程については低歪速度法と同様に何ら情報を得られないことに注意を要します。

以上のように、各種のSCC試験法には一長一短があって評価の対象も大きく異なるため、実験室的な加速試験と実環境における試験の対応を慎重に考えてSCC試験法を選択しなければなりません。

- 試験法は応力負荷方法の違いにより４種類に大別
- 各試験法は一長一短があり、評価対象が大きく異なる
- 実環境との対応を考えて、実験室的な試験法を選択

[1] SCC試験法の特徴

試験法	評価法	利点	欠点
定歪法	1. 割れ時間（t_i） 2. 割れ深さ	1. スクリーニングテストに便利である 2. 多数の試験片を同時に試験可能である 3. 実環境での試験が容易である	1. 力学条件が不明確である 2. 定量化が困難である 3. 設計データとして使用困難である
定荷重法	1. 破断時間（t_f） 2. 限界応力値（σ_{th}） 3. σ_{th}/σ_y	1. 破断時間で定量的に評価できる 2. 力学的条件が明らかである	1. き裂が入ると歪速度が著しく大きくなり、材料の割れ感受性を検出し得ない場合がある 2. 装置が高価である
低歪速度法	1. 破断時間 2. 最大応力歪量 $\varepsilon\sigma_{max}$ 3. 最大応力値 σ_{max} 4. 破面率 5. 断面収縮率	1. 短時間で評価できる 2. 伝播に関する知識が得られる	1. き裂発生過程を無視している 2. 多数の試験片を同時に試験できない 3. 装置が高価である
破壊力学法	1. K_{ISCC} 2. da/dt 3. 破面率	1. 伝播に関する知識が得られる 2. 力学的条件が明らかである（K_{ISCC}などの値は強度計算に使える）	1. き裂発生過程については何ら情報を得られない 2. 試験片の制作費がかさむ

ベント・ビーム法（3点、4点支持）C-リンク法 U字曲げ法 など

WOL型試験片 予き裂試験片

出所：小若正倫「金属の腐食損傷と防食技術」（アグネ承風社）, P38（1995）

[2] APC型とHE型の歪速度依存性

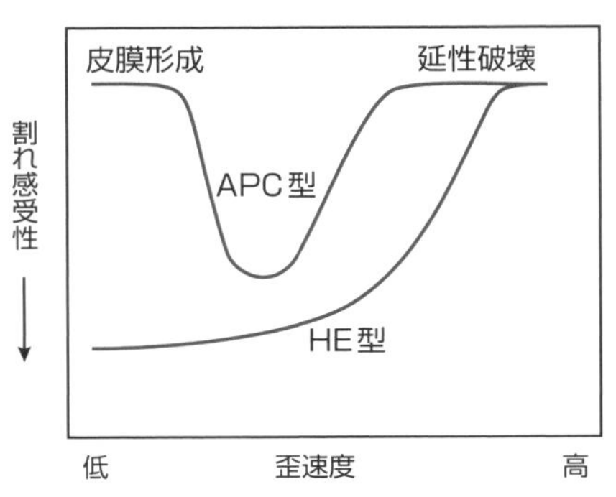

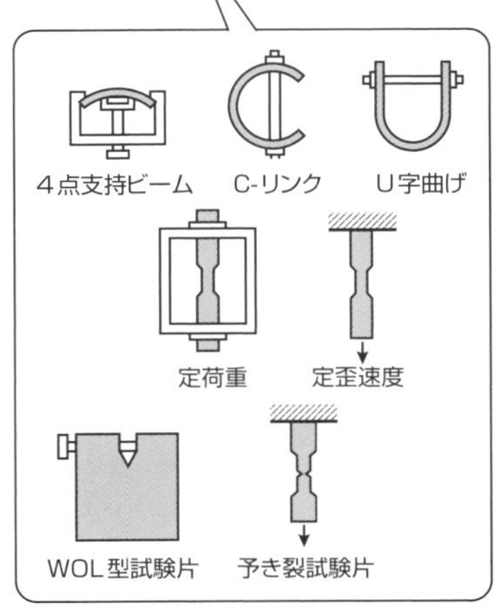

下限界応力拡大係数：SCCき裂進展速度「da/aN」と応力拡大係数Kの関係において、き裂が進展しない下限界値（da/aN→0）をいう。

5 ステンレス鋼の応力腐食割れ

割れ発生の初期段階は、新生面の露出とそれに続く活性溶解

各種ステンレス鋼は塩化物環境下において数多くのSCC損傷事例を経験します。

塩化物環境下のSCC挙動

オーステナイト系ステンレス鋼のSCCは、Cl^-イオンが存在して溶液温度が高いほど生じやすいことから、実験室的な加速試験液として高濃度沸騰$MgCl_2$溶液が用いられます。**左頁【1】**はその試験結果の一例で、破断時間（t_f）の曲線は「下に凸」の形状をしているため、二つの現象が重畳したものと考えられます。溶液濃度（温度）の増加とともに表面の耐食性が失われ、腐食電位の経時変化から求めた割れ発生までの誘導期間（t_i）が長くなります。逆に、割れ伝播期間（t_p）は金属の溶解現象に関係しているため温度の上昇とともに短くなり、必ずしも実環境のSCC挙動とは対応しないことに注意が必要です。

ステンレス鋼のSCCは、塑性変形によりすべりステップが形成されて不動態皮膜が破壊され、それに続く活性溶解が割れ発生の初期段階です。矩形断面の単結晶試験片を用いれば、容易に割れ発生箇所を特定できます（その一例を**左頁【2】**に示します）。主すべり面に沿ったすべりステップの箇所には明瞭な腐食溝が観察でき、腐食溝底部（〇部の拡大写真）にはこれとほぼ垂直と並行な位置にそれぞれ割れが発生していますが、これらはマクロな伝播を促した（101）面方位の割れと必ずしも一致しません。

一方、フェライト系ステンレス鋼は塩化物環境下においてSCCに免疫的ですが、二相ステンレス鋼になると**左頁【3】**に示すようにNiを少量含むフェライト（α）組織が最も割れ感受性が高く、次いでオーステナイト（γ）組織、二相（α＋γ）組織の順に割れ感受性が小さくなります。

- 実験室的な加速試験液は、高濃度沸騰$MgCl_2$溶液
- 割れ発生の初期段階は、新生面露出とその活性溶解
- ステンレス鋼のSCC感受性は、組織に大きく依存

[1] 塩化物環境下における SUS304鋼のSCC

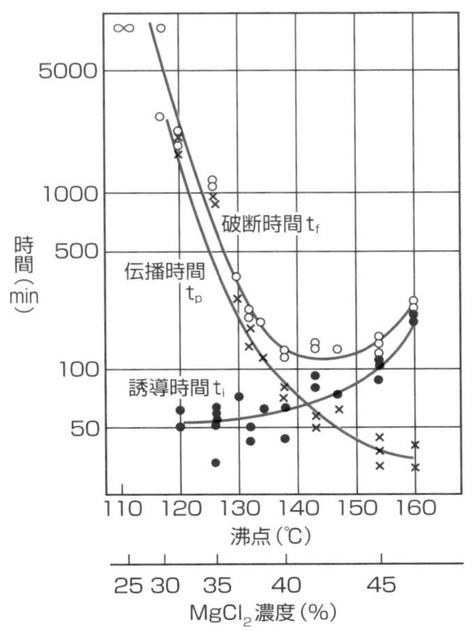

出所：小若正倫, 工藤赳夫「日本金属学会誌」第37巻, P1320(1975)

[2] SUS304鋼単結晶のSCC

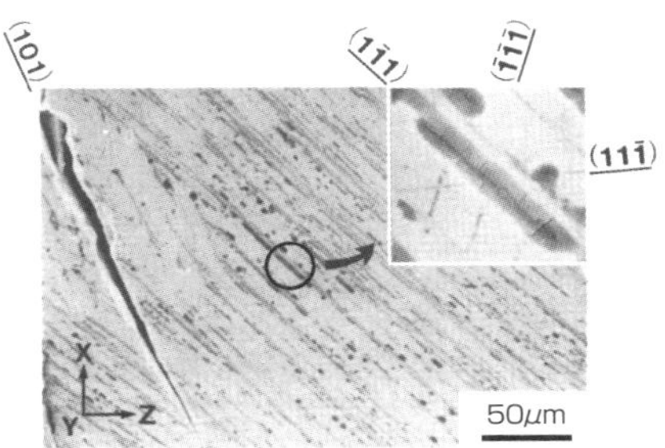

出　所：H. Uchida, K. Koterazawa "Current Japan Materials Research - Fractography" eds. R. Koterazawa, R. Ebara and S. Nishida, Elsevier Applied Science Publishers, Vol. 6, P203 (1990)

[3] 二相ステンレス鋼のSCC

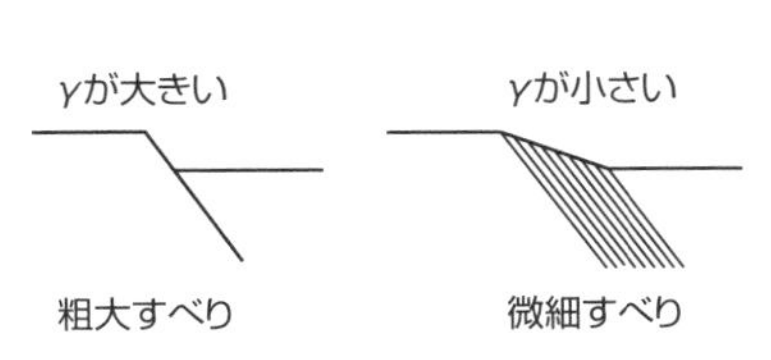

割れ発生にはすべりステップによる新生面の露出が必要であり、これには積層欠陥エネルギー(γ)に大きな影響を及ぼす合金元素が寄与する。

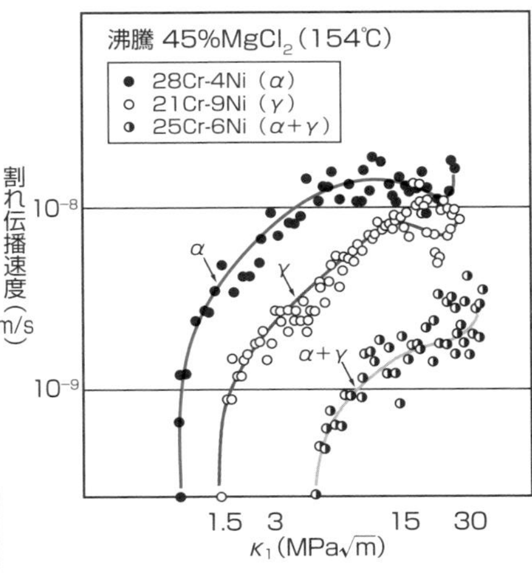

出所：小若正倫, 長野博夫, 工藤赳夫、山中和夫「防食技術」第30巻,P218(1981)

6 高強度材の水素脆性割れ

腐食反応による水素発生・吸着・拡散・集積を経て、割れ発生に至る

HE型SCC現象は実に多種多様です。ここではいくつかの代表的な脆化損傷を紹介します。

割れ感受性は材料強度に依存

HE型SCCは、三軸応力状態での格子膨張に伴う水素集中、マルテンサイト変態などによる降伏点の上昇、加水分解による酸性化や触媒毒による原子状水素の増大などが重要な因子となります。腐食により金属表面に生じた腐食ピット（食孔）内では、加水分解によるpH低下に伴い水素が金属表面に吸着、拡散侵入し、腐食ピット底の応力集中部や欠陥部などに水素が集積してHE型SCCが生じます。本質的には水素脆性割れと同じであり、**左頁【1】**に示すように拡散水素量の増加とともに臨界破断応力が低下します。自然環境中でも切欠きや腐食ピットが存在すると、前述のように局部的なpHの低下が起こり、水素量10^{-2}～10^{-3}ppm（1ppmは比率10^{-6}）のオーダーに増加するので、高強度鋼になるほどHE型SCCが生じるようになります。しかし、水素濃度が高ければ軟鋼のような低強度鋼でも外部応力が作用せずに**ブリスター**（水素ふくれ）や水素誘起割れが生じ、厳密には先に述べた水素脆性割れと区別されます。

一般に水素の溶解度が小さくて鋼中への拡散速度が速いフェライト系やマルテンサイト系ステンレス鋼では水素脆化感受性が大きく、逆にオーステナイト系ステンレス鋼では水素脆化が起きにくいといわれています。しかし、成分組成上のNi当量が低く、**マルテンサイト変態**を起こしやすい準安定鋼では、冷間加工により高強度にすると水素脆化感受性が認められ、**左頁【2】**に示すようにマルテンサイト組織に依存したラス状模様や板状模様のSCC破面が明瞭に観察されます。

- HE型SCCは、水素脆性割れと本質的に同じ
- 水素ふくれや水素誘起割れは、無応力下で発生
- ステンレス鋼の破面形態は、マルテンサイト組織に依存

[1] 水素脆性割れに及ぼす降伏応力と拡散水素量の影響

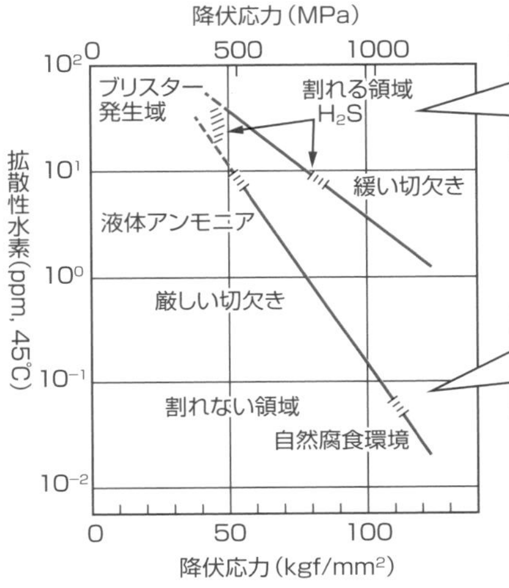

H_2Sを含むような厳しい環境では、高強度鋼はもちろんのこと、低強度鋼でも拡散水素量が多ければブリスターや水素誘起割れを発生する。

自然腐食環境のような緩い環境では、水素吸収量が少なく、高強度鋼のみ割れが発生する。すなわち、高強度鋼になるほど少ない吸収水素量で割れが発生する。

出　所：H. Okada “Proc. Int. Conf. on Stress Corrosion Cracking and Hydrogen Embrittlement of Iron Base Alloys”, NACE-5. P124（1977）

[2] SUS301 鋼加工材のSCC破面形態

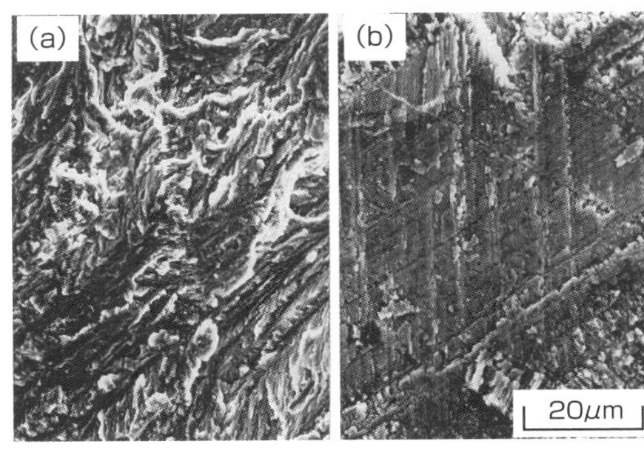

加工誘起マルテンサイト
(a) α'-マルテンサイト（ラス状模様）
(b) ε-マルテンサイト（板状模様）

Ni当量
=Ni%+0.65Cr%+0.98Mo%+1.05Mn%+0.35Si%+12.6C%

この値が小さいほどオーステナイトの安定度が低く、耐水素脆性に有害な加工誘起マルテンサイト変態が起きやすい

出所：日本材料学会フラクトグラフィ部門委員会編「フラクトグラフィ」（丸善），P115（2000）

マルテンサイト変態：準安定オーステナイト系ステンレス鋼では、冷間加工によりα'－およびε－マルテンサイトが生成して強度が上昇する。

7 応力腐食割れの防止対策

応力腐食割れの影響因子に注目して防止対策を考える

防止対策を有効に駆使するためには、SCCの発生要因を十分に把握することが重要です。

SCC防止対策には制約条件を！

SCCは環境・材料・応力の三つの影響因子が重畳して起こる現象であり、その防止対策の基本的な考え方は**左頁【1】**のように整理できます。

材料対策：まずは、SCCを起こす材料と環境の組み合わせを回避することです。その際、材料選定のデータも活用できます。一般には高級材料による代替となりますが、別種の防止対策や防食法を併用すれば低級材料での代替も不可能ではありません。また、残留応力や鋭敏化を抑えるために溶接・熱処理管理を徹底させることも、重要な材料対策です。

環境対策：使用環境中の有害化学種を減少あるいは除去することは当然ですが、実際には有害化学種の濃縮によりSCCが発生します。また、温度やpHの制御によっても割れ発生を抑制できますが、これらはプロセス条件の変更でもあり、注意を要します。**インヒビター**の添加、電位を制御する電気化学的手法、脱気や酸化・還元剤の添加なども有効です。

応力対策：引張／せん断応力を除去すればSCCは発生せず、また、**ショットピーニング**などの表面硬化処理により圧縮の残留応力を付与するのも有効です。とりわけ溶接材や加工材などでは、引張残留応力の除去処理が重要であり、材料の組織や強度変化と対応させて慎重に検討する必要があります。

その他の対策：実施に当たって多くの制約があるものの、ライニング、コーティングや塗装などによる腐食環境との隔離も重要です。また、SCCを最小限にとどめるためには、割れ発生の検知もこれからの重要な技術分野です。

- SCCを起こす材料と環境の組み合わせを回避
- 有害化学種の減少・除去はもとより、濃縮にも注意
- 圧縮残留応力の付与や引張残留応力の除去も重要

[1] SCC防止対策へのアプローチ

- SCC防止対策
  - 腐食反応の制御
    - 材料対策
      - ①材料選定
        - i) 高級材の使用
        - ii) 低級材の使用（寿命管理、腐食代設計、他の防食法との併用）
        - iii) 非金属材料の使用（FRP、合成樹脂など）
      - ②熱処理管理（組織鋭敏化の防止）
      - ③溶接管理（残留応力の軽減、鋭敏化防止）
    - 応力対策
      - ①残留応力対策（設計面、熱処理、加工、施工管理、表面加工）
      - ②作動応力対策
      - ③熱応力対策
    - 環境対策
      - ①陰極防食（犠牲陽極、外部電源方式）
      - ②温度制御（冷却、加温）
      - ③割れ化学種（Cl^-、NH_4^+、OH^-、CN^-、S^{2-}、SO_2、O_2など）の減少と濃縮の防止（構造改善、スケール析出防止、流速増大、熱貫流および温度の低下、露点防止、中和、表面洗浄など）
      - ④pH制御（pH増大、pH低下）
      - ⑤電位制御（脱気剤、還元添加剤、電位モニタリング）
      - ⑥インヒビター添加
  - 環境との隔離（ライニング、コーティング、塗装）
  - 割れ発生の検知
    - オンライン診断
      - ①超音波探傷
      - ②アコースティック・エミッション測定
      - ③周波数測定
      - ④電気抵抗変化測定
    - 停止時の診断
      - ①表面観察（目視、カラーチェック、蛍光・磁粉探傷）
      - ②超音波探傷
      - ③渦流探傷

まずは割れを起こす材料と環境の組み合わせを確実に回避!

残留応力の除去処理や、圧縮の残留応力を付与する処理も有効!

環境中における有害化学種の減少・除去と濃縮の防止が重要!

出所：大久保勝夫「材料」第30巻，P963（1981），構造対策については割愛

SCC防止対策としては、実に多くの方法が提案されている。これは、逆にいえば決定的な対策がないことにほかならず、現実の割れ発生状況もそのことを裏付けている。防止対策の要点はその予防にあるが、そのためには技術面での充実とともに経験的な情報の蓄積とその活用も極めて大切である。

用語解説

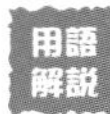

インヒビター：金属材料の腐食を抑制するために環境に少量添加する薬剤の総称で、防食剤、腐食抑制剤ともいう。

ショットピーニング：材料表面に小さい鋼球を吹き付けて、表面層の化学組成を変えないで硬化する方法。

Column

“応力腐食割れ”よもやま話

腐食は、日常生活のひとこまから高度な技術分野に至るまで我々に深く関わっており、その現象や形態は取り巻く環境や使用条件によって多種多様です。代表的な局部腐食の一つである金属の「応力腐食割れ」は、環境・材料・応力の３因子が重畳して起こる現象であり、統一された割れ機構がないためか、専門用語についても実に様々な表記を目にします。

環境脆化現象の一つである応力腐食割れは「環境助長割れ」、「環境誘起割れ」とも呼ばれ、古くから知られる、アルカリ溶液中における炭素鋼の「苛性割れ」や微量のアンモニアを含む温暖湿潤環境における黄銅の「時期（または時季）割れ」などもこの類いです。また、銅合金や鉄基金属などは、高温水中においてμm程度の厚い変色皮膜が生成し、これが引張応力により機械的に破壊されて新生面が露出します。金属自体は直接割れず、皮膜の再生と破壊を繰り返してき裂が進展する「変色皮膜破壊」があり、これも応力腐食割れの一種とされています。また、塩化物を含む大気環境中でも応力腐食割れが発生し、「外面応力腐食割れ」または「大気環境応力腐食割れ」ともいいます。

このような応力腐食割れを広義に解釈すると、アノード反応が局在化してき裂が進展する「活性経路腐食型応力腐食割れ」（APC型）、カソード反応によって発生した水素が金属中に侵入・脆化して割れが生じる「水素脆化型応力腐食割れ」（HE型）に大別され、後者は「水素脆性割れ」、「遅れ破壊」とも呼ばれます。いずれにせよ、応力腐食割れは多くの金属材料において発生しますが、この専門用語に接頭語をつけると、硫化水素環境中で鋼に生じる「硫化物応力腐食割れ」、溶接熱影響部の鋭敏化現象に伴うオーステナイト系ステンレス鋼の「粒界（型）応力腐食割れ」があります。また、粒内でのき裂の発生・進展もあり、非鋭敏化材では「粒内（型）応力腐食割れ」が広く知られています。

このように、専門用語「応力腐食割れ」ひとつとっても様々な表記があります。この現象が最初に認識された１９世紀半ばの「時期割れ」以来の歴史的な変遷に思いをはせつつ、今後のさらなる局部腐食の機構解明や抜本的な防止対策の確立を願ってやみません。

第9章

腐食疲労

金属が腐食環境中で繰返し応力を受ける場合、疲労強度の低下が著しく、不活性な大気中での疲労と異なった挙動を示すようになります。これを腐食疲労といいます。応力腐食割れは環境と材料が特定の組み合わせのときに生じる現象ですが、腐食疲労にはそういった条件はなく、常に起こり得るものです。腐食疲労は清水、塩水、酸溶液中などで顕著に見られますが、湿気を含む大気中においてもその影響は無視できません。

本章では、まず大気中での疲労現象の基本を踏まえたうえで、代表的な環境脆化現象の一つである腐食疲労について、その機構、事例や防止対策などを中心に解説します。

1 まず疲労現象の基本的な理解を！

繰返し応力による疲労き裂の発生・進展および疲労限度についての基本を押さえる

大気中における疲労現象とその評価法、機構などの基本が分かります。

疲労現象とき裂発生・進展過程

実機における繰返し応力には引張、圧縮、曲げやねじりなどがあり、多くの疲労試験では**左頁【1】**に示すように正弦波形の繰返し応力が使われます。ここでσ_aは応力振幅、σ_mは平均応力、σ_{max}は最大応力（$=\sigma_m+\sigma_a$）、σ_{min}は最小応力、Rは応力比（$=\sigma_{min}/\sigma_{max}$）です。応力比を変化させることにより応力状態が異なり、R=−1の両振り応力、R=0の片振り引張応力、R=1/3の部分片振り引張応力、R=−1/3の部分両振り応力などがあります。

疲労破壊に最も大きな影響を与えるのは応力振幅です。平均応力や応力比を一定とし、応力振幅σ_aを縦軸に、破断までの繰返し数Nを横軸に対数表示した**S-N曲線**の模式図を、**左頁【2】**に示します。鉄鋼材料の場合は$N=10^6$～10^7付近で水平部分が現れ、それ以下の応力域では疲労破壊が起こりません（この下限界の応力振幅を**疲労限度**という）。一方、非鉄金属材料で明確な疲労限度が現れず、S-N曲線は$N=10^7$を超えても連続的に低下する傾向があります。そのため、S-N曲線上の$N=10^7$における縦軸の値、すなわちこの**時間強度**を用いて疲労強度と見なします。

疲労き裂の発生・進展過程は、**左頁【3】**に示すように大きく二つの段階に分けられます。試験片表面に**固執すべり帯**（PSB）と呼ばれる**入り込み**と**突き出し**が形成され、これが応力集中源となってすべり面に沿う結晶粒オーダーの微小き裂が発生します（第Ⅰ段階）。第Ⅰ段階の疲労破面は比較的無特徴ですが、これに続く第Ⅱ段階では破面に**ストライエーション**と呼ばれる特徴的模様が観察されます。

- 大気中の疲労破壊は、種々の繰返し応力下で起こる
- S-N曲線を用いて疲労限度を評価する
- 疲労破壊は、き裂発生・進展過程の２段階に分けられる

[1] 繰返し応力波形の定義とパターン例

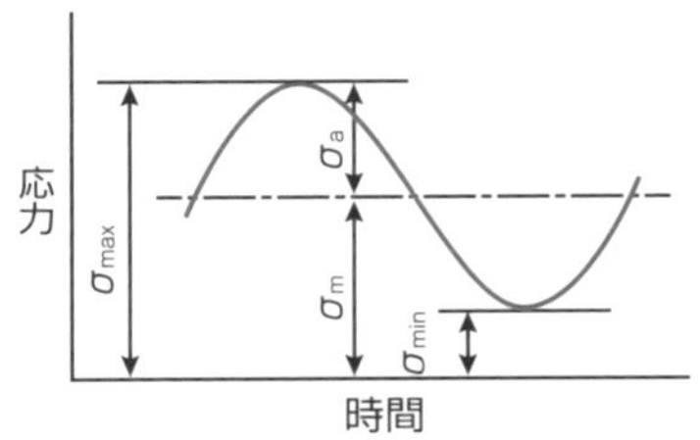

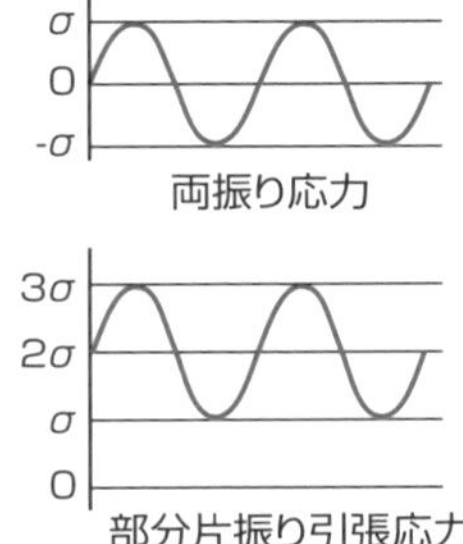

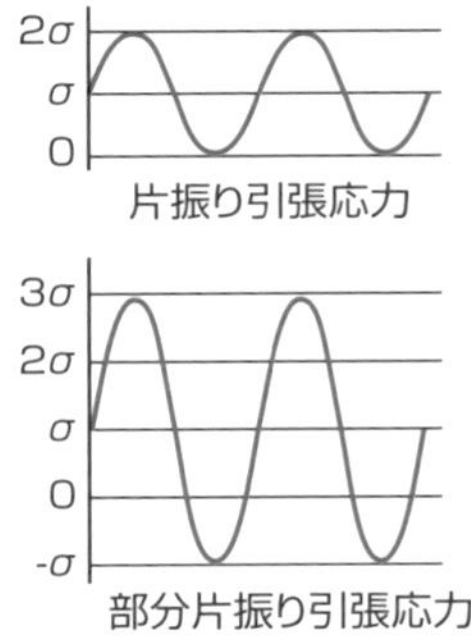

[2] S-N曲線と疲労限度

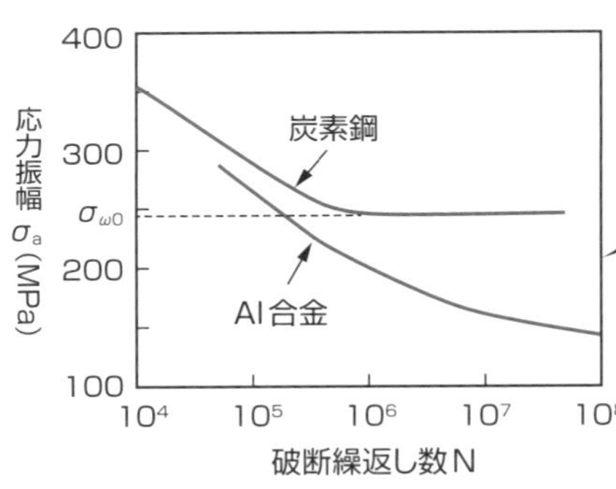

鉄鋼材料においても、腐食疲労（次節参照）など試験条件によっては、明確な疲労限度（$\sigma_{\omega 0}$）が現れないこともある。

[3] 疲労き裂発生・進展形態およびストライエーション

縞模様のストライエーションは1サイクルごとに伝播したき裂前縁の位置を示すものである。き裂進展方向はこれに垂直であり、その間隔は1サイクル当たりのき裂進展量なので、き裂進展速度が求められる。

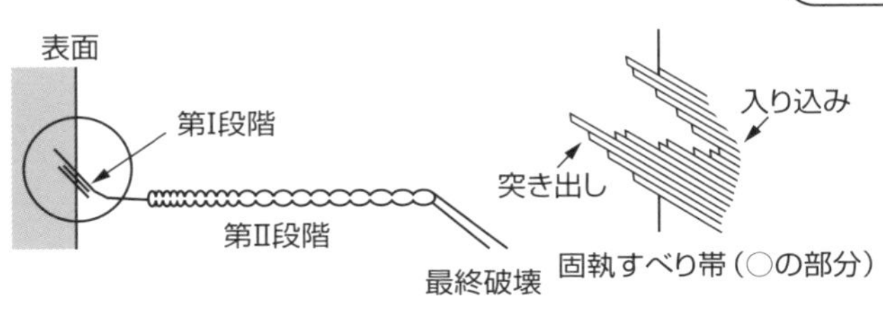

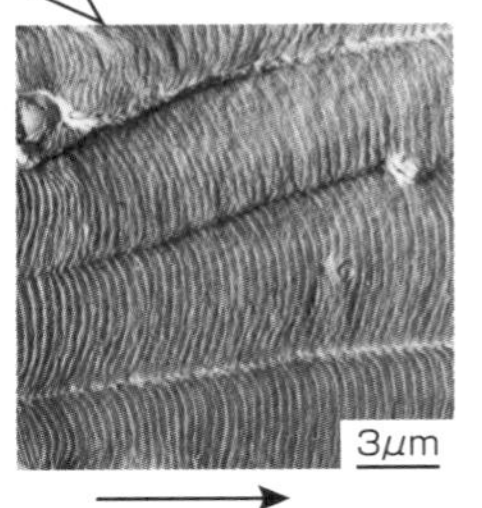

き裂進展方向

出所：日本材料学会フラクトグラフィ部門委員会編「フラクトグラフィ」（丸善），P137（2000）（一部抜粋）

時間強度：所定の応力繰り返し数におけるS-N曲線上の縦軸の値を、その繰り返し数における時間強度という。

2 腐食疲労現象とその特徴

腐食疲労は特定の環境と材料の組み合わせに限定されず、腐食環境では常に起こる現象

腐食疲労（CF）は大なり小なり環境の影響を受け、明確な疲労限度が現れません。

CFのS－N曲線とその特徴

「真空中や不活性ガス中でない限り、腐食環境の影響を受けて金属材料の疲労強度が低下する」現象を**腐食疲労**（CF）と称します。**左頁［1］**は不活性環境（大気）中および腐食環境（1％NaCl溶液）中における炭素鋼のS－N曲線です。不活性環境中のS－N曲線では、N＝10^7を過ぎるとある限界応力に漸近して疲労限度が決定されます。しかし、腐食環境下では水平部が現れず、長時間側で折れ曲がりを生じることもあり、時間強度の推定が困難です。また、CF損傷において応力波形の影響も大きく、**左頁［2］**にその概要を示します。被害の本質は応力変動であり、応力波形C、D、Eでは応力が常に変動しているためCF強度が最小となり、負パルス波の最大応力時に小振幅の振動応力が重畳したGの場合も大きく減少します。**左頁［3］**は炭素鋼のS－N曲線ですが、清水中や食塩水中では水平部が現れず、疲労限度が存在しないことが多いです。大気中では応力繰返し速度の影響は小さいですが、CFでは繰返し速度効果が大きいので、CF強度に対しては応力繰返し速度と繰返し数を明示する必要があります。

CFの主な特徴を挙げると、環境と材料の特定の組み合わせで生じるのではなく、腐食環境を伴えば常に起こるものです。また、明確な疲労限度が現れず、腐食の進行に与えられる時間が短いほど、すなわち繰返し速度が速いほど、疲労強度は低下しにくいです。特に腐食の影響が大きい場合には、疲労破面の腐食損傷により、ストライエーションなどの疲労特有の模様が現れにくいです。

- CFは、気相や水溶液など腐食環境の影響を受ける
- 疲労限度が現れず、時間強度の推定は困難である
- 破面の腐食損傷により、疲労特有の模様が現れにくい

[1] CFにおける炭素鋼のS-N曲線（回転曲げ）

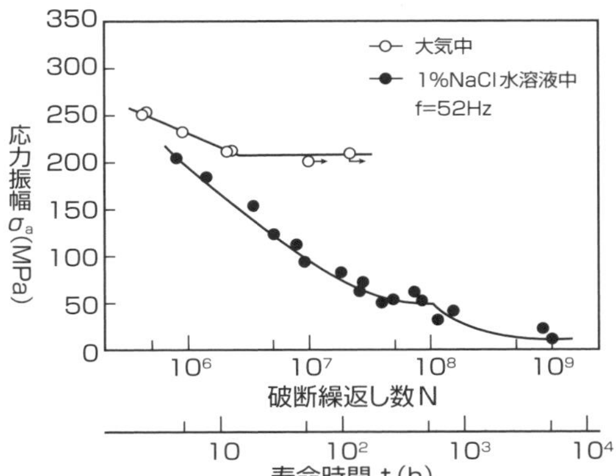

出所：遠藤吉郎，駒井謙治郎，木下定「材料」第25巻，P892（1976）

[2] CF損傷の応力波形効果

応力波形	被害の程度
A：正パルス波	小
B：負パルス波	中
C：三角波	大
D：正弦波	大
E：正のこ歯波	大
F：負のこ歯波	小
G：負パルス波 正弦波重畳波	大

出所：駒井謙治郎「構造材料の環境強度設計」（養賢堂），P225（1993）

[3] 炭素鋼のS-N曲線（S45C、平面曲げ）

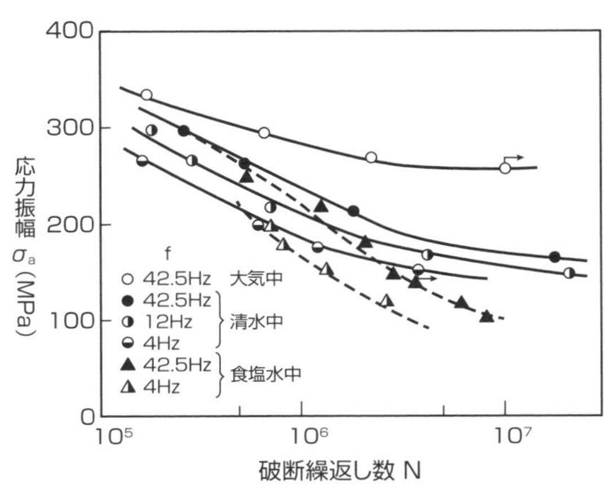

応力状態とCF強度

応力の種類：曲げよりねじりの方がCF強度の低下が少ない。
応力波形効果：低サイクルCFでは、繰返し速度よりも応力波形の影響が重要である（本頁[2]）。
長寿命CF：実験室的なCF試験では、繰返し数N=10^7程度でも長時間CFを受けるとその挙動が変化する（本頁[1]）。
応力繰返し速度効果：応力繰返し速度が小さくなると、破断繰返し数が減少し、破断時間が長くなる（本頁[3]）。

出所：遠藤吉郎，宮尾義治「日本機械学会論文集」第24巻，P1672（1958）

3 腐食疲労におけるき裂発生・進展

多くのき裂は、腐食ピットなどを起点として発生・進展する

CFき裂は寿命の初期に発生し、電気化学的・力学的な影響を受けて進展します。

CFき裂発生・進展の影響因子

左頁［1］にCFき裂発生のモデル図を示します。金属に繰返し応力が作用すると表面に局部的なすべりが生じ、すべりにより露出した新生面の腐食溶解が生じてCFき裂が生成し、活性な新生面がアノード、すべりを受けない部分がカソードとなって、**局部電池腐食**により溶解が起こります。実際には固執すべり帯や介在物などの腐食溶解部が腐食ピットとなり、ここでは金属イオンの加水分解によるpHの低下に加え、腐食ピット先端の応力集中によるすべりを繰り返して、き裂が発生・進展します。

鋼のCFでは、曲げ応力下では引張主応力と直角の方向へき裂が進展し、ねじり応力下ではX型に交差したき裂を生じるという特徴があります。CFき裂進展に及ぼす腐食環境の影響は、**左頁［2］**に示すように電気化学的効果と力学的効果に大別されます。前者がき裂先端のアノード溶解速度を増加させてき裂進展速度を加速するのに対し、後者はき裂進展速度を加速する場合と減速する場合があります。特に中性の腐食環境中では、腐食溶解過程で生じる腐食生成物がき裂壁面上に堆積し、これが引張荷重の除荷段階でくさび状にき裂面に挟まるため、き裂開口荷重を上昇させるという、いわゆる**くさび効果**を生じる可能性があります。**左頁［3］**は高張力鋼の人工海水中におけるCF破面を示しており、起点部には孔食状の腐食ピットが、き裂進展部には粒界破面がそれぞれ観察されます。しかし、カソード防食（14-4節参照）をすると腐食ピットが認められず、破面には明瞭なストライエーションが観察されます。

- CFき裂は、腐食ピットなどを起点として発生する
- き裂は、電気化学的・力学的な影響を受けて進展する
- き裂進展の力学的影響には、加速効果と減速効果がある

[1] CFき裂発生のモデル図

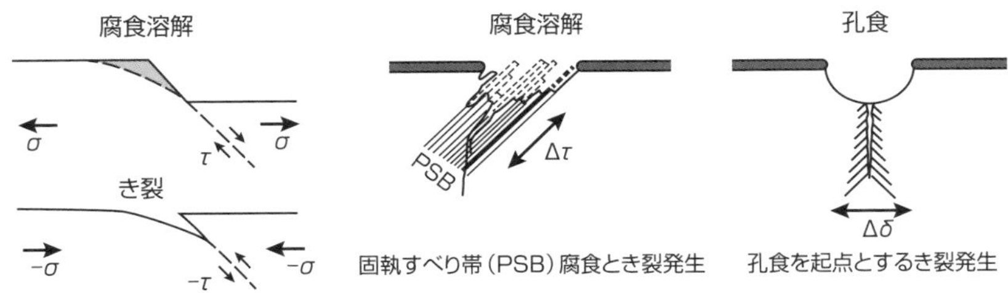

出所:村田雅人「構造材料の損傷と破壊」(日刊工業新聞社)P190,(1995)

[2] CFき裂進展に及ぼす腐食環境の影響

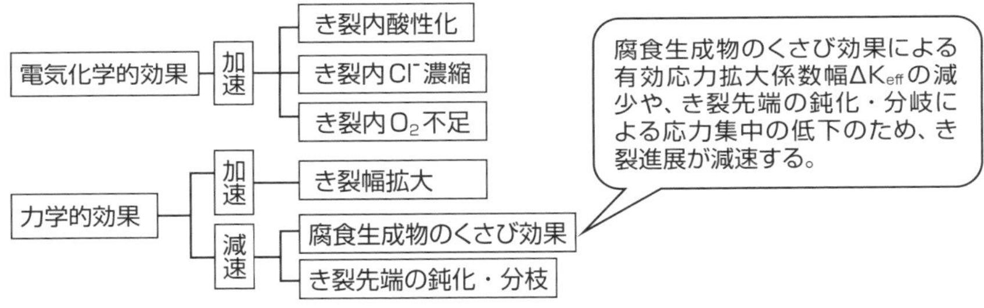

出所:駒井謙治郎「構造材料の環境強度設計」(養賢堂), P193(1993)

[3] 人工海水における高張力鋼(HT80)のCF破面

(4℃, 1.6Hz, R=0.1)

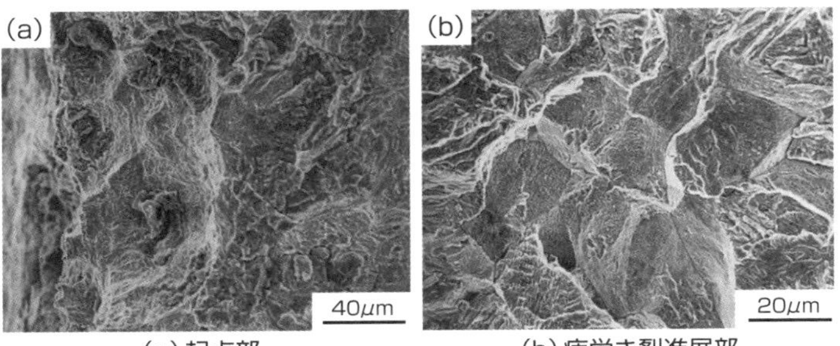

(a)起点部　(b)疲労き裂進展部

出所:日本材料学会フラクトグラフィ部門委員会編「フラクトグラフィ」(丸善), P188(2000)

用語解説

局部電池腐食:金属は、物理的・化学的性質が一様ではなく部分的に異なり、腐食性溶液中に浸漬すると局部電池が形成されてアノード部位が腐食する。

有効応力拡大係数幅(K_{eff}):繰返し荷重が減少して最小荷重になる前にき裂が閉じることもあるので、き裂伸展に有効な範囲である応力拡大係数幅をいう。

4 気相環境下の腐食疲労挙動

気相環境下の疲労は、疲労自体の機構を考察するうえで極めて重要！

酸素と水蒸気はCFへの影響も大きいが、き裂の発生・進展にも影響します。

CFに及ぼす気相環境の影響

CFへの気相環境の影響を知ることは、真空中で使用する材料の疲労強度を知る目的だけでなく、疲労自体の機構を考察するうえでも極めて重要です。

真空中の疲労強度は大気中より大きく、その程度は**左頁［1］**に示すように真空度に大きく依存します。10^2Pa（=1Torr）まで真空の効果がなく、10^2～1Paで疲労寿命が延びて、それ以上の真空度ではその効果が飽和します。真空圧によるこのような遷移現象は、き裂進展速度においても認められ、「疲労き裂の新生面に、き裂開口期間にガス分子の吸着膜ができるかどうか」の境界が遷移気圧の範囲にあると考えられます。真空中において疲労き裂先端で酸素の化学吸着が生じないときは、除荷時に逆すべり部分が再溶着を起こしてき裂進展速度が低下します。

疲労強度に影響する主な大気成分は酸素と水蒸気ですが、それらの影響は材料によって大きく異なります。**左頁［2］**はその一例であり、高張力鋼（540MPa級）の大気中および乾燥窒素中における疲労破面を示しています。大気中の破面には明瞭な縞模様のストライエーションが認められることが多く、乾燥窒素中ではその模様が消えて多くの塑性変形を伴った破面形態が観察されます。

高力Al合金や高強度鋼では、水蒸気による影響は酸素に比べて非常に大きいです。一方、Cu、炭素鋼やNiでは水蒸気の影響は非常に小さく、CFき裂発生・進展に対しても効果が異なります。**左頁［3］**は炭素鋼の疲労き裂進展曲線であり、アルゴン中では空気中に比べて進展速度が著しく小さいです。

- 真空中の疲労強度は真空度に依存し、遷移気圧が存在
- CFに影響する主な大気成分は、酸素と水蒸気
- 両成分は、き裂発生・進展に対しても異なる効果を持つ

[1] 疲労寿命と真空圧の関係

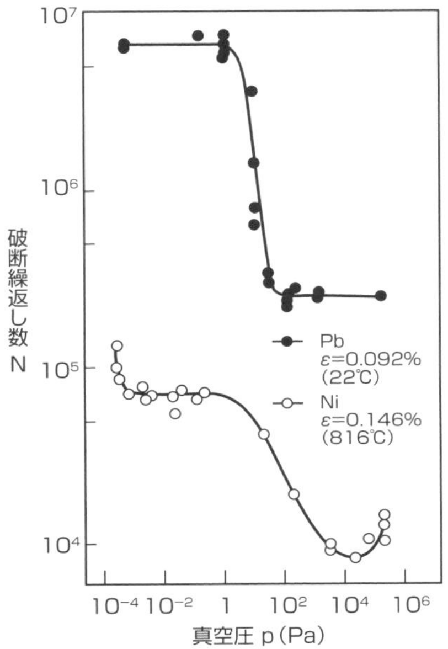

出所：遠藤吉郎，駒井謙治郎，古川修「日本機会学会論文集」第32巻，P1800（1966）

[2] 高張力鋼の疲労破面

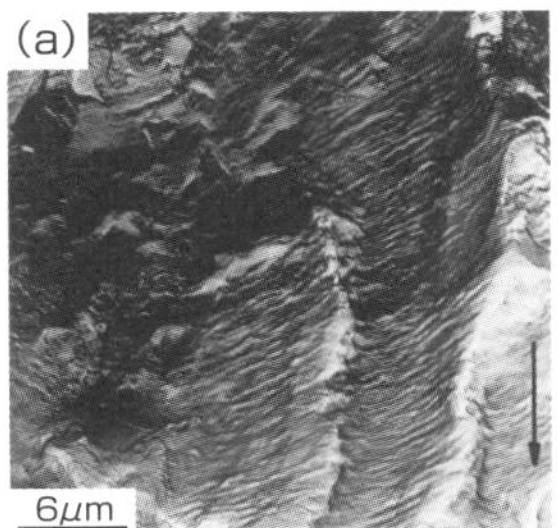

(a) 大気、3.76×10⁵

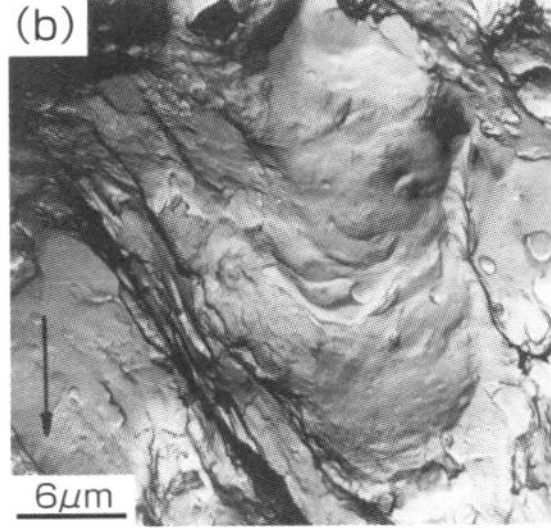

(b) 乾燥窒素、10.5×10⁵

出所：日本材料学会フラクトグラフィ部門委員会編「フラクトグラフィ」（丸善），P186（2000）

[3] 炭素鋼（S35C）の疲労き裂進展曲線

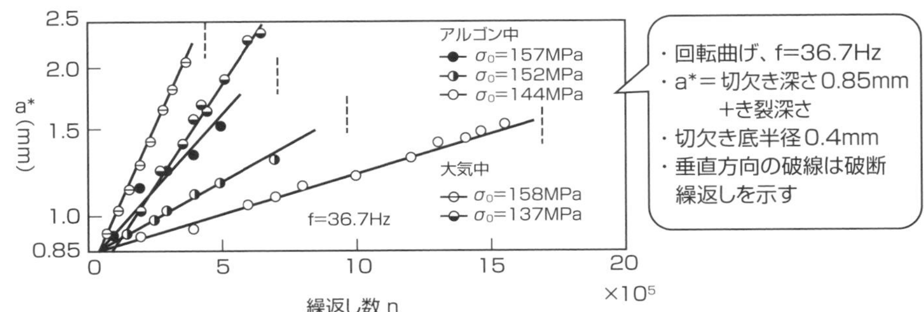

- 回転曲げ、f=36.7Hz
- a*＝切欠き深さ0.85mm＋き裂深さ
- 切欠き底半径0.4mm
- 垂直方向の破線は破断繰返しを示す

出所：日本材料学会フラクトグラフィ部門委員会編「フラクトグラフィ」（丸善），P188（2000）

5 水溶液環境下の腐食疲労挙動

き裂発生・進展機構には諸説があり、いくつかが複雑に絡み合う

塩化物イオンを含む水溶液環境下は、CFの発生・進展にも多大な影響を与えます。

腐食ピットと腐食生成物の役割

一般に塩化物イオンを含む水溶液環境下ではCFの発生・進展にも多大な影響を与えます。特に不動態皮膜を形成するステンレス鋼では腐食ピットの形成が重要です。**左頁【1】**はステンレス鋼（SUS410J1）のS-N曲線を示しており、NaCl濃度の高くなると時間強度が著しく低下します。濃度が低い場合でも疲労強度の低下が認められることは、腐食ピット内でのイオン濃縮を示唆しています。**左頁【2】**はステンレス鋼（SUS410J1）製の実機タービン動翼に観察された、腐食ピットを伴う微小き裂です。腐食ピットの先端では、応力集中とすべりを繰り返して電気化学的な腐食溶解が進み、環境中のイオン種が吸着して表面エネルギーを低下させるなど、実際にはいくつかの要因が複雑に絡み合ってき裂が発生・進展しています。水溶液環境下のCF機構に関しては、これまでにも諸説が提唱されています。

一方、CFき裂の進展においては、腐食溶解で生じる腐食生成物がき裂壁面上に堆積し、これが前述のくさび効果によりき裂開口荷重を上昇させ、実際のき裂開口範囲である有効応力拡大係数幅（ΔK_{eff}）が低下します。**左頁【3】**は、CFにおけるき裂進展速度（da/dn）と応力拡大係数変動幅（ΔK）の関係を示しています。繰返し速度が低速のときは、腐食環境の影響を大きく受けて不活性環境より高速でき裂が進展し、その下限界応力拡大係数変動幅（ΔK_{CF}）は非常に小さい値になります。逆に繰返し速度が高速のときは、腐食環境の影響は小さく、腐食生成物のくさび効果によりΔK_{CF}が上昇する傾向が現れます。

- 溶液中のCFに対して塩化物イオンの影響は大きい
- ステンレス鋼では、腐食ピットを伴ったき裂発生が多い
- 高繰返し速度では、腐食生成物によるくさび効果が大！

[1] NaCl溶液におけるステンレス鋼（SUS410J1）のS-N曲線

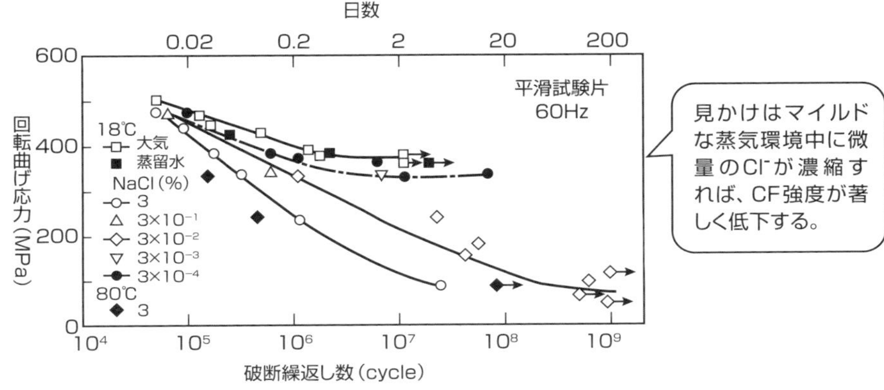

出所：江原隆一郎「日本機械学会論文集」第59巻，P1（1993）

[2] 腐食ピットを伴なったCFき裂発生の関係

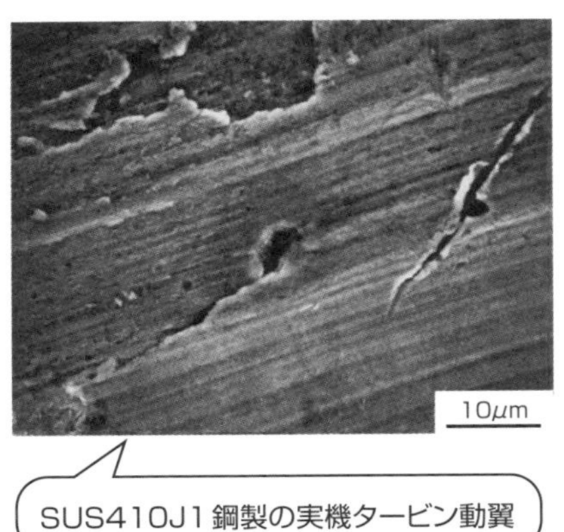

出所：日本材料学会フラクトグラフィ部門委員会編“フラクトグラフ、”（丸善），P187（2000）

[3] き裂進展速度と応力拡大係数変動幅

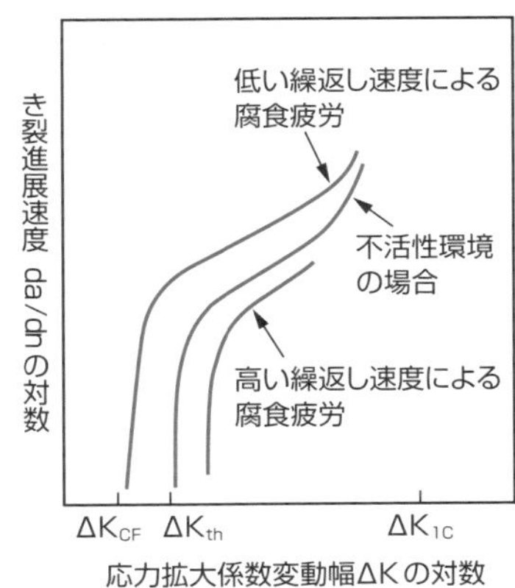

出所：長野博夫，山下正人，内田仁「環境材料学」（共立出版），P139（2004）

6 極限環境下の腐食疲労挙動

湿潤ガスや溶融塩など、極限環境下におけるき裂発生・進展挙動

極限環境下のCF現象は複雑であり、今後はさらなるデータの蓄積と整備が望まれます。

実機の設計や破損防止に不可欠

湿潤大気中にH_2S、SO_2やCO_2などの工業ガスを含む極限環境下のCFにおいて、き裂の起点部には多くの腐食ピットが観察されます。H_2Sガスを含む湿潤大気中における17-4PH鋼のCF破面を**左頁【1】**に示します。起点部には深さ10μm程度の腐食ピットが認められ、き裂進展部には脆性ストライエーションが観察されます。腐食ピットについては13Crステンレス鋼やSNCM鋼でも観察されますが、Ti-6Al-4V合金では観察されません。一方、き裂進展部の破面において13Crステンレス鋼では粒界割れを呈するのに対して、SNCM鋼やTi-6Al-4V合金では明瞭なストライエーションが観察されます。

また、H_2Sを400ppm含むサワー原油中においても、CFき裂進展速度の加速域で脆性ストライエーションが多く観察されます。**左頁【2】**は軟鋼の脆性ストライエーションの間隔S（mm/cycle）と応力拡大係数変動幅ΔKの関係を示しており、その関係はda/dN-ΔK曲線とほぼ1：1の対応関係を示します。同様な現象は高張力鋼（HT50）についても観察されますが、サワー原油中ではCF破面の起点部に腐食ピットが全く観察されません。

溶融塩は熱化学反応や核工学の媒体として広く利用されていますが、CF挙動に関する情報は比較的少ないです。例えば、溶融硝酸塩中ではCl^-イオンの影響によって不動態皮膜が破壊され、腐食ピットからCFき裂が発生し、脆性的なストライエーションを伴いながら進展します。今後は各種溶融塩中においてさらなるCFデータの蓄積と解析が望まれます。

- CFき裂発生は、腐食ピットを起点とすることが多い
- き裂進展は脆性ストライエーションを伴うことが多い
- 溶融塩中ではさらなるデータの蓄積と解析が不可欠

[1] 17-4 PH鋼のH_2Sガス環境中におけるCF破面

（平面曲げ 294.3MPa, 1.4×10^7）

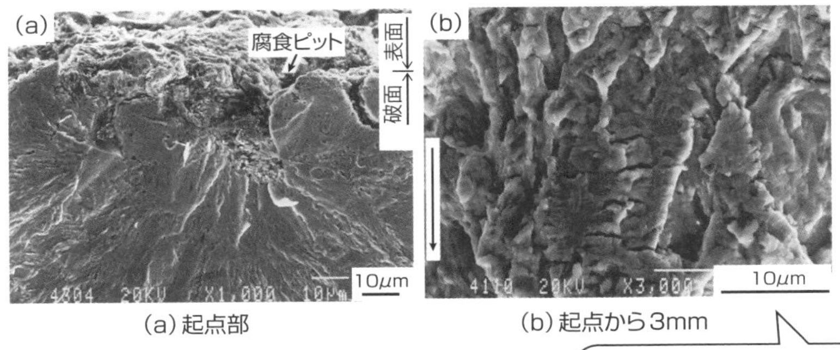

（a）起点部　（b）起点から3mm

出所：江原隆一郎，山田義和，篠原仁志「材料」第46巻，P613（1997）

[2] 脆性ストライエーションの間隔Sと応力拡大係数変動幅ΔKの関係

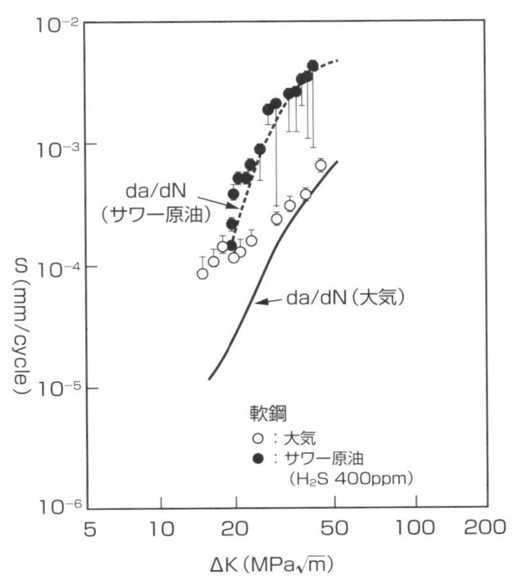

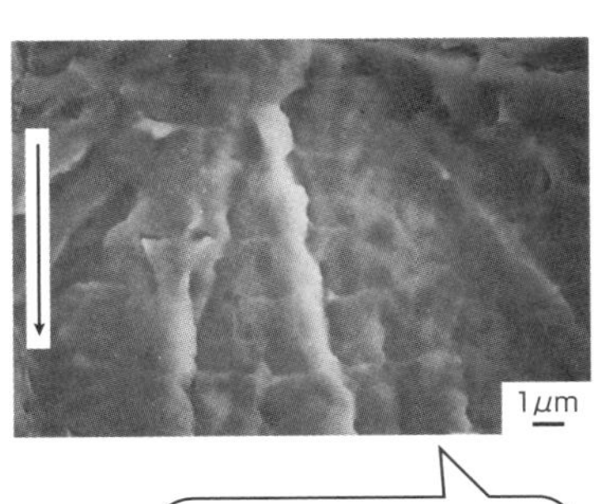

出所：江原隆一郎，山田義和，阪井大輔，伏見彬，矢島浩「材料」第43巻，P580（1994）

溶融塩：塩や酸化物のイオン結晶の固体を高温で加熱して溶融状態にしたものであり、約300～1250℃の融点を持つ塩類が対象となる。

7 腐食疲労の防止対策

腐食疲労の影響因子に注目して、効果的な防止対策を考える

防止対策を有効に駆使するためには、長寿命域のCF強度を把握することが重要です。

防止対策は一長一短の制約条件

CFを防止する主な方法としては、材料表面に保護性のある皮膜を形成して改質する「表面処理」、電気的あるいは化学的な「腐食制御」の二つがあります。

表面処理対策：耐食性の高いCu、Ni、Crなどの貴な金属を被覆してCFを防止できますが、この場合は皮膜厚さと界面の密着性に要注意です。特に皮膜が母材との界面で剥離し、皮膜が薄いために固執すべり帯の形成によりき裂が生じる場合には、**異種金属接触腐食**が生じて母材の腐食が加速されます。一方、Zn、Al、Sn、Cdなど卑な金属で被覆する場合は、仮に皮膜に欠陥が生じてもこれらが犠牲陽極となり、母材の保護効果が持続します。

腐食制御対策：電気的に、腐食条件を制御してCFを防止する方法の一つに、カソード防食があります。左頁【1】は緩衝液中における炭素鋼のS－N曲線であり、カソード電位を付与すると腐食が抑制されてCF強度が著しく改善されます。しかし、カソードの電位が過剰になると逆に水素脆化を招きます。また、化学的に腐食環境を改善する方法として、インヒビターの使用も有効であり、例えばクロム酸系の化合物を用いれば金属表面を不動態化する作用がありますが、その取り扱いには注意を要します。

その他の対策：金属やその酸化物の溶射被覆、エポキシ樹脂などの樹脂被覆なども有効です。左頁【2】に、金属皮膜形成等による改善例を示します。また、圧縮残留応力を付与できるショットピーニング技術もありますが、いずれも適用に当たってはそれらの長所短所を十分に考慮すべきです。

- 保護性皮膜で被覆すると、膜種により効果が全く異なる
- カソード防食を適用する際は、水素脆化に注意
- CF防止対策には一長一短の制約条件がある

[1] 種々の定電位下におけるCFのS-N曲線

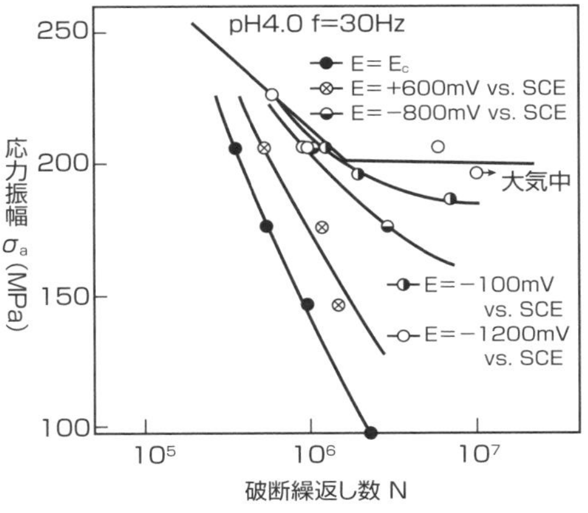

・S35C、平滑丸棒試験片
・回転曲げ、f=30Hz
・緩衝液：0.05M-C_6H_4(COOH)・(COOK)、pH4
・大気中におけるS-N曲線は実験点を省いている

出所：遠藤吉郎，駒井謙治郎，岡清次「材料」第19巻，P36（1997）

[2] 鋼の淡水中における、CFに対する種々の表面保護の効果

供試材料	C (mass%)	Rm (kg/mm^2)	疲れ強さ (kg/mm^2)			表面保護の内容	効率（%）
			a 空気中	b 淡水中	c 淡水中 表面保護		$\frac{c-b}{a-b}\times 100$
炭素鋼、焼なまし	0.47	7	43	14	31	溶融金属メッキ	159
					43	電気メッキ	100
					32	カドミウムメッキ	62
炭素鋼、焼なまし	0.70	86	33	21	29	シェラダイジング	67
					29	カドミウムメッキ	67
窒化用鋼		72	55		55	窒化	100
炭素鋼、焼なまし	0.33	58	26	21	26	合成樹脂皮膜	100
炭素鋼、焼なまし	0.35	57	23	17	23	腐食液中に0.02% $NaCr_2O_7$ 添加	100
炭素鋼、焼なまし	0.33	62	30	20	27	腐食液中に0.5～1%のエマルジョン油剤を添加	70
炭素鋼、焼なまし	0.44	63	28	18	23		52
炭素鋼、焼なまし	0.50	70	31	19	25		48
Mn-Si 鋼、焼なまし	0.50	88	40	21	30		53
Mn-Si 鋼、焼なまし	0.50	80	40	16	31		62

出所：R Gazaud, G Pomey, P Rabble, Ch Janssen "金属の疲れ" 舟久保熙康，西島敏 共訳（丸善），P420（1973）

用語解説 **異種金属接触腐食**：貴な金属と卑な金属が接触することにより、卑な金属側の腐食が促進される腐食形態。ガルバニック腐食とも呼ばれる。

Column

金属疲労は勤続疲労！

先人の“失敗は失敗ではない”という実に意味深な言葉があります。ものづくりが工学と技術の表の世界ならば、破壊の問題はその裏の世界です。工学と技術の始まりは道具の使用であり、大昔、人間が獣の皮を剝ぎ、貝を砕き、木を切るなど破壊行為を目的として道具を使い始めました。しかし、破壊すべき相手が強固であれば、道具自身が壊れてしまうため、壊れない道具を開発しなければなりません。こうして、破壊の問題が表の世界にたどり着いたときに、工学と技術は飛躍的に進歩します。

さて、大気あるいは乾燥空気など不活性な環境中での金属の「疲労」（あるいは「疲れ」）による破壊は、繰返し応力による局所的な塑性変形が原因で生じます。金属は、長い間休まずに使用すれば、いつかは必ず疲労破壊します。まさに“金属疲労は勤続疲労”です。そして、種々の水溶液／ガス環境下において生じる「腐食疲労」は、不活性な環境中とは異なる疲労挙動特性を示し、この場合を総称して「環境疲労」と呼ぶこともあります。前述のように、応力腐食割れは環境と材料が特定の組み合わせのときに生じる現象ですが、腐食疲労の場合はどのような金属材料においても生じ得ます。

ところで、機械工学に携わる一人としては、多くの機械故障が経年劣化によって顕在化し、“失敗は忘れた頃にやって来る”のを痛感します。中でも疲労・磨耗・腐食は“機械の失敗三兄弟”ともいわれ、これらの経年劣化は人間の老化現象と同じです。機械に想定外の大事故が起きて死者が出れば、刑事訴訟で過失致死罪を、民事訴訟で製造物責任を問われます。日本の法律では、原価償却の耐用年数は製品ごとに規定されていますが、製造物責任が消滅するという、免責事由につながる製品寿命はありません。

いまや世界では、経済・社会・環境にまたがる持続可能な開発目標（SDGs）の2030年達成に向けた様々な活動が行われており、いまだコロナ禍が収束しつつあるのか定かではない先行き不透明な時代こそ、技術者の果たすべき大きな役割があります。産業と技術革新の基盤を創るためにも、SDGs達成は誰一人取り残されない多様性と包摂性のある未来の形であり、この取り組みがポスト・コロナ社会の道標となってレジリエンスな回復につながることを願わずにはいられません。

全面均一腐食と局部腐食

昔からよく知られている腐食の事象に、『鏡面仕上げされた金属表面は腐食しない』ということがあります。その理由を考えるとき、「もし、鏡面仕上げ面は腐食する」と仮定したなら、「全面均一腐食」が思い浮かぶと思います。すると、『鏡面仕上げされた金属表面は腐食しない』とは、全面均一腐食が存在しないことを意味しています。そして、それは事実です。

本章では、一部の例外を除いて、身近に起きる腐食がすべて局部腐食である説明をします。

1 全面均一腐食とは、局部腐食とは

全面均一腐食はミクロセル腐食、局部腐食はマクロセル腐食

腐食現象は、実に多種多様で複雑です。そこで、説明のために様々なモデルが使われます。

スタートは形状モデル

左頁【1】は、腐食している金属の断面形状モデルです。このような腐食形態の分類や呼び方の根拠、意義などを考えてみましょう。例えば**全面均一腐食**については、なぜ均一な深さ（減肉）の腐食が発生するのでしょうか。

左頁【2】は、全面均一腐食の**電荷収支モデル**です。アノードとカソードの間を、金属内では自由電子によって、環境溶液側ではイオンによって、電荷が運ばれているように見えます。しかし、環境溶液側および金属側の太い矢印はアノードとカソードの間を出入りする電荷の量が等しいことを示しているだけで、実際に電流が流れているわけではありません。

このモデルによると、減肉が生じるのはアノード部だけですから、全面に均一な腐食深さが発生するはずはありません。そこで、「金属表面には無数の、小さな、腐食セルがぎっしりと並んでいる」と説明されました。これが**ミクロセル腐食**の名前の由来です。しかし、そのモデルでも、腐食表面が櫛形（右側）となるはずで、やはり均一腐食を説明できません。

そこで、**左頁【3】**のように、「酸素の塊が金属表面に接した場所がカソード、その周辺がアノードとなり、その塊の酸素がすべてOH^-イオンへ還元されると消滅する」という時限的ミクロセルモデルが考えられました。酸素塊は表面全域へ均一に降ってくるはずですから、このモデルでは減肉が均一に発生します。

このモデルが成功したポイントは、「電荷収支モデルでは左右に隣接していたアノードとカソードを、時限的モデルでは上下に重ねた」ことです。

- **腐食の形状・形態を表す形状モデル**
- **全面均一腐食における保存則を表す電荷収支モデル**
- **全面均一腐食の発生を説明する発生機構モデル**

[1] 腐食減肉の形状に基づく腐食の分類

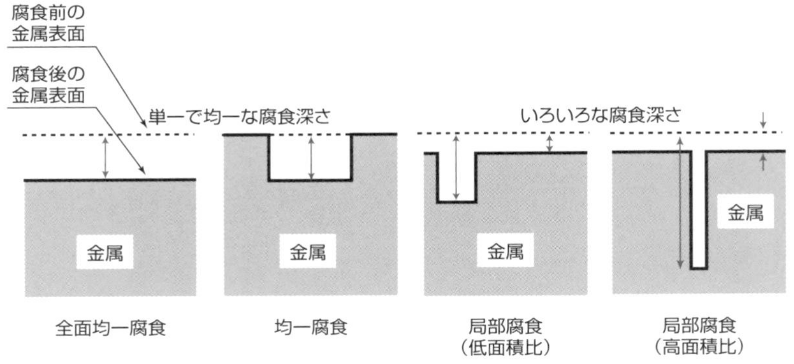

[2] 電荷収支モデル

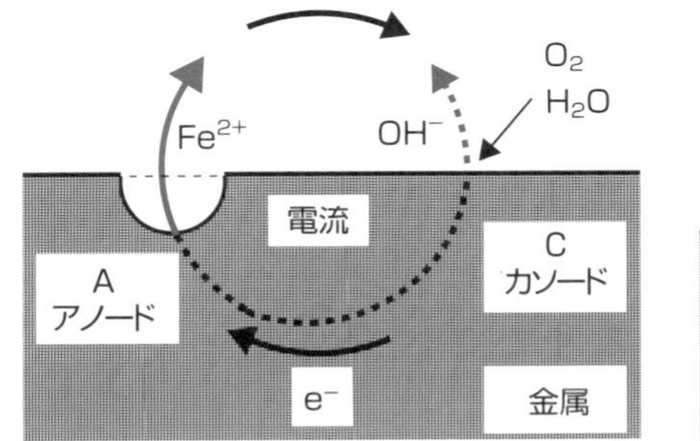

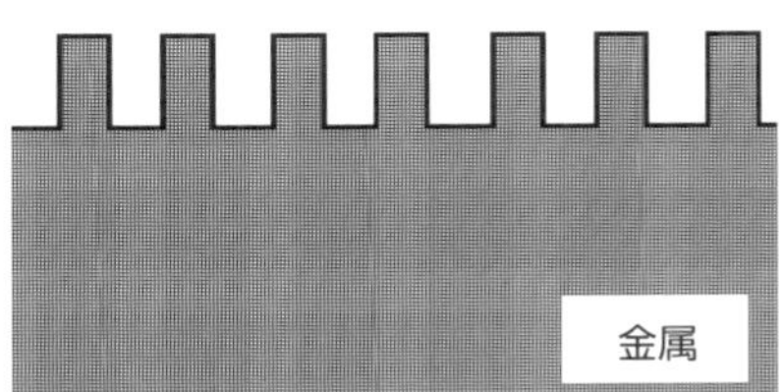

[3] 酸素塊（左）と時限的ミクロセルモデル（右）

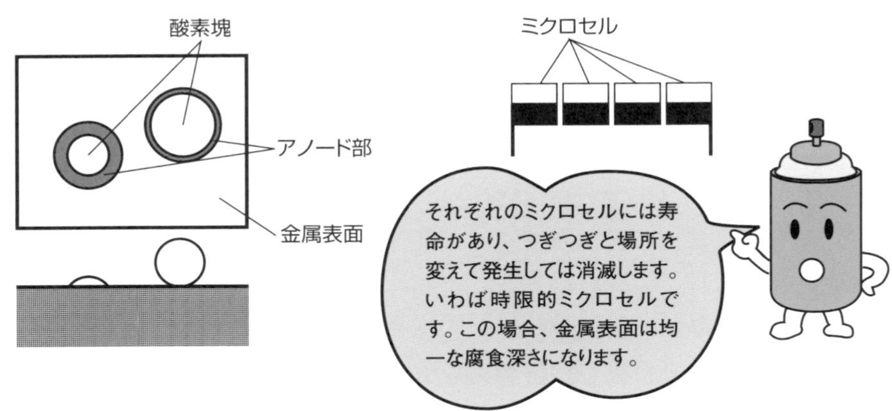

2 酸素の拡散速度が腐食の速度を左右する

酸素拡散限界電流密度＝腐食速度

流動している中性溶液中の全面均一腐食では、金属表面への酸素供給速度が腐食速度と一致します。

さび層も境界層も防食にひと役

中性溶液中では、水素イオンの還元反応速度は無視できるほど小さく、酸素の還元反応が主にカソード反応を受け持ちます。このとき、さび層ほどではないにしても、酸素の到達を防ぐのは**境界層**です。

左頁【1】は、鉄金属のアノード溶解反応と**溶存酸素**の還元反応からなる全面均一腐食電池モデルと、そのエバンスダイアグラムです。カソード分極曲線に、縦軸と平行に垂直に下がっている部分があります。そのときの横軸の値が**酸素拡散限界電流**（i_L）であり、同時に全面均一腐食の**腐食電流**（i_C）です。

左頁【2】は、流れの中に置かれた金属表面近くの、酸素の濃度分布です。金属表面から十分離れた沖合では、液は流れ方向ばかりではなくあらゆる方向に運動していて十分に攪拌されているので、溶存酸素の分布は均一です。ところが、金属表面のすぐ近くでは、液は金属表面と平行な方向だけにしか動いていません。そのため、酸素が金属表面に到達するには、液の流れに乗るのではなく、自分自身の力で移動しなくてはなりません。これを拡散と呼びます。

拡散速度は**左頁【3】**に示すように、この濃度勾配によって決まります。酸素が金属表面に到達すると直ちに反応してなくなってしまうので、金属表面での溶存酸素濃度はほとんどゼロです。一方、境界層の表面での濃度は沖合の濃度と同じです。したがってこの状態での濃度勾配が最大であり、拡散速度は（そして腐食速度も）このときの値より大きくはなりません。その値を電流密度に換算したのが、上述の酸素拡散限界電流です。

- **中性溶液中では、酸素還元反応が主なカソード反応**
- **酸素は、境界層内を拡散によって移動する**
- **境界層中の酸素の移動速度が、腐食速度となる**

[1] 中性溶液中の反応

全面均一腐食（ミクロセル腐食）における
電荷の収支

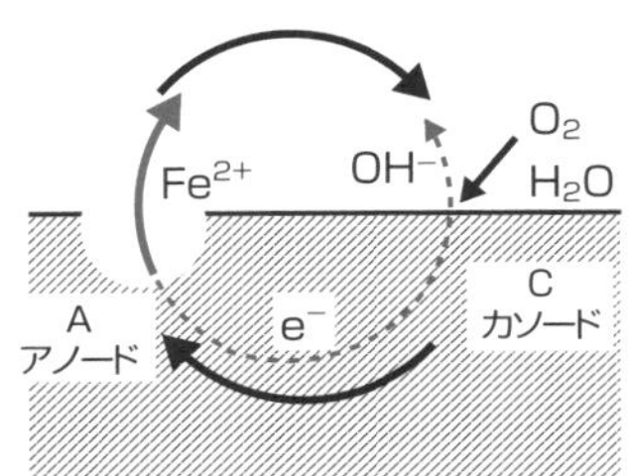

エバンスダイアグラム

電位
E_{OC}
$\frac{1}{2}O_2 + H_2O + 2e^- \longrightarrow 2OH^-$
カソード
分極曲線
E_C
$Fe \longrightarrow Fe^{2+} + 2e^-$
E_{OA}
アノード
分極曲線
酸素拡散限界
電流（i_L）
i_C　log（電流）

[2] 腐食している金属の表面近傍における溶存酸素の濃度分布

金属の表面を水が下から上へ流れている。

本流中では酸素は均一に分布しているが、金属表面では0である。
金属表面と本流の間では、金属表面から離れるにしたがって溶存酸素濃度が徐々に高くなっていく。この区間を境界層と呼ぶ。

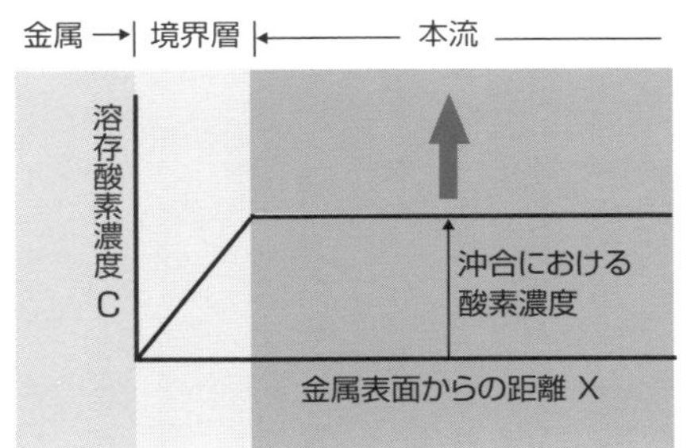

[3] Fick の法則

定常状態、すなわち濃度分布が時間によって変化しないとき、次の関係が成立します。

$$N = -D\ dC/dx$$

N：拡散によって単位時間当たりに単位面積を通過する物質の量 [$mol/m^2 \cdot sec$]
D：拡散係数 [m^2/sec]
C：濃度 [mol/m^3]
x：距離 [m]

つまり、拡散速度は濃度勾配dC/dxに比例します。

境界層：流れの中の物体の表面に生じる、流速の遅い、固体表面に平行な、静かな流れの部分（本頁［2］参照）。

3 腐食が流動で加速される〝流動腐食〟

流動腐食とは、中性溶液中で流れの影響を受ける全面均一腐食

一般に中性溶液中では、主に溶存酸素の還元がカソード反応として働きます。

溶存酸素の拡散への流れの影響

金属表面と接する環境液が流動すると、静止している場合に比べて腐食速度が上昇します。金属表面上の水の流速分布が均一の場合の腐食は、全面均一腐食です。その腐食速度が環境液の流動によって加速される現象を、**流動腐食**と呼びます。

左頁【1】は、一般に回転棒と呼ばれている全面均一腐食の試験装置です。静止環境液中で金属製円柱（試験片）を軸まわりに回転させると、金属表面と環境液との間に、全試験片表面において均一な**相対速度**が得られます。回転速度を変えて——つまり相対速度を変えて——そのときの腐食速度を測定すると、回転速度の上昇とともに腐食速度も上昇していることが分かります。

左頁【2】のエバンスダイアグラムは、その原因について、試験片表面における**酸素拡散限界電流**（前節参照）が流速とともに上昇するためであることを説明しています。つまり、酸素還元反応がカソード反応であるとき、腐食速度は酸素拡散限界電流と等しくなるので、それが金属試験片表面の流速とともに上昇すれば腐食速度も上昇するわけです。

ではなぜ、酸素拡散限界電流は流速とともに上昇するのでしょうか。**左頁**【3】の、金属表面近傍における溶存酸素の濃度分布（前節参照）が、その理由を説明しています。つまり、流速が高くなると金属表面上の境界層が薄くなるので、境界層内の酸素濃度勾配が急になります。すると酸素の拡散速度が上昇し、その結果として酸素拡散限界電流も上昇するというわけです。

- 水の流速分布が一定であれば全面均一腐食
- 全面均一腐食速度は、水の速度とともに上昇する
- 全面均一腐食速度は、酸素拡散限界電流と等しい

[1] 回転棒試験装置

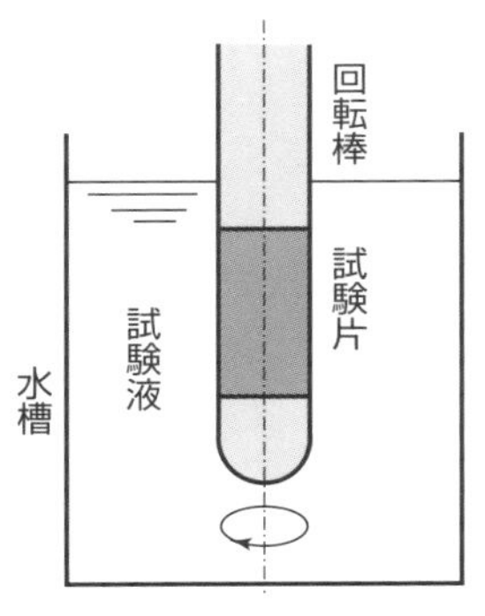

試験手順

1 円柱状の試験片の重さを量ったあと、回転棒に取り付ける。
2 試験液槽内で一定時間回転させる。
3 試験片を回転棒から外し、重さを量る。
4 試験前後の重さの変化から試験片減量を求め、試験片の密度を用いてそれを体積減少量に換算し、試験片の表面積で割って腐食深さを求める。さらに、それを試験時間で割って腐食速度 [mm/year] を得る。

[2] 腐食速度に及ぼす流速の影響

円柱状試験片の回転速度を上げると、金属表面の流速が高くなる。
金属表面の流速が高くなると、境界層は薄くなる。
境界層が薄くなると、溶存酸素濃度勾配は急になる。
濃度勾配が急になると、酸素の拡散速度が高くなる。
酸素の拡散速度が高くなると、腐食速度が高くなる。

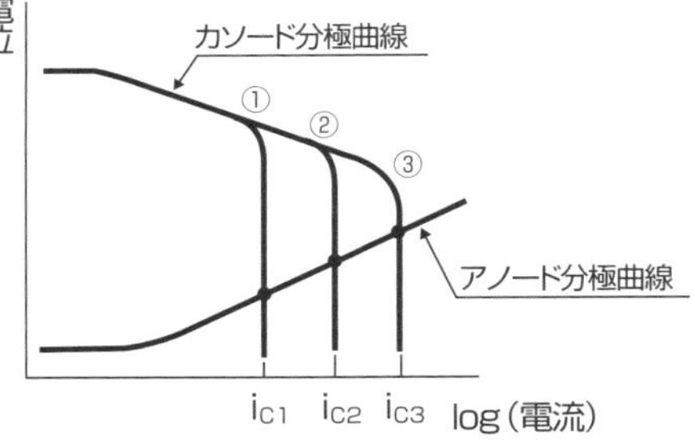

流速が①<②<③と高くなると、腐食速度が $i_{c1} < i_{c2} < i_{c3}$ と高くなる。

[3] 境界層厚さに及ぼす流速の影響

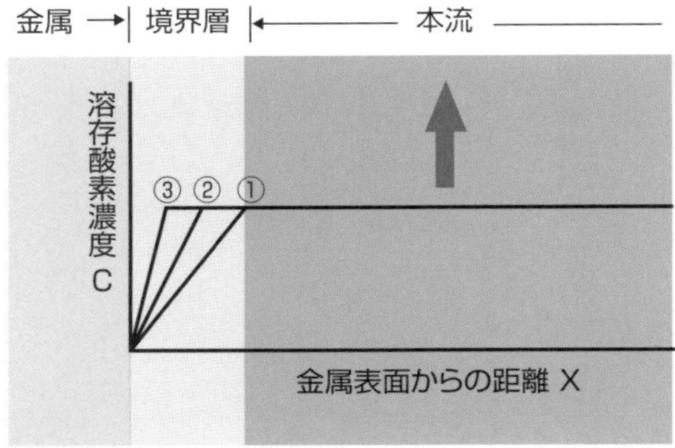

相対速度：「水が物体の表面を流れる場合」と「静止している水の中を物体が移動する場合」とは同じ現象である、とする考え。

4 マクロセルは局部腐食の機構

エロージョン・コロージョンなどの局部腐食の機構はマクロセル

全面均一腐食の機構は時限的ミクロセル、局部腐食の機構はマクロセルによって説明されます。

ミクロセルとマクロセル

マクロセルは、ミクロセルに対応する用語です。ただし「ミクロ」や「マクロ」は、腐食セルの大きさというより、むしろアノード反応の数のことです。

左頁［1］は全面均一腐食の機構を表すミクロセルモデルですが、マクロセルモデルでは**左頁［2］**のように、同じミクロセルがたくさん集まった集合体を考えます。このとき、個々のミクロセルにおいても集合体全体においても、**アノード反応量**とカソード反応量とは一致していません。カソード反応量の方が多い集合体を**マクロカソード**と呼び、アノード反応量の方が多い方を**マクロアノード**と呼びます。ただし、「**マクロセル電流**」が流れているので、二つのマクロセルを合わせて考えると、全体では「アノード反応量＝カソード反応量」が成立しています。

左頁［3］のエロージョン－コロージョン型のエバンスダイアグラムで、このマクロセル電流が流れる理由を説明しましょう。「流速が高く、流れのせん断力によって表面の酸化皮膜が破壊される場所」（H）では、酸素の供給量が多く、陽イオンも溶出しやすいので、その**分極曲線**では低流速域（L）に比べて**抵抗**が小さくなります。領域HとLがそれぞれ単独で存在するときの腐食電位と腐食電流は、これらの分極曲線の交点●で与えられます。しかし、両領域は同一金属表面上に隣接して存在しているので、電位は共通の電位E_Cでなくてはなりません。それぞれの領域の電位がE_Cへ到達するので、Lでは腐食電流がΔI［A］だけ減少し、Hでは同じ量の腐食電流が増加して、そこに局部腐食が生じるわけです。

- ミクロvs.マクロは、アノード反応の単一vs.多重を表す
- ミクロセルは全面均一腐食、マクロセルは局部腐食
- マクロセル電流によって、セル全体の保存則が守られる

[1] 全面均一腐食（ミクロセル腐食）

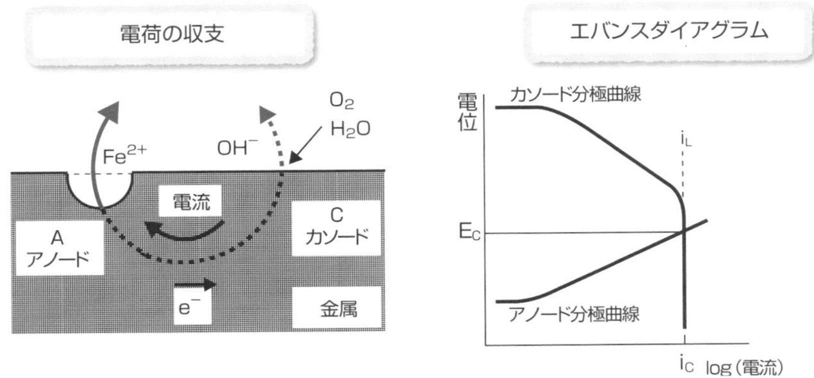

[2] 局部腐食（マクロセル腐食）における電荷の収支

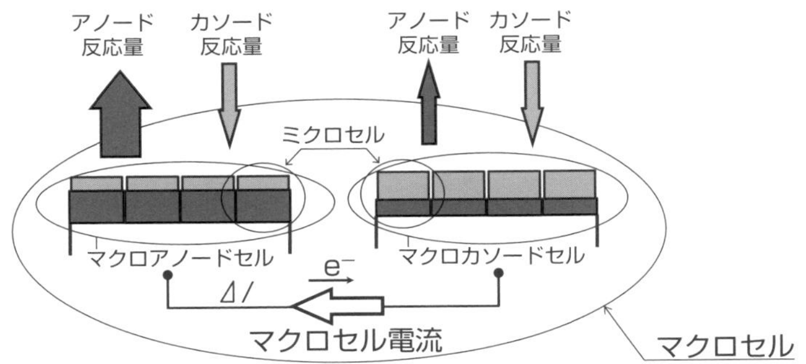

[3] エロージョン-コロージョン型マクロセル腐食のエバンスダイアグラム

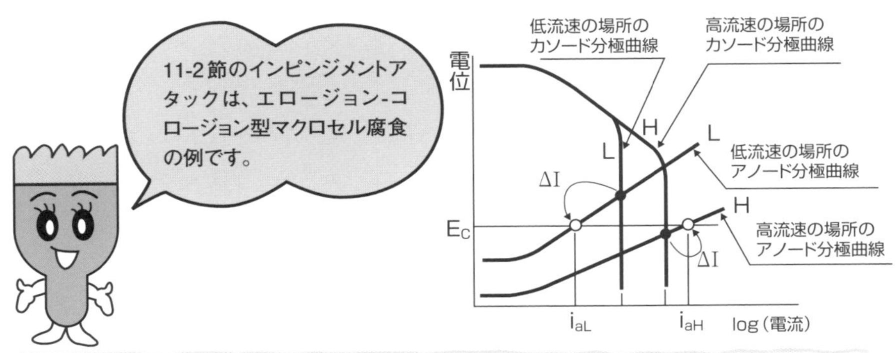

5 流速差によっても局部腐食が生じる

局部腐食である流速差腐食の機構はマクロセル

流速差腐食とエロージョン－コロージョンの違いは、エバンスダイアグラムで明快に説明できます。

流速差腐食の発生機構

左頁［1］左は、中性溶液中の全面均一腐食（ミクロセル腐食）のエバンスダイアグラムです。カソード反応は溶存酸素の還元反応ですから、その分極曲線には酸素拡散限界電流があります。**左頁［1］**右は、この酸素拡散限界電流に及ぼす中性溶液の**流速の影響**を表しています。流速がLからHへ上昇すると腐食表面の**境界層**が薄くなり、液の沖合から腐食面への酸素の供給が豊富になるので、**酸素拡散限界電流**が、したがって腐食速度が上昇します。

一方、アノード反応に対しても流速の影響があるはずです。高流速で金属表面への溶存酸素の供給が豊富になるばかりではなく、陰イオンの供給も十分に行われるため、酸化度の高い、化学的に安定な酸化物が形成されます。また、そのような酸化物が緻密に堆積すると、流れのせん断力や乱れの力によって剥離されることのない、機械的強さの高い安定な皮膜となり、金属の溶出、すなわちアノード反応を抑えることになります。このことを、**左頁［2］**のHで示された勾配の大きいアノード分極曲線が示しています。

流速の異なる場所HとLがそれぞれ独立に存在するときの電位と腐食速度は●の座標位置ですが、実際には両者は一つの金属上にあるので、その電位は共通の○の電位になります。それに伴ってHのアノード電流はΔIだけ減少し、LのアノードΔ電流はΔIだけ増加します。その結果、低流速Lの腐食速度は高流速Hの酸素拡散限界電流を超えて大きくなります。これが流速差腐食の特徴です。

- 流速差腐食は、流速の差によって生じる局部腐食
- 流速差腐食の発生機構はマクロセル
- 流速差腐食では、低流速域の腐食速度が高くなる

[1] 全面均一腐食（中性溶液中）

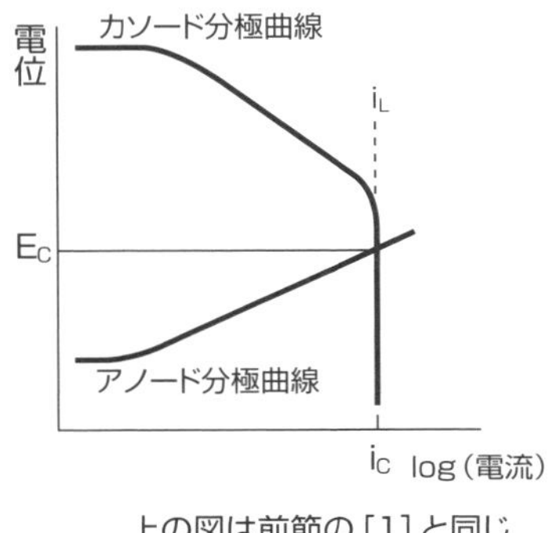

上の図は前節の［1］と同じ

流速の影響

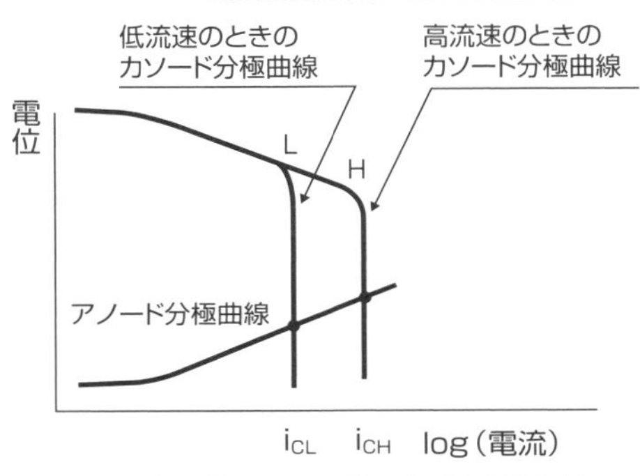

上の図は10-3節の［2］とほぼ同じ

[2] 流速差腐食のエバンスダイアグラム

前節の[3]に示したエロージョン-コロージョン型のエバンスダイアグラムと比較すると、カソード分極曲線は変わらないが、アノード分極曲線ではHとLの位置が逆転している。

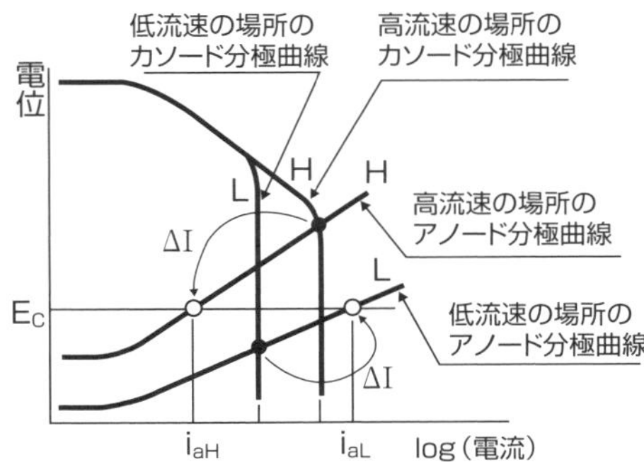

マクロセル腐食の三つのポイントは次のとおりです。
(1) アノード分極曲線が２本あって、
(2) 腐食電位が共通になると、
(3) 腐食速度の格差が広がる

酸素拡散限界電流密度：10-2節参照。

6 活性態と不動態が共存すると？

活性態と不動態の共存でマクロセルが形成されて局部腐食が発生

流れに起因する局部腐食の発生機構は、エバンスダイアグラムで明快に説明することができます。

エバンスダイアグラムで説明

左頁【1】は、**不動態**が生じるときのアノード分極曲線です。電位が、その金属と環境に依存する固有のレベル（フラーデ電位）に達すると、一般の酸化生成物皮膜に比べて著しく薄いものの（数十Å）、緻密で強固な**酸化物皮膜**（**不動態皮膜**）が金属表面を覆います。この皮膜が生じると、アノード電流は一気に数桁も低下して、実質上その金属は腐食しなくなります。

左頁【2】は、一つの金属表面に「不動態化した表面」と「活発に腐食が進む表面」が共存しているときに発生する**活性態**／**不動態型マクロセル腐食**の形成過程を説明するエバンスダイアグラムです。いま、10ppb以下に脱酸素された、高温（150℃程度）の純水の中に置かれた炭素鋼を考えます。その表面上の**左頁【3】**のような固定渦の内部では、主流との液の交換がないので、渦の下側の表面へは溶存酸素の供給が乏しく、その濃度が1ppm以下に下がります。すると、**フラーデ電位**が上昇してその表面は不動態になりません。一方、渦の外側の表面では流れが溶存酸素を運んでくるので、酸素濃度は1ppb以上あって不動態化しています。これらの表面から構成されるマクロセルの**マクロアノード**では、単独で腐食しているときに比べて腐食電流がΔI［A］ほど増加します（**マクロセル電流効果**）。そのうえ、渦の下のマクロアノード面積が、それ以外の表面を占めるマクロカソード表面よりはるかに小さいので、減肉速度に対応する電流密度［A/m^2］はさらに大きくなります。これを**面積比効果**と呼びます。

- **局部腐食の減肉速度は、全面均一腐食速度より高い**
- **その理由の第一はマクロセル電流のため**
- **理由の第二はマクロアノードの面積が小さいため**

[1] アノード分極曲線の変化

金属表面の状態が活性態→受動態→不動態と変化すると、アノード分極曲線もそれに応じて変化する。

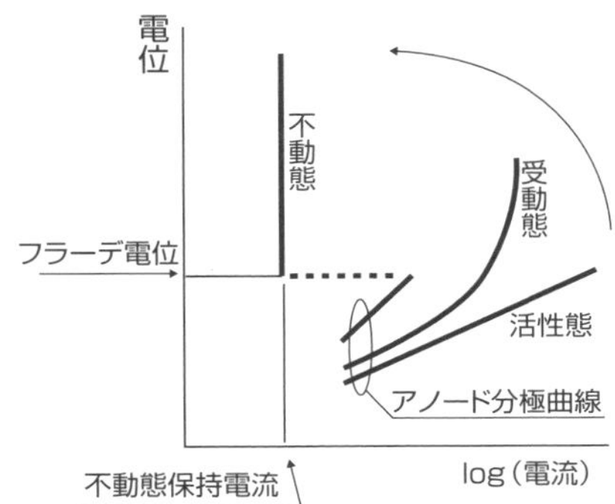

[2] 活性態／不動態型局部腐食のエバンスダイアグラム

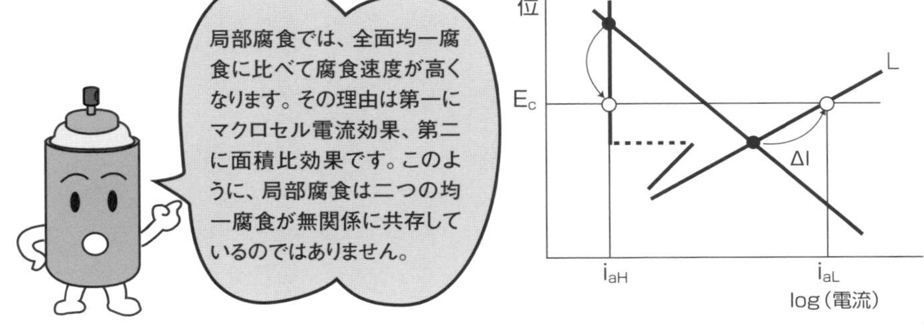

[3] 固定渦の下は活性態

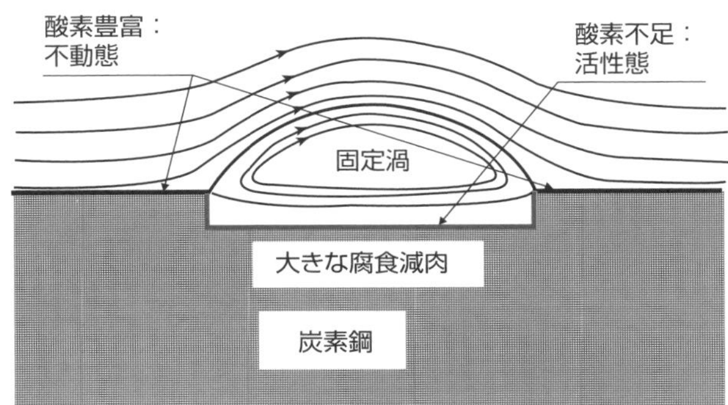

- **活性態**
  金属の表面を覆う酸化生成物皮膜がないため、金属が腐食する状態。
- **受動態**
  比較的厚いが、強さが低く、粗雑で壊れやすい酸化生成物皮膜あるいは、沈殿型インヒビターに覆われていて、ある程度の耐食性のある状態。
- **不動態**
  金属の表面が、ごく薄いけれども安定な酸化生成物皮膜で覆われて、腐食しなくなった状態。

用語解説　インヒビター：防食剤（腐食抑制剤）16-1、16-6節参照。

Column

電気化学における流れ

ボルタ電池は、1800年にイタリアの物理学者ボルタによって発明された最初の電池です。この電池は、腐食の原理を説明するときによく利用されます。つまり、電池にも腐食にも正極（ボルタ電池では銅板）と負極（亜鉛板）があり、正極では還元反応（カソード反応）が、負極では酸化反応（アノード反応）が起きていて、二つの電極の間を流れる電流こそが電池から得られる電流であり、また、腐食でいえば腐食電流である——というわけです。ところが、実際にボルタ電池を作って試してみると、理論どおりの測定値がなかなか得られず、また、意外な現象が発生することがあります。

例えば、ボルタ電池の理論起電力は1.1Vとされていますが、実際に電圧計で測定される電圧はその半分程度です。これは、理論値の1.1Vが、標準電極電位の表（1-3節の［1］）にある銅の+0.337Vおよび亜鉛の−0.763Vから計算されているからです。しかしながら、実験室のボルタ電池の銅板電極で起きているのは、銅イオンの析出ではなく、水素ガスの発生(0.00V)です。では、実際の起電力は0.763Vになるのか、といえばそうでもありません。なぜなら、標準電極電位は、それぞれの電極でアノード電流とカソード電流が等しくなるときの——つまり平衡のときの——電位だからです。平衡のとき電極に出入りする電流は0です。これに対して、実験で使う電圧計は電流が流れているときの電圧を示します。当然、両者の値は一致しません。

また、ボルタ電池につながれた電球は、最初は明るく輝きますが、やがて徐々に暗くなります。このとき、亜鉛板のまわりの希硫酸をかき混ぜると、電球はある程度明るさを取り戻します。しかし、その後は再び暗くなってしまいます。これは、環境液をかき混ぜることによって、亜鉛板上に堆積した亜鉛イオンの濃度が下がり、それによって電極の平衡電位が——ひいては起電力が——変わるためです。

腐食工学の基礎分野の一つである電気化学は、工学ではなく理学に属しています。一般に理学では、理想状態や標準条件下の平衡状態について議論する傾向があります。環境液については、濃度分布のない静止している状態を考えます。ところが現実の世界では、環境液も腐食電流も流れています。現場で、実際の材料に進行している腐食の問題に対処するコロージョン（腐食）エンジニアは、そのことをよく意識しておく必要があります。

第11章

流れの影響下で生じる局部腐食

さまざまな産業の生産活動を支えるために大量の水が使われています。水を輸送する手段の一つとして管路が使われています。その配管には、目的に応じてさまざまな温度の水が流されますが、実は、水の“流れ”自体がさまざまな腐食の原因となります。また、配管の中の位置によって流速に違いが生じ、その流速差が腐食の原因になる場合もあります。

本章では、流れの中での腐食・防食について解説します。

1 エロージョン-コロージョンの分類

銅合金製の伝熱管の内外壁に、流れの影響を受けて発生

左頁［1］の図は、銅製および銅合金製の配管に現れる局部腐食の形態です。

図中に記載した局部腐食の名称は、発生する浸食の形態や発生場所に基づく、いわば〝形態名称〟です。

NACE（アメリカ防食技術者協会）の幹部であったB. C. Syrettは1976年、現場の事例を調査して、従来の形態名称を包括し、現場のエンジニアの意見も加味して、発生機構に基づく**エロージョン-コロージョン**という名称を与えました。「エロージョン」と「コロージョン」の間にある「-」をandの意味だと受け取って、この用語のカバー範囲にエロージョン（物理的力によって金属表面から金属塊が剥離すること）も含まれていると誤解されがちですが、Syrettはエロージョン成分の存在を否定する左頁［2］のような発生機構を考えていました。

エロージョン-コロージョン

「金属表面上の流速が上昇して『剥離速度』に達すると、流れのせん断力によって銅合金表面の弱い皮膜が剥離され、下地金属が流れに露出する。この露出した金属と剥離せずに残った皮膜との間にマクロセルが形成されて腐食が加速される。流速がさらに上がると皮膜がすべて剥離し、マクロカソードがなくなるので腐食速度の加速が止まり、その後の腐食速度は流速とともに緩やかに上昇する」

黄銅表面の酸化生成物皮膜は、まるで綿のようにフワフワしているので、「流れのせん断力で皮膜が剥離される」という、このSyrettの機構説明は受け入れやすいものです。しかし、疑問が全くないわけではありません。

- 近年の呼び方はエロージョン-コロージョン
- 保護性酸化物皮膜を剥離させる、流れのせん断力が原因か？
- エロージョン-コロージョンにエロージョン成分なし

[1] 流れの中の銅合金に生じる局部腐食

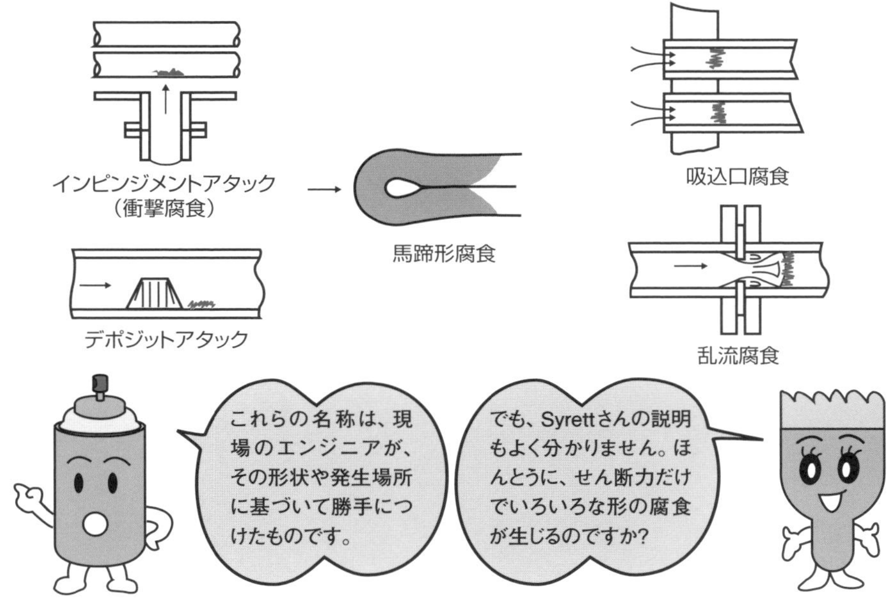

[2] Syrett のエロージョン-コロージョン機構

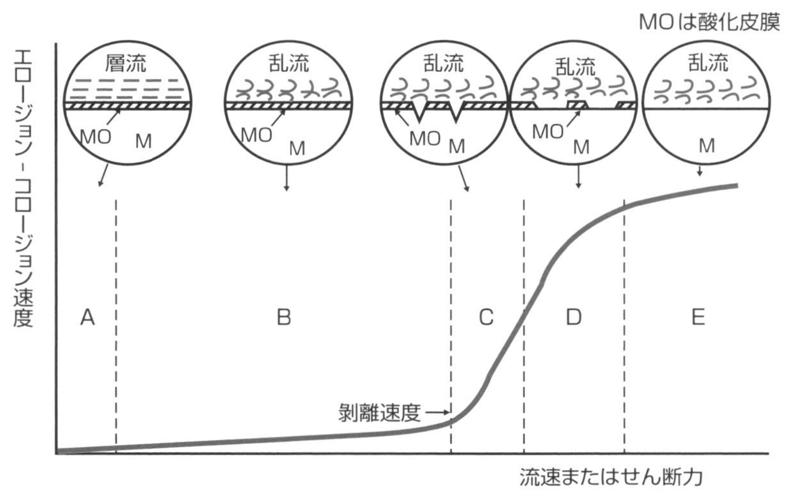

用語解説 剥離（はくり）速度：水の流速を徐々に上げていくと、水の金属表面に対する摩擦力が上がり、ある流速で金属表面の保護性酸化皮膜が剥がされる。このときの流速を剥離速度と呼ぶ。

2 インピンジメントアタック

日本語では衝撃腐食。流れの中の銅合金に生じる局部腐食の一つ

インピンジメントアタックは、銅合金に生じるエロージョン－コロージョンのうちの一つです。

衝撃腐食と噴流試験

インピンジメントアタック（衝撃腐食）は、**前節左頁［1］**に示されるように、流れが黄銅管などに直角に衝突する場所に発生する局部腐食です。しかし、「流れのせん断力によって引き起こされる」というSyrett（前節参照）の説明が正しいとは、なかなか思えません。そのため、「流れに固体粒子やキャビテーション気泡が同伴されているときに発生する」とする説明まであるほどですが、そのようなものがなくても起きることを証明したのが**噴流試験**です。

左頁［1］は、3種類の噴流です。**左頁［2］**は、これらの噴流で3％食塩水をノズル（口径1.6mm）出口での流速3.3m/secで24時間流したときに6/4黄銅試片上に生じた局部腐食です。このうち、水中噴流で生じた浸食がインピンジメントアタックに対応していますが、浸食は試片の中心部にはなく、環状に、浸食環aと、それより大きい浸食環bが生じています。なお、**すき間噴流**で生じたように見える浸食環cは、単にb環の幅が広がったものです。

試片上のせん断力分布の測定から、a環はせん断力によって黄銅の**保護性酸化皮膜**が剥がされて生じたものだと分かりました。一方、b環については、「試験液にアルミニウム粉を添加して流れの動きを観察したところ、試片の中心から半径2㎜離れた場所で激しい乱れが認められたこと」（**左頁［3］**のすき間噴流）、「その場所の総圧を測定したところ、他の場所に比べて大きな総圧の振動（**左頁［3］右**）が認められたこと」から、流れの乱れによって保護性酸化皮膜が剥がされて生じたものだと判定されました。

- **インピンジメントアタックとは、衝撃腐食のこと**
- **衝撃腐食の原因は、銅合金の保護性酸化皮膜の剥離**
- **保護性酸化皮膜の剥離の原因は、せん断力と乱れの力**

[1] 3種類の衝突噴流

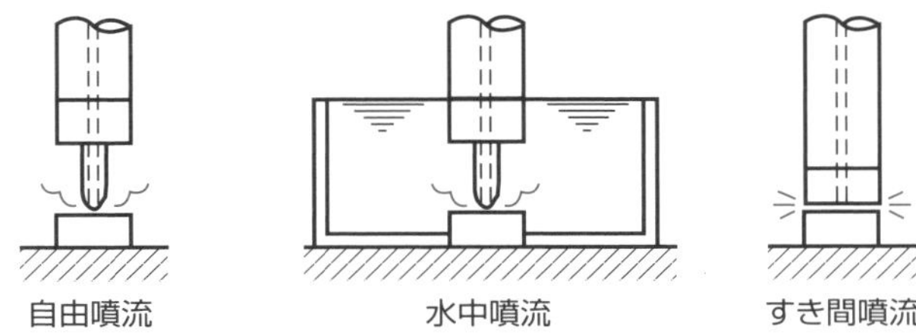

[2] 試験後の試片表面のスケッチと試片断面形状（表面粗さ計）

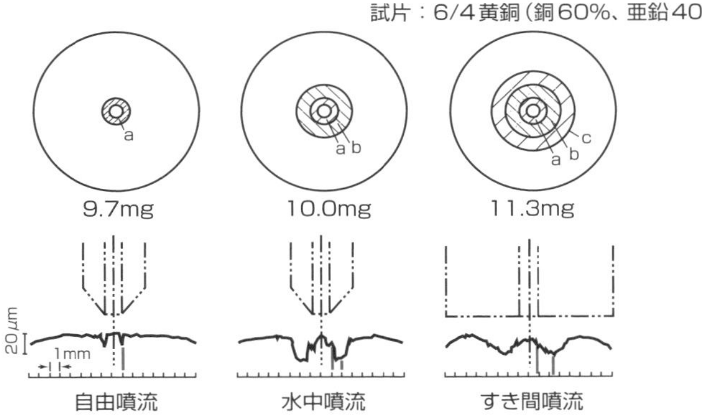

[3] 噴流試験の経過

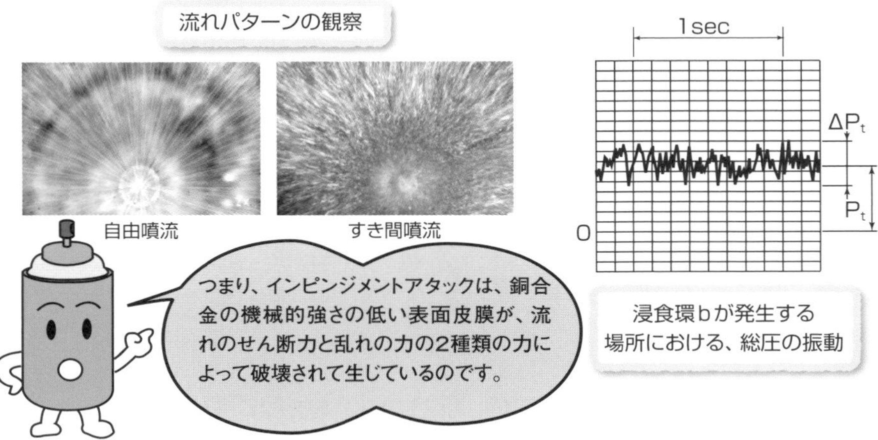

すき間噴流：壁に衝突したのち、狭いすき間を広がる噴流。急速な減速を伴う流れが発生する（上の［1］参照）。

3 流れに馬が棲むのか、馬蹄形腐食

流れ中の銅合金表面に、馬の足跡の形のくぼみが現れることがある

あたかも小さな馬が伝熱管の入り口に向かって走ったように見えます。

最も小さなマクロセル腐食

通常の**多管式熱交換器**（**左頁【1】**）に用いられる伝熱管の内径は20～30㎜です。そのような細い管の入り口付近の内表面に数個の馬蹄形が現れるので、一つひとつの馬蹄形の幅はせいぜい1㎜程度です。

左頁【2】は**馬蹄形腐食**の一例です。幅は確かに0.5㎜程度ですが、流れ方向の長さは5㎜以上あり、とても馬蹄形には見えません。この図から、一口に馬蹄形といってもいろいろな長さのものがあり、この図の馬蹄形はそのうちで最も長いものの一つであろうと想像できます。頭の幅と同じくらいの長さであれば、確かに馬蹄形に見えます。また、その長さがいろいろ変化するらしいことから、馬蹄形腐食の形成過程が想像できます。

左頁【3】は**バナナ渦**です。この渦は物体表面上の流れに乱れをもたらす最初の胚種だと考えられています。つまり、流れの乱れとは「主流の方向に対して直角方向の速度成分が存在すること」ですから、この渦によって、物体表面上の流れに「主流に直角な方向の速度成分」すなわち乱れが発生する過程が説明されるわけです。ただし、バナナ渦の形状は実際に観察されたものではなく、微小な熱線流速計による流速分布の測定結果から推測されたものです。

左頁【4】は、先の二つの図から推測した**固定渦**です。この渦の下に馬蹄形腐食が生じるものと考えられます。渦の尻尾の立ち上がりが早いほど、短い馬蹄形になる、と説明できます。固定渦の下の金属表面には**局部腐食**（マクロセル腐食）が生じることは第10章6節3項で述べたとおりです。

- **馬蹄形腐食は、吸込口の、乱れの起点付近に生じる**
- **バナナの形をした固定渦が、流れに乱れをもたらす**
- **固定渦の形が、その下に生じる局部腐食の形を決める**

[1] 多管式熱交換器：多数の伝熱管のある熱交換器

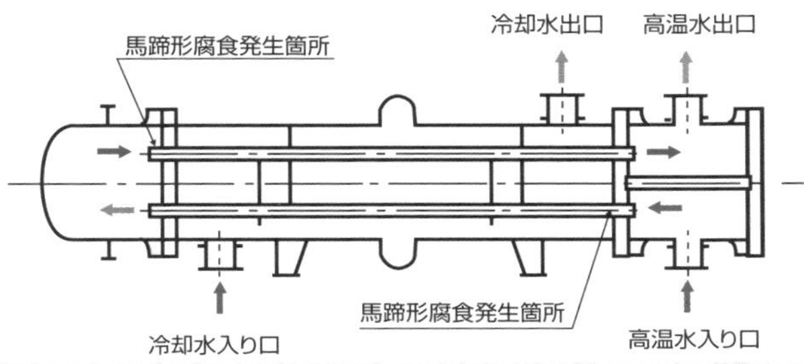

○多管式熱交換器は、ほとんどの火力・原子力発電所や化学工業関連の工場で広く用いられている。
○伝熱管の材質としては、高温・低温流体の種類によって、鋼管、銅合金管、チタン管などがある。
○黄銅製の伝熱管には、馬蹄形腐食のほかにも様々なエロージョン-コロージョンが生じる。

[2] 馬蹄形腐食

水の流れ

銅合金製伝熱管の表面に現れるくぼみの形が、馬蹄形になっている。

1 2 3 4 5 6 7 8

300μm

[3] 乱れの源となるバナナ渦

[4] 馬蹄形腐食を引き起こす固定渦

渦の底面の形が馬蹄形腐食のくぼみの形になっている。

300μm

馬蹄形腐食は、せん断力でも乱れの力でもなく、固定渦によって生じたのです。

多管式熱交換器：多数の、直径数センチ、肉厚数ミリ、長さ数メートルの金属製伝熱管の内外に、温度の異なる流体を流して、互いに相手の温度を上げたり下げたりさせる装置（上の［1］参照）。

4 純銅製エルボに生じる局部腐食は？

エルボとは、ダクトや配管の曲がり、L型継ぎ手のこと

純銅製配管は、耐食性・耐熱性・加工性を備えているので、ビル内の給湯配管に多く用いられています。

純銅製配管の局部腐食の機構

しかし、長年使用していると、腐食による漏洩を起こすことがあります。この種の局部腐食の機構を判別し、それに基づいて対策を立てるために、**左頁【1】**に示すような15A（外径15.9、内径14.7mm）の純銅（99.96%）製配管系に、40℃の1%塩化銅（Ⅱ）水溶液を流して、加速腐食試験を行いました。

左頁【2】は、試験液の流速が1m/sのときの、エルボとその前後に置かれた直管の各部における腐食速度分布です（「測定点6」については**左頁【3】**参照）。上流の直管部では、腐食速度は比較的低く、また、場所に依存せず一定の値を示しました。これに対してエルボでは、直管部のそれの20倍に達し、しかもエルボ内の場所によって大きく変化しました。下流の直管部には、エルボ内の流れの影響と思われる、腐食速度の多少の上昇が現れました。

左頁【3】を見ると、エルボ内の軸方向および円周方向の腐食速度分布では、軸方向のどの場所でも、エルボの内側（測定点6付近）で腐食速度が局部的に高くなっています。つまり、局部腐食が発生しています。

層流における**等軸速度線図**（**左頁【4】**）によると、等軸速度線のうち、高い速度を示す管中央部の等速度線の輪が外側の壁面の近くに位置しているので、エルボの内側では、外側に比べて流速が低いことが分かります。したがって、測定点6付近に生じた局部的な減肉は流速の低い場所に発生しているので、エロージョン－コロージョンではなく、10－5節で説明した**流速差腐食**です。

- エルボ内の流れでは、外側に比べて内側の流速が低い
- エルボの局部腐食は、流速の低い内側の管壁に生じる
- エルボに生じる局部腐食は、流速差腐食である

[1] 循環式配管腐食試験装置

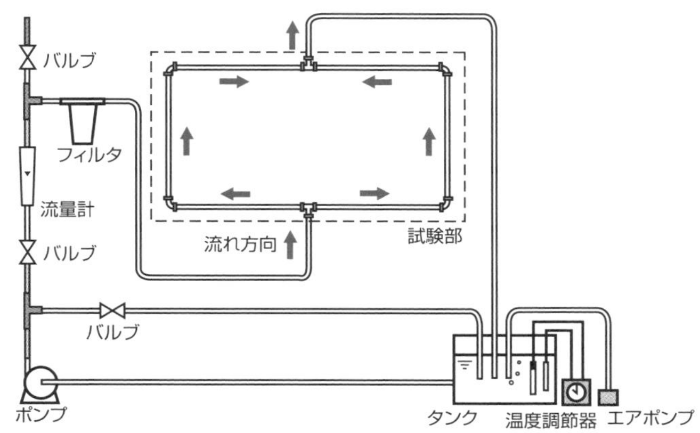

[2] エルボとその上・下流の腐食速度

[3] エルボ各部位の腐食速度

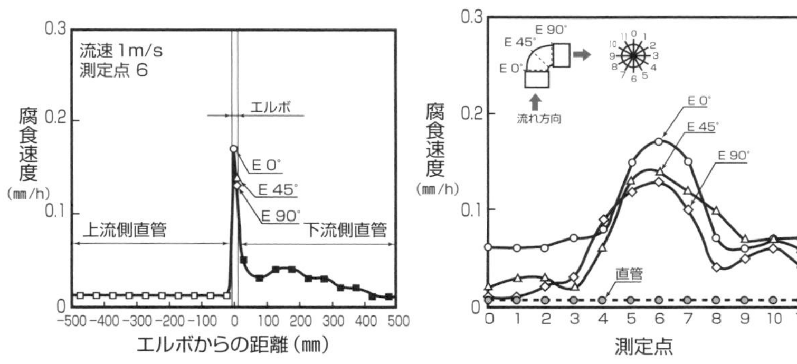

[4] エルボにおける流れの状態

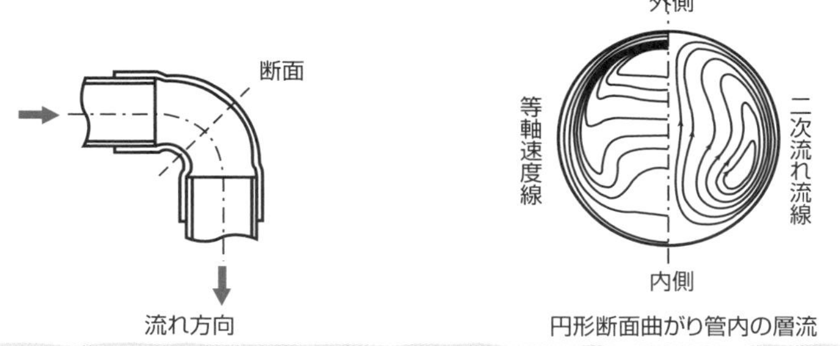

円形断面曲がり管内の層流

等軸速度線図：軸速度とは、管の軸方向の流速のこと。一般に軸速度は、管の中心部で高く、管壁に近い場所では低い。同じ軸速度の場所を線で結ぶと、地図の等高線に似た等軸速度線図が得られる。

5 鋳鉄のスケルトン腐食と流速差腐食

鋳鉄製の海水ポンプでは、流速の低い軸孔付近に腐食が発生する

ポンプケーシングの軸孔付近は周辺部に比べ低流速なので、この局部腐食は流速差腐食です。

低流速域の腐食は流速差腐食

均一な流れの中の鋳鉄の全面均一腐食は、**左頁【1】**のような**スケルトン腐食**です。鋳鉄の構成要素のうち、フェライトは鉄イオンとなって溶け出し、グラファイト（カーボンまたは黒鉛）とセメンタイト（Fe_3C）はそのままとどまって残滓層となります。これを一般にスケルトン（骸骨）と呼ぶので、鋳鉄の腐食はスケルトン腐食あるいは**黒鉛化腐食**と呼ばれます。

冒頭に述べたように、鋳鉄製の海水ポンプのケーシングでは、流速の遅い軸孔の付近にスケルトン腐食が発生します。**左頁【2】**のように、絶縁された小片から構成されたケーシングを用いたボンプで、海水を流しながら小片に出入りする直流電流を測定したところ、軸孔付近へは周囲から電流が流入していることが確認され、マクロセル腐食すなわち局部腐食が発生していることが分かりました。しかし、このマクロセルでは、エロージョン-コロージョンの場合とは逆に低流速側がマクロアノードになっているため、**流速差腐食**と名付けられました。

左頁【3】は鋳鉄の流速差腐食の発生プロセスです。その初期（A→B）では、鋳鉄表面に黒鉛化層が広がるにつれて、腐食速度は急速に上昇します。しかし、黒鉛化層が表面全域を覆うと（B）、この層は鉄イオンの溶出を妨げるので、腐食速度は低下し始めます。腐食の進行が遅れていた軸孔付近の腐食速度が周辺部のそれと等しくなる時点（t_1）以降は、軸孔付近の腐食速度が周辺部の高流速域の腐食速度より高くなり、両者の間にマクロセルが形成されるわけです。

- 鋳鉄の全面均一腐食は、スケルトン（黒鉛化）腐食
- スケルトン層の厚さの増加が腐食速度を下げる
- 鋳鉄の、流れの中の局部腐食は流速差腐食

[1] 鋳鉄のスケルトン腐食（黒鉛化腐食）

鋳鉄には炭素鋼に比べて数十倍の炭素（カーボン）が含まれている。

⬇

そのため鋳鉄には、炭素鋼にはない遊離炭素（グラファイト）が存在する。グラファイトの強さは低いので、鋳鉄の強さは炭素鋼に比べて低くなる。

⬇

しかし融解温度が下がるため、溶融鋳鉄は流れやすく、それを砂で作った鋳型に流し込んで、同じ形の鋳物をたくさん作ることができる。

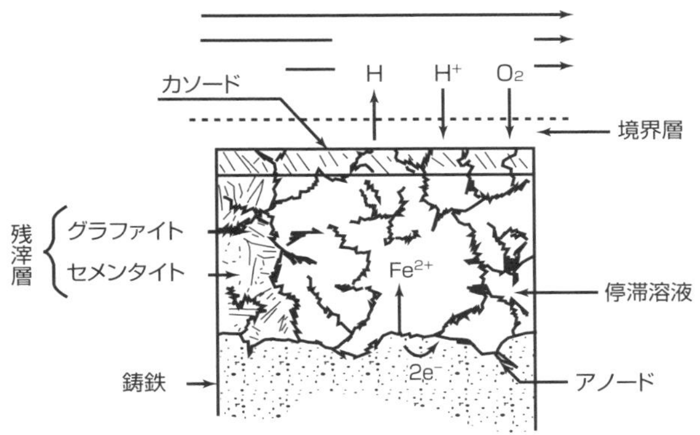

[2] 鋳鉄製ポンプケーシング内の電流の流れ

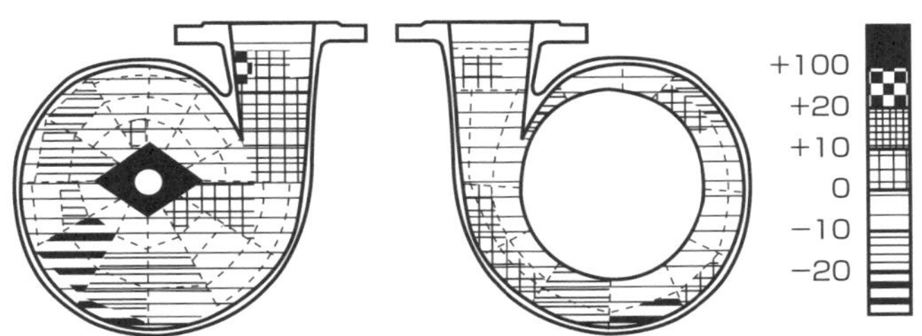

出所：北嶋，市川，木下，宮坂「海水ポンプの腐食と対策」，防食技術，35，P633-641(1986)

[3] 鉄イオンの溶出速度は時間とともに低下する

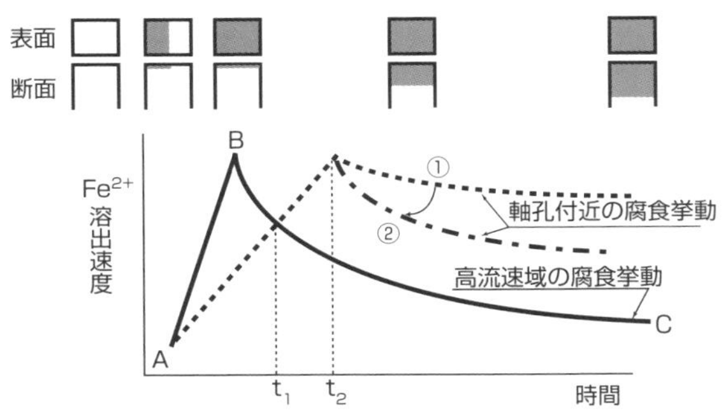

用語解説　**ポンプケーシング**：家庭用の扇風機は、薄い回転羽根とそれを挟む２枚の金網から構成されているが、水を送る回転ポンプの構造はそれと同じ。後ろ側の金網に相当するのがケーシングである（上の［2］参照）。

6 スキャロップは炭素鋼の局部腐食

流れの中の炭素鋼に生じる貝殻模様

流れの中の炭素鋼の表面に現れる貝殻模様の局部腐食の正体は、マクロセル腐食です。

スキャロップとは貝殻模様

スキャロップとは、炭素鋼表面に現れる、**左頁［1］**の写真のような貝殻模様のことです。銅合金表面に現れる馬蹄形腐食（11－3節）によく似ています。ただし、その大きさは写真から分かるように横幅は10㎜ほどで、流れの条件に依存します。一方、長さは馬蹄形腐食に比べて短く、横幅と同じくらいです。

このスキャロップの発生プロセスを推定してみましょう。ヒントはこの配管系の運転条件です。配管は「呼び50Ａ」の炭素鋼鋼管、管内の流体はボイラー給水ですが、その温度や流速は不明です。最大のヒントは、スキャロップが発生した場所の上流に設置されている枝管（「呼び15Ａ」の炭素鋼鋼管）を通して、**インヒビター**が常時注入されていたことです。これは、「インヒビターは徐々に消費されていて、もしそれが欠乏すると炭素鋼が腐食する」ということです。

もう一つのヒントは**固定渦**です。**左頁［2］**のように「流れに直角に偏向噴流が形成されるときは、噴流の下流の管壁に固定渦が発生する」ことが、流体力学の分野で確認されています。固定渦の中の液は停滞していて本流の液と交換されることがないので、インヒビターの濃度が低下し、渦の下の炭素鋼は腐食しやすい状態にあります。これに対して、渦の外側の炭素鋼表面には常にインヒビターが供給されているので、不動態ではないとしても腐食しない状態にあります（この状態を受動態と呼ぶことがあります）。その結果、両者の間に流速差腐食型マクロセルが形成されるわけです（**10－5節左頁［2］**参照）。

- スキャロップとは、炭素鋼表面に生じる貝殻模様
- スキャロップとは、流速差腐食型マクロセル腐食
- 偏向噴流の下流に発生する固定渦が直接の原因

[1] スキャロップ

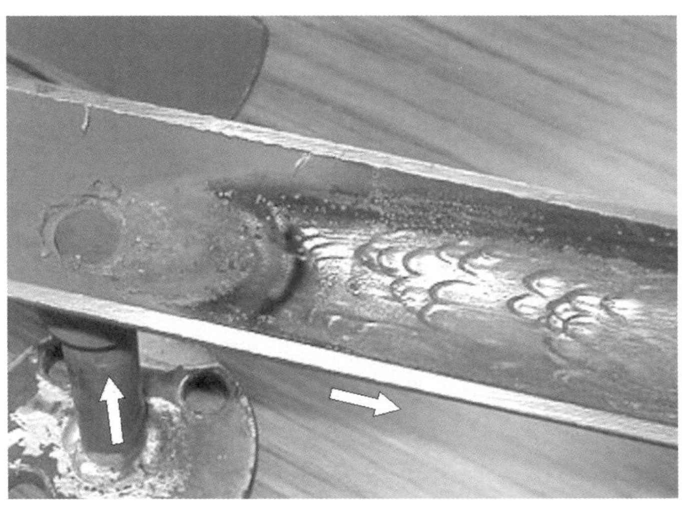

[2] 偏向噴流と固定渦

- 周囲の内壁が不動態であれば
  →活性態/不動態型マクロセル腐食
- 受動態であれば
  →流速差型マクロセル腐食

※いずれも、せん断力や乱れの力は働いていない。

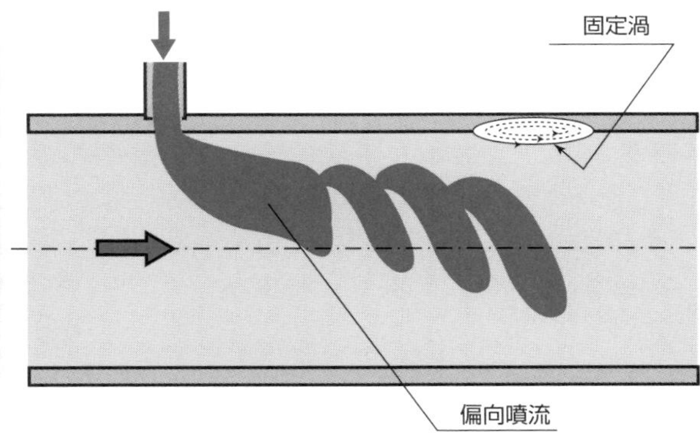

固定渦の下でスキャロップが成長すると、管壁に孔があき、水漏れが発生します。

用語解説　インヒビター：防食剤（腐食抑制剤）のこと（16-1、16-6節参照）。

Column

局部腐食の定義

腐食の分野に限らず、専門用語に過不足のない説明、すなわち適切な定義が与えられていると、その分野の勉強をするうえで大きな助けになります。その意味でも、局部腐食の定義については、特に慎重に考えなくてはなりません。もし、言葉の感じなどから「局部腐食とは、金属表面のところどころに腐食が生じていること」といった安易な定義をすると、思わぬ誤解を引き起こしてしまいます。なぜなら、この定義のもとでは、全面腐食が局部腐食の対義語になるからです。すると、腐食の進行の程度は、腐食被害面積の大きさで表すものと誤解され、そのため、全面均一腐食と局部腐食の危険性を比較したとき、「局部腐食よりも全面均一腐食の方が危険」などという誤った認識へ落ち込んでしまいます。

これは腐食工学では特に重要なことですが、腐食の被害あるいは腐食の進行の程度を表す最も適切な指標は、深さ方向への腐食の進展を示す腐食速度[mm/year] なのです。このとき、深さ方向と直交する面積は、[mm/year]を [mm^3/mm^2year] と書き換えればすぐ分かるように、指標の分母側に置かれています。腐食試験でよく用いられる、質量損失に基づく指標 [kg/m^2sec] でも、面積は分母側にあります。つまり、腐食速度や腐食の被害の大小は、単位時間当たり、単位面積当たりの被害量で表すのが正しい表し方であり、そのときの面積は、当然のことながら「腐食が生じている表面の面積」です。腐食の生じていない表面は全く考慮されていません。これを熱力学の用語を用いて言い表すなら、「腐食の生じていない表面は系に含まれない」のです。

局部腐食の正しい定義は、「異なった深さの腐食減肉が同時に生じていること」です。この定義のもとでは、局部腐食の対義語は均一腐食です。金属表面の全体を考えると全面均一腐食となりますが、上に述べたように腐食が起きた範囲だけを系と考えるなら、全面均一腐食は均一腐食と同じことです。

また、この定義に関して、「減肉0(ゼロ)も、異なった深さの減肉の一つと考えるのか?」という質問に対する答えは「いいえ」です。なぜならば、その場合には、系の腐食機構を表すエバンスダイアグラムにおいてアノード分極曲線が1本しかなく、それでは局部腐食の特徴であるマクロセルが形成されないからです。

異種金属接触による電位差腐食

建物や建築物、タンクなどの構造物、配管や熱交換器、機械類など、異なる金属が接触するケースは無数にあります。

「異種金属が電気的に接触」と「腐食性環境にさらされる」という条件がそろうと電位差腐食が生じます。これは、二種の金属間に電位差があるため電位差腐食が生じます。つまり、二種の金属間の腐食電位の相違です、

例えば、鋼とアルミニウム間の電位差腐食を考えるとイオン化傾向では、Al>Feです。本章では電位差腐食のメカニズムを詳しく紹介します。

1 異種金属で腐食が起きる場合

異種金属接触による電位差腐食は、電位差だけでは決まらない

溶液抵抗も電位差腐食に影響します。

溶液抵抗も電位差腐食に影響

異種金属同士が不動態化していれば、電位差があっても異種金属接触腐食は生じません。例えば、304ステンレス鋼（18%Cr－8%Ni）とチタンとでは、両者とも水道水中では電位差腐食は生じません。

一般に電位差腐食が生じるのは、異種金属の組み合わせが「**不動態**／**活性態**」または「**活性態**／**活性態**」の場合です。

腐食電位E_aの貴な金属A、腐食電位E_bの卑な金属Bが接触すると、**左頁【1】**に示すように、両者の腐食電位の混成電位はE_aとE_bの間に来ます。このケースでは、金属Aは金属Bにより電気防食され、金属Bの腐食は加速されます。その程度は、電流値として

$\Delta i = i_b' - i_b$

となります。

「貴な金属の銅」と「卑な金属の鋼」間の電位差腐食に及ぼす工業用水の電気伝導度の影響を示します（**左頁【2】**）。電気伝導度が高いと、電位差腐食電流は大きくなります。しかしそれでも、極間距離が離れるにしたがって、電位差腐食電流は小さくなります。電気抵抗が50Ωμ／cmの上水では、電位差腐食はほとんど無視できるほど小さくなります。

左頁【3】は、「α相およびγ相からなる二相ステンレス鋼（25%Cr－7%Ni－3%Mo－N）において、強制的にすき間腐食を発生させた場合、二相組織のα相およびγ相の腐食がどうなるか」をAFM（原子間力顕微鏡）で調べた一例です。α相／γ相間で電位差腐食が生じ、α相の選択腐食が見られます。γ相は防食される方向です。

- **電位差腐食は、不動態/活性態、活性態/活性態のカップル間で進行**
- **溶液抵抗が低いほど電位差腐食が大**
- **二相ステンレス鋼の電位差腐食では、α相とγ相の腐食に相違**

[1] 電位差腐食の原理

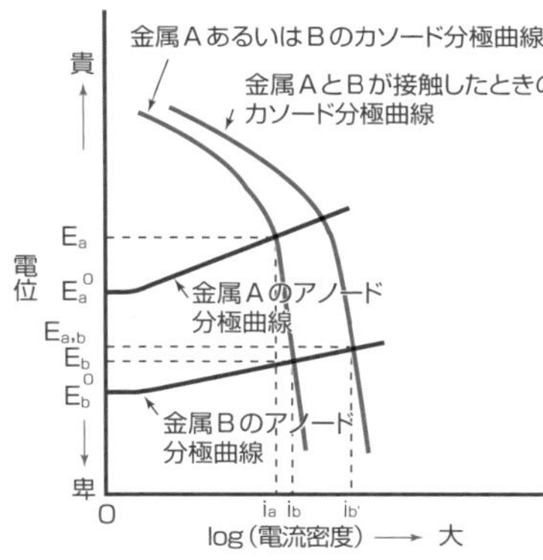

自然電位の高い金属Aと低い金属Bを接触させたときの分極曲線。

↓

金属Bの腐食電流がi_bからi_b'に増大する。一方、金属Aの腐食電流はi_aからゼロになる。

E_a ：金属Aの腐食電位
E_a^0 ：金属Aの標準電極電位
E_b ：金属Bの腐食電位
E_b^0 ：金属Bの標準電極電位
$E_{a,b}$ ：金属AとBが接触したときの混成電位
i_a ：金属Aの腐食電流
i_b ：金属Bの腐食電流
i_b' ：金属Aと接触したときの金属Bの腐食電流

[2] 水中で鉄が銅に接触したときの、鉄の電位差腐食に及ぼす極間距離の影響

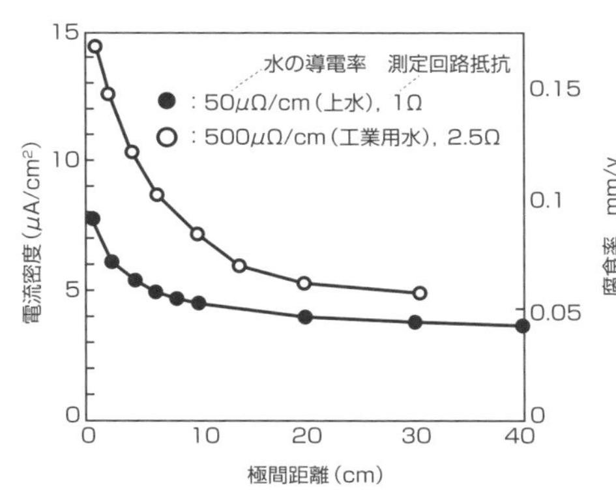

出所：佐藤史郎ら, 住友軽金属技報, 第12巻(1971), P231 および第13巻(1972), P45.

[3] すき間部における二相ステンレス鋼αおよびγの腐食程度の差異

(原子間力顕微鏡による)

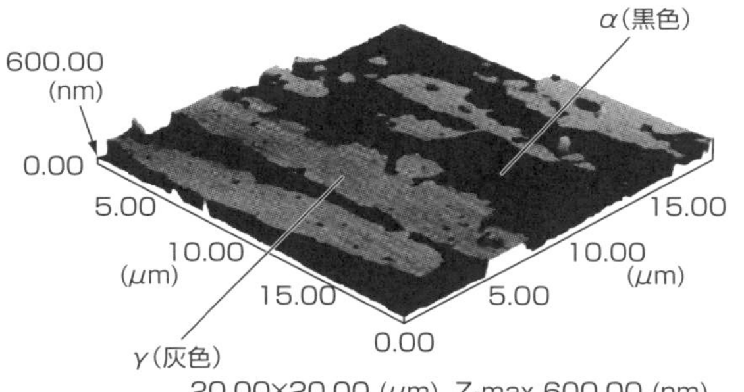

出所：青木聡, 材料と環境, 第65巻(2016), P45.

2 異種金属の接触は腐食を増やす？

中性水溶液中の腐食は酸素拡散律速

自身よりも電位（自然電位あるいは腐食電位）の高い貴な金属と接触すれば、卑な金属の腐食は加速され、逆の場合は減少します。

面積比の影響大

異種金属同士が電気的に接触することを避けられない場合が、設計上、往々にしてあります。そのような場合、金属が単独で存在するときとはどのように違うのでしょうか。

各種金属および合金の海水中での腐食電位は、高い方からチタン、ステンレス鋼、銅、鉄、アルミニウム、亜鉛の順になります。

例えば、海水中でステンレス鋼と鉄が電気的に接触すると、カップルした金属の腐食電位はステンレス鋼と鉄の間に来ます。例として、**左頁【1】**は鋼の腐食加速度です。鋼の面積がステンレスと同等のときと10分の1のときでは、後者の場合、鋼の腐食速度は10倍になります。

卑な金属を貴な金属に海水中で電気的に接触させたときの電位差腐食は、**左頁の式（1）**式で表されます。貴な金属の面積が大きいほど、卑な金属の腐食は増えます。

一方、ステンレス鋼が腐食するような酸性溶液中ではどうなるでしょうか。ステンレス鋼および鉄の両方とも**活性態腐食**を呈します。

このようなときは、一般にステンレス鋼の方が腐食速度が鉄より大きく、腐食電位は鉄よりも低い傾向にあります。両材料をカップリングすると、腐食電位は鉄とステンレス鋼の間に来ます。鉄は**電気防食**され、ステンレス鋼の腐食は加速されるでしょう。

- 金属は種類によって腐食電位の高低が異なる
- カップルの腐食電位は、構成金属の混成電位
- 腐食電位の相対的位置などが、電位差腐食の増加・減少に影響

[1] 海水中での鋼の異種金属接触による腐食の増大

※面積比1：1，10℃

カソード金属	流速0.15m/s		流速2.4m/s	
	鋼の腐食速度 (g/m²·h)	接触による鋼の腐食増分 (g/m²·h)	鋼の腐食速度 (g/m²·h)	接触による鋼の腐食増分 (g/m²·h)
鋼単独	0.250	—	0.708	—
304ステンレス鋼 (18%Cr-8%Ni)	0.587	0.337	0.812	0.104
Ti	0.579	0.329	0.933	0.225
Cu	0.496	0.246	2.187	1.479
Ni	0.487	0.237	2.529	1.821

出所：ステレンレス協会編『ステンレス鋼便覧』（日刊工業新聞社）

$$P = P_0 \left(1 + \frac{A}{B}\right) \quad (1)$$

ただし、

P ：「卑な腐食電位の金属」が「貴な腐食電位の金属」と接触したときの腐食量

P_0：「卑な腐食電位の金属」の単独時の腐食量

A ：「貴な腐食電位の金属」の面積

B ：「卑な腐食電位の金属」の面積

3 Alの電位差腐食

自然電位の異なる金属同士が接触すると、腐食電流が発生する

自然電位の高い金属がカソード、低い金属がアノードとなり、電位差腐食が進行します。

電位差腐食の具体例を紹介

電位差腐食について、建材の亜鉛メッキ鋼板と鉄系ファスナー（ボルトなどの接合部材）の例で説明します。**左頁【1】**の（a）および（b）の例において、板材料が亜鉛メッキ鋼板、ファスナーが鉄製だとすると、水環境において、ファスナーの腐食電位が板材の腐食電位より高いので、ファスナーが防食されます。電気伝導度の低い溶液においては、板材の電位差腐食はファスナー周囲の板材のみに限定されます。

（c）の例において、板材がステンレス鋼板、ファスナーが高強度鋼の場合、ファスナーがアノード、板材がカソードとなり、ファスナーが腐食します。

人工海水中におけるアルミニウム（Al）と各種金属の電位差腐食状況を**左頁【2】**に示します。

Alが電位差腐食する金属は、銅やステンレス、黄銅、鉄と続きます。Alがアノード、相手金属がカソードとなります。Alと相手金属の自然電位の高低の違い、およびカソードとなる金属の表面におけるカソード反応である酸素還元反応の速度によって、電位差腐食の速度が決まります。

水中のAlは、表面がAl/Al2O3（アルミナ）/$Al_2O_3 \cdot H_2O$（ベーマイト）で覆われ、不動態化していますが、Cl^-イオンがある程度存在すると孔食が発生して、活性態で低い腐食電位となります。**左頁【2】**に示すように、銅、黄銅、鉄で電位差腐食します。

Alは、さびにくく、表面に光沢のある耐食的な材料なのはアルマイト処理によるものです。アルマイト処理していない場合は、使用環境のCl^-イオン量に注意するか、Alの電気防食を考えてください。

- ファスナー／板材屋根では、ファスナーの耐食性に注意
- アルミニウムは海水中で犠牲陽極性能が大
- 電位差腐食における小面積アノードの腐食に注意

[1] ファスナーと板材料の間の電位差腐食

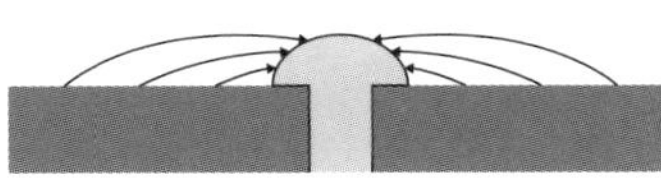

ⓐ板材料がアノードとなる。高電気伝導度の水

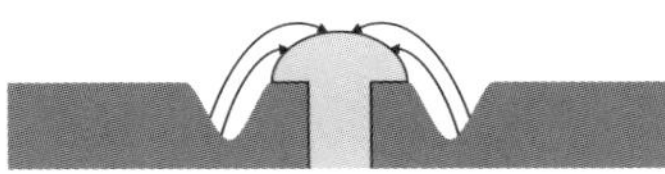

ⓑ板材料がアノードとなる。低電気伝導度の水

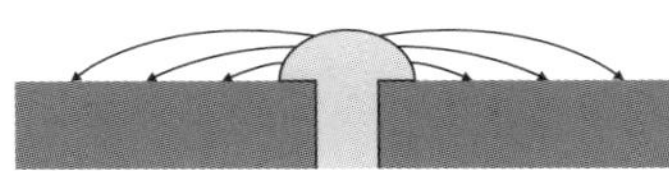

ⓒファスナーがアノードとなる

[2] アルミニウムと各種金属の間の電位差腐食

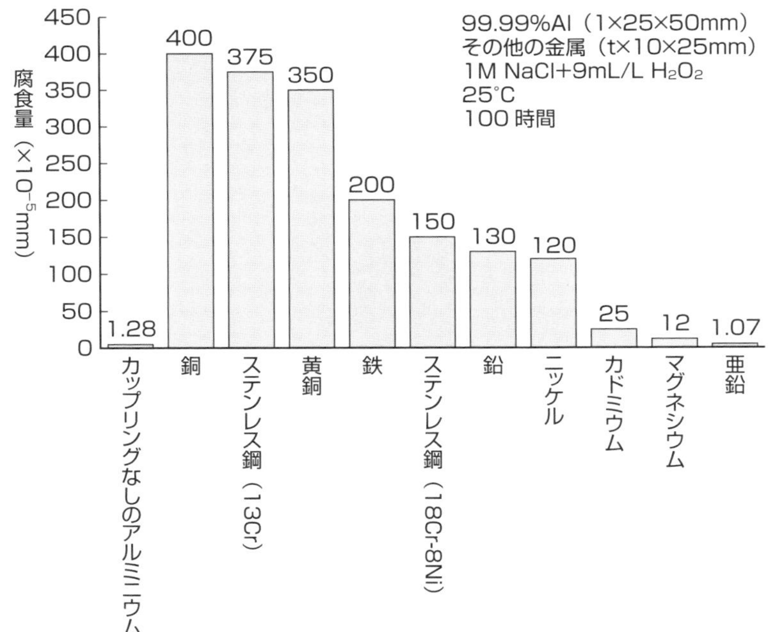

出所：大谷良行他、UACJ Technical Report, 第3巻（1）（2016）

4 Al/Cu電位差腐食のインヒビター効果

アルミニウム/銅の工業用水中での電位差腐食の発生と防止対策

電位差腐食に及ぼす面積比、水質などの影響を具体的に説明します。

大型エアコンの電位差腐食

工業用大型エアコンは、エアフィンプレートーにアルミニウム(Al)、熱媒体伝熱管に銅管を用い、アルミフィンフィンを工業用水で冷却します。工業用水はCl⁻イオンを含み、アルミニウムフィンは銅と接触しているためにAlに孔食が発生した。

左頁【1】は、アルミニウム電位差腐食の再現のための二種類の銅とアルミニウム試験片の寸法を示します。面積比は、銅1に対してAlは20です。リード線を介して両金属をつなぎ、工業用水中での電位差腐食を電位ー電流分極曲線より測定します。

左頁【3】の写真のように、インヒビター添加がない場合は、Alにいくつかの孔食が発生しました。一方、ベンゾチアゾール系インヒビターを300ppm添加することで、Alの孔食は防止できました。インヒビター効果のメカニズムを、**左頁【2】**の分極曲線を使って示しました。

インヒビターを添加しない場合の腐食速度は、Cu5%面積のカソード分極曲線とAl100%面積のアノード分極曲線の交点黒丸(電位、電流密度)です。インヒビター添加の場合の腐食速度は、銅が5%の色線のカソード分極曲線とAlが100%の色線のアノード分極曲線の交点で示されます。

インヒビター添加では、色四角で示されるAlの腐食速度は、アルミニウムの不動態領域にあります。つまり、Alの孔食が防止される過程を示しています。0.1%のNaCl溶液におけるAlの不動態を安定化することで、Alの電位差腐食を防止できる可能性を見出しました。

- 0.1%のNaCl溶液中、Al/CuカップルでAlに孔食が発生
- 0.1%のNaCl溶液中、ベンゾチアゾール添加でAlの孔食を防止
- ベンゾチアゾールは、CuおよびAlの防食に有効

[1] Al/Cu電位差腐食の試験片

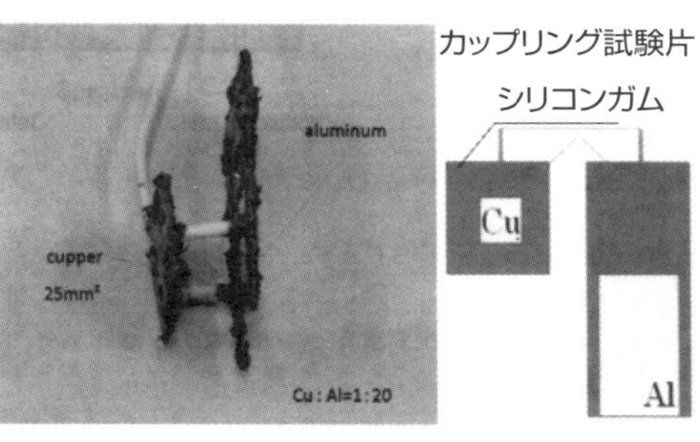

[2] Al、Cu、Al+Cuの分極曲線、0.1%NaCl(室温)

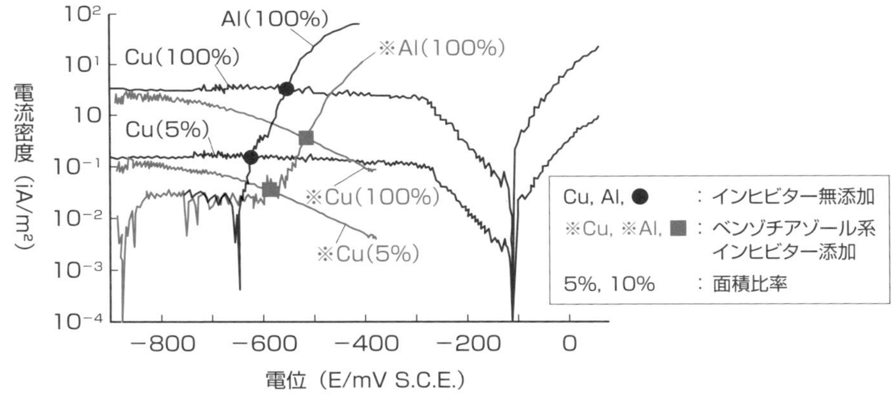

[3] Alの電位差腐食(異種金属接触腐食試験)

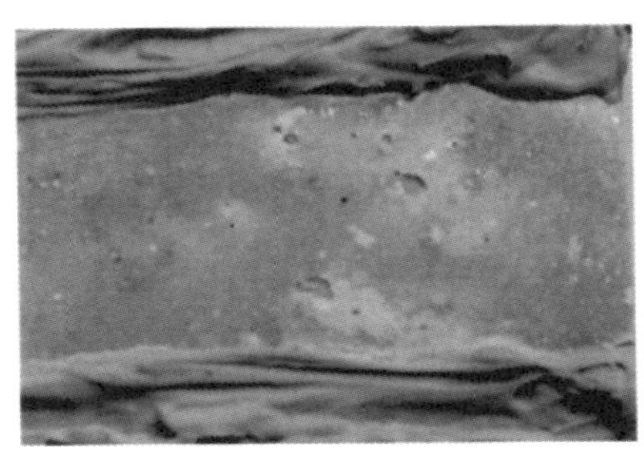

インヒビター添加なし

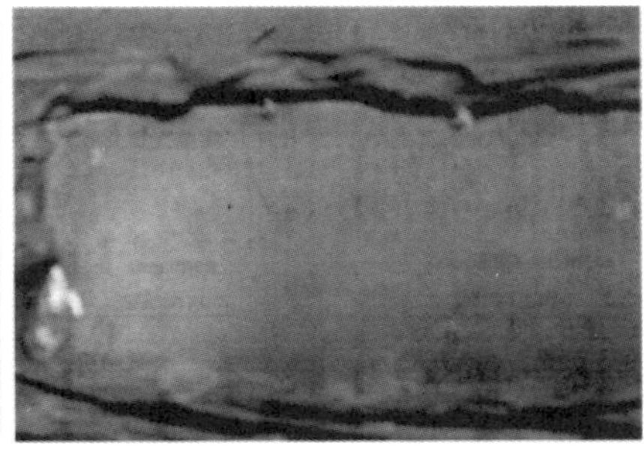

インヒビター添加あり

Column

腐食・防食雑感

昔、21世紀を間近にして封切られた映画「タイタニック」において、3700mの深海に沈むタイタニックの船首がさびの“ツララ”で覆われ、“鉄がさびて地球に還る”シーンが茶の間で放映されていたことを、とても懐かしく感じます。

人間は知恵の動物であり、松島巖著の「錆と防食のはなし」から拝借すれば、平家物語の「祇園精舎」の一節のごとく、光沢のある金属は人間がエネルギーを注ぎ込んだ「盛者」で「猛き人」であります。腐食によっていつかは亡びる運命にあることを知りつつ、これをいかに遅くするかというのも人間の知恵です。腐食による失敗や事故は、意外と初歩的なミスが原因となって起こり、それらは非常に貴重で示唆に富むものでありながら、どうしてか外部の目に触れることが少ないのです。腐食・防食の技術者にとってより有益でしかも渇望されているのは、この失敗や事故の事例から学び得る普遍的な教訓・知識そのものです。事故自体ははなはだ不幸なことですが、皮肉なことに腐食・防食技術の発展には、“歴史を学ぶより歴史に学べ”という言葉がやはり似合います。

米国技術史家のE.S.ファーガソンは、著書「技術屋の心眼」の中で、「工学設計の過程においては、数式や計算といった解析的なやり方だけではなく、直観、感覚的知識、イメージや体験など、言葉で表せない思考が重要な働きをしている」ことを、多くの実例を引用しつつ鮮やかに例証しています。技術の本質、技術者の仕事の真髄はまさにこの部分にあるからこそ、技術の伝承や人材の育成などは我々がいつも直面する深刻な課題であるといえます。同時に21世紀の科学技術者は、単に設計の技術的側面のみでなく、我々を取り巻くあらゆる諸因子にまで配慮を巡らすことが要求されています。今や世界中で取り組まれている、経済・社会・環境にまたがる持続可能な開発目標(SDGs)に向けた活動とも共通し、地球規模の課題に対する解決の糸口になることを切に期待したいです。

以上のような念いで、関係学会・協会が腐食・防食に関する各種活動を通じ、技術の伝承と人材の育成などで重要な役割を果たすことを願いつつ、筆者はもとより非才微力ながら関係学会・協会の発展に向けて努力したいと思っています。

第13章

微生物腐食

以前の話ですが、米国で開催された原子力発電用材料の腐食に関する国際会議で、微生物腐食の話を初めて耳にしました。内容は「ステンレス鋼を静水中に長期間保存したら、繁殖した微生物によって腐食した」という話でした。

その後、微生物腐食の研究も進歩して、微生物腐食のメカニズムや対策も進みました。特に溶接部の腐食が分かってきました。それでも、いまだに未解決の問題も少なからずあります。

微生物腐食を大別すると、「好気性バクテリア」と「嫌気性バクテリア」といえます。本章では、微生物の代謝作用による腐食へ関わり、微生物腐食への防食対策を簡潔に紹介します。

1 酸化性バクテリアによる微生物腐食

ステンレス鋼の孔食やすき間腐食は、自然海水中で発生する。

人工海水における浸漬試験では、ステンレス鋼の孔食やすき間腐食は簡単には発生しません。

自然海水と人工海水は何が違う?

左頁【1】に暴露試験の結果を示します。耐食性合金であるカーペンター(20Nb-20Cr-30Ni-Cb)、329J1二相ステンレス鋼(25Cr-5Ni-2Mo)および30Cr-2Moフェライト系ステンレス鋼にも腐食が発生しています。腐食の形態は、いずれも試験片固定用ベークライトワッシャーと試験片の接触部および貝が生息した箇所でのすき間腐食です。

ステンレス鋼は、人工海水を使用し、溶存酸素を吹き込んだ環境では、孔食やすき間腐食は発生しにくいものです。自然海水と人工海水の根本的な差異は自然海水中では微生物が繁殖し、微生物の生体代謝活動が腐食に大きな影響をもたらします。好気性バクテリア・オキシダーゼが左頁【2】に示すように、付着したステンレス鋼表面でH_2O_2(過酸化水素)を生成し、これがステンレス鋼のすき間外表面のカソード部で還元されてOH^-(水酸化物イオン)になります。

すき間内のアノード部での鋼の溶解およびカソード部でのH_2O_2の還元が同時に進行して、すき間腐食が進みます。過酸化水素の還元量は、自然海水中の溶存酸素の還元量よりもはるかに多いため、結果として、ステンレス鋼の自然電位は高くなります。また、バイオフィルム(微生物の薄い皮膜)による酸素還元反応の促進も報告されています(独立行政法人製品評価技術基盤機構)。

以上のように、人工海水と自然海水では、好気性バクテリアの有無が大きな違いであり、自然海水中では高合金ステンレス鋼でさえすき間腐食を呈します。

- 人工海水中のステンレス鋼では、すき間腐食は発生しにくい
- 好気性バクテリアは、鋼表面でのすき間腐食を促進する
- バイオフィルムは、すき間腐食の進行を速める

[1] 各種ステンレス鋼の海水暴露試験結果

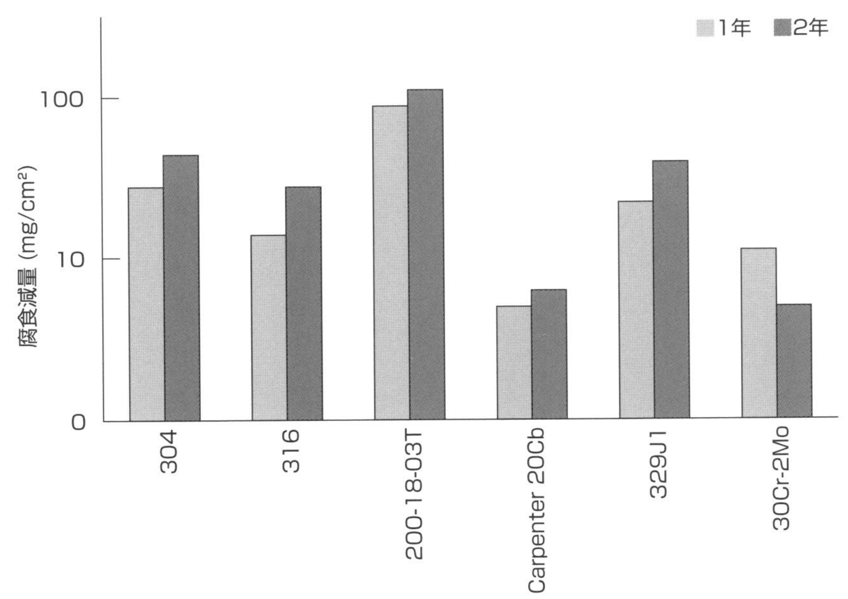

[2] 好気性バクテリアによるステンレス鋼の自然電位上昇の機構

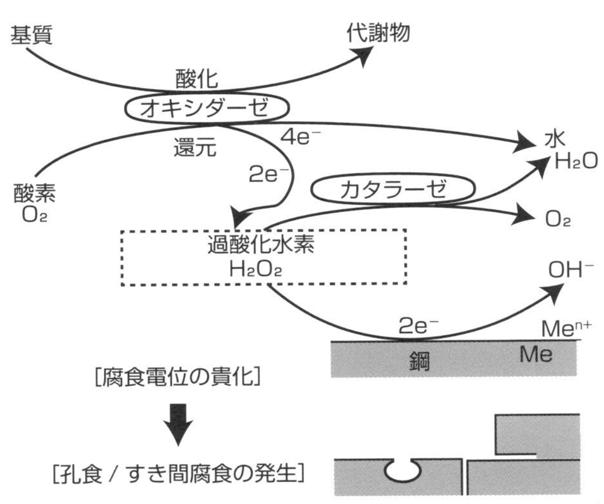

2 バクテリアによる鉄の腐食

嫌気性／好気性のバクテリアによって、鉄の腐食が加速される

バクテリアは大別して、嫌気性環境下で活動するものと好気性環境下で活動するものがあります。

バクテリアが腐食性物質を作る

微生物腐食というと、バクテリアが鉄などの金属を食べるような印象を与えますが、実際は「バクテリアによって腐食性物質が作られ、腐食反応が促進される」ことを意味します。**左頁【2】**に、微生物腐食に関連するバクテリアの例をまとめました。

嫌気性バクテリアの一つであるSRB（硫酸還元バクテリア）は、酸素のない水溶液中で活動します。**左頁【1】**に示すように、嫌気性環境に存在する硫化水素（H_2S）やH^+が、鉄表面上のカソードで還元されて、H_2やHS^-に変化します。生成したH_2を代謝エネルギー源として、$SO_4{}^{2-}$をH_2S、HS^-、S^{2-}に還元します。

ただし、酸性では主にH_2S、中性ではHS^-、アルカリ性では、S^{2-}として存在します。硫化水素に対して、鉄は腐食生成物のFeSで覆われているので、一般的に耐食的になります（出所：ASM、Metals Handbook Ninth Edition、Volume 13、Corrosion）。しかし、高張力鋼では水素脆化に注意が必要になります。

好気性バクテリアとして、硫黄酸化バクテリアがあります。S^{2-}を$SO_4{}^{2-}$に酸化して硫酸を生成するため、溶液は酸性化し、鉄に対する腐食性が強くなります。腐食事例として、コンクリート製下水道管の腐食の報告があり、対策が重要です。

- 好気性硫黄酸化バクテリアは、鉄を腐食させる
- 好気性鉄酸化バクテリアは、鉄の腐食を促進する
- 嫌気性硫酸還元バクテリアは、鉄の腐食を促進する

13章 微生物腐食

[1] 鋼上で生じる腐食の機構

①酸素存在下で生ずる腐食

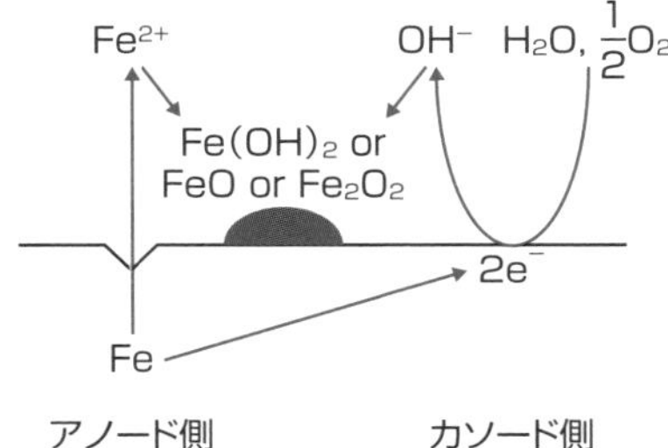

②嫌気条件下におけるSRBが関連した微生物腐食

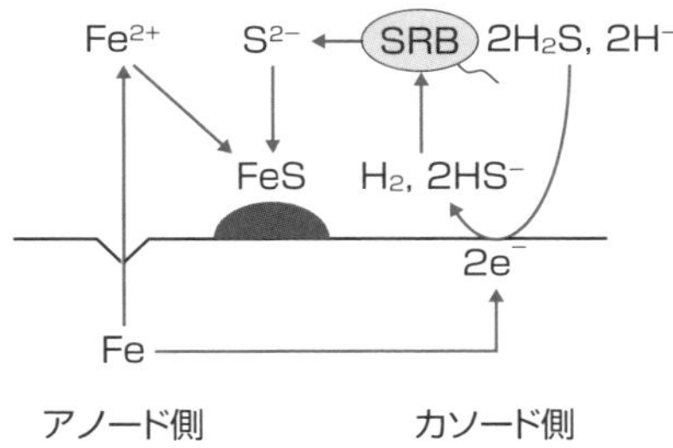

[2] 微生物腐食に関わる微生物の例

種類	特徴	微生物腐食との関連
硫黄還元 *Desulfovibrio sp.* *Desulfuromonas sp.*	嫌気条件下 H_2 を利用して SO_4^{2-} を S^{2-} に還元 H_2S や FeS の沈殿を生成	水素取り込みによるカソードの脱分極、および硫化鉄によるアノードの脱分極
硫黄酸化 *Thiobacillus sp.*	好気条件下 S^{2-} を SO_4^{2-} に酸化して硫酸を生成	酸による金属腐食
鉄酸化、マンガン酸化 *Gallionella sp.* *Leptothrix sp.* *Mariprofundus sp.*	好気条件下 Fe^{2-} を Fe^{3-} に、Mn^{2-} を Mn^{3-} に酸化して、酸化物を生成	カソードでの鉄酸化物やマンガン酸化物の堆積
鉄還元 *Pseudomonas sp.* *Shewanella sp.* *Geothermobacter sp.*	好気条件下／嫌気条件下 Fe^{2-} を Fe^{3-} に還元し、酸化物を還元	鉄酸化物やマンガン酸化物を還元
酸生産細菌および真菌 *Clostridium sp.* *Fusarium sp.* *Penicillium sp.* *Hormoconis sp.*	好気条件下／嫌気条件下 硝酸・硫酸・有機酸といった酸を生成	鉄の溶解 亜鉛銅および鉄とのキレート生成
スライム形成細菌 *Clostridium sp.* *Bacillus sp.* *Desulfovibrio sp.* *Pseudomonas sp.*	好気条件下／嫌気条件下 細胞外高分子物質（EPS）を生成	金属イオンを保持できる細胞外高分子を生成

Column

諸行無常

腐食とは、元来ラテン語の蝕む(むしばむ)(Corrodere)に由来し、化学的侵食による固体表面の損耗を意味しています。諸行無常とはいえ、腐食によっていつかは金属表面が損耗し、またこれをいかに遅くするかは人間の知恵です。

我が国の腐食損傷による経済的損失は、調査方式にもよりますが、年間約4兆円にも及ぶといわれています。この数字がどれだけ正確かは別にしても、金額が大きいことは間違いがありません。まさに物質文明への祟り(たたり)でしょうか？　とりわけ局部腐食損傷については、その発生の予測が難しく、漏洩を導いて突然破壊に至る危険性をはらんでいます。古くは腐食孔によるPCB漏れを起こしたカネミ油症事件などがあり、食品公害史上忘れ得ぬ出来事となっています。原子力発電の“アキレス腱”といわれている冷却水漏れなどは、やはりすぐに思い浮かびます。また、姫路–西明石間で起きたJR山陽新幹線の架線事故があります。原因は、架線のたるみを調整するステンレス鋼製金具の粒界腐食であり、たしか国鉄時代を含めて最大級の架線事故だったように記憶しています。

実プラントなどでの防食業務は、汚く、危険で、体力も必要な3Kそのものの仕事だと思われますが、また、魅力的な研究課題が随所に潜む宝庫でもあります。多くの最先端技術を駆使したあの世界最大規模の明石海峡大橋でさえ、腐食・防食という地味ながら大橋全体を支える“犠牲陽極法”の技術が確実に生きています。しかし、材料の多様化・高機能化が急速に進む昨今、従来の腐食・防食研究は、材料全体を包括した新しい耐環境材料研究へと変わりつつあります。人間と調和した科学技術の必要性が唱えられ、21世紀における材料の新しい課題は、「環境と材料の共存性」、すなわち人間にとって「豊かさを提供する材料」であるエコマテリアル（環境材料、共生材料など）の創出であり、上述の耐環境材料研究についても、この視点からの展開がますます重要になるでしょう。

諸行無常とはいえ、いまでもロダンの「考える人」像は酸性雨に泣き、新幹線の高架橋ではコンクリート中性化現象による鉄筋の腐食や剥離が進行しているのでしょうか——。

第14章

土壌腐食

土壌という環境は、少々変わった環境です。他の環境に比べて広大です。しかも、ほとんど動きません。そのため、土壌中では溶存酸素濃度やイオン濃度、温度に分布が生じやすく、その結果、これらの因子の格差によって地中埋設管などに、局部腐食が発生します。全長が数十kmに及ぶような天然ガス輸送パイプラインでは、大きな電荷がつくる電場で周囲の金属イオンが静電ポテンシャルを獲得し、その分布によって、いわゆる電食が起きることがあります。

1 土の中のインフラストラクチャー

市街地の土中にはライフライン、工業地帯の土中にはパイプライン

中でも、石油や天然ガスを輸送するパイプラインは重要なインフラストラクチャーです。

迷走電流は迷信電流か？

一般に、鋼管などの地下埋設金属体を劣化させる原因として、電食、自然腐食、マクロセル腐食が挙げられます。電食は、**左頁【1】**を用いて次のように定義されています。「電食とは、電鉄などの直流電源から大地に流れる漏れ電流あるいは迷走電流が地中埋設金属体に流入・流出することによって、この金属体に生じる腐食である。このとき、この電源と金属体との間には電子電導体による結合はない」

問題は**迷走電流**の挙動です。自然界の電流は電位の高い場所から低い場所へ向かって流れますが、迷走電流の流れる方向は場所によって逆転しています。レールとパイプラインのどちらの電位が高いにせよ、電流の流れる方向が逆転するのは不自然です。具体的な数値について計算してみましょう。

土壌は電解質溶液を含んでいるので、レールやパイプラインと同様に導電体です。その中を電流が流れることに異論はありません。しかし、導電体には電気抵抗があるので、電流が流れると必ず電圧降下が生じます。例えば**左頁【2】**の計算で示されるように、1mm/yの減肉速度で鉄金属に被害を引き起こす電流（0.83A/m^2）が、抵抗率5000Ωcmの土壌中を距離10mほど流れると、約420Vの電圧降下が起きます。すると、**左頁【3】**に示すように、パイプラインの電食発生箇所の電位はレールのそれより低くなってしまいます。電位の低い場所から高い場所に向かって電流が流れることは理論的には考えられないので、パイプラインから変電所付近のレールへ向かう電流は存在しないことになるのです。

- 電流は、電位の高い場所から低い場所へ向かって流れる
- パイプラインはレールより電位が低い
- パイプラインからレールに向かう電流は存在しない

[1] 電食の概念図

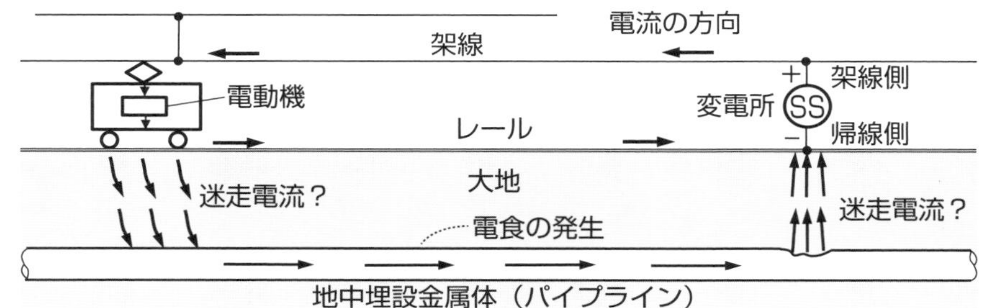

[2] 電圧降下の計算

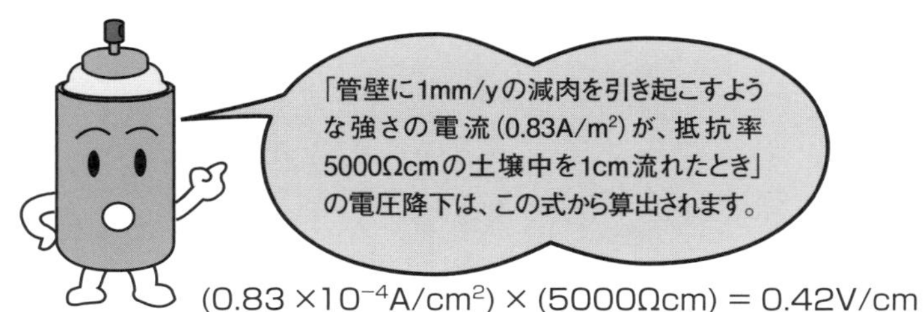

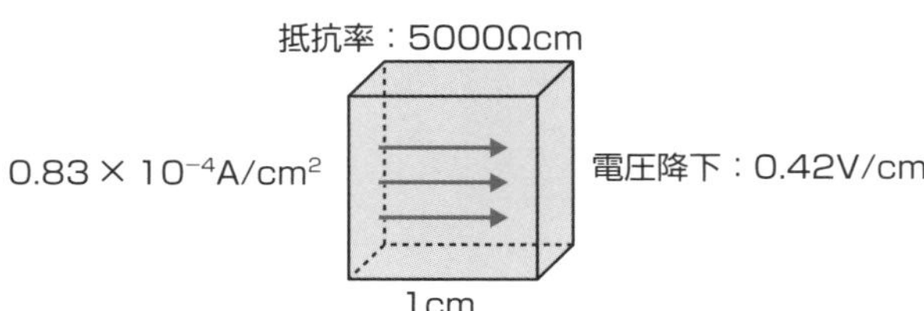

[3] レール、大地、埋設鋼管中の電圧降下

2000A の電流がレール中を 1km 流れるとき：
$(2000A) \times (37 \times 10^{-6}\Omega/m) \times (1000m) = 74V$

迷走電流が土壌中を 10 m 流れるとき：
$(0.83 \times 10^{-4}A/cm^2) \times (5000\Omega cm) \times (100cm/m) \times (10m) = 420V$

迷走電流が鋼管（パイプライン）中を 1 km 流れるとき：
$(0.83 \times 10^{-4}A/cm^2) \times (14 \times 10^{-6}\Omega cm) \times (100cm/m) \times (1000m) = 1.2 \times 10^{-4}V$

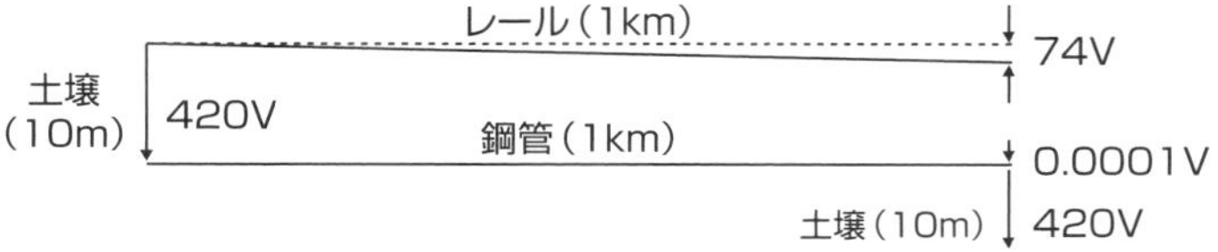

2 土の中における電気の流れ方

土の中の電気の流れ方向を決めるのは、3種類の駆動力である

大地の土壌は砂と電解質溶液の混合物です。砂は絶縁物なので、電流は電解質溶液中を流れます。

イオンを動かす三つの駆動力

電流とは、電荷の移動です。金属中では自由電子が電荷を運びますが、電解質溶液中では、そこに含まれている種々のイオンが電荷を運びます。イオンは駆動力の異なる3種類の移動機構——**拡散**、**泳動**（**マイグレーション**）、**対流**——で水中を移動します。

左頁［1］のNernst-Planckの式は、単位面積の断面を通ってx方向へ向かうイオンが、拡散（右辺第1項）、泳動（同第2項）および対流（同第3項）によって流れることを示しています。さらにこの式は、イオンの移動の駆動力が、拡散の場合はイオンの濃度勾配（$\partial c/\partial x$）、泳動の場合は電位勾配（$\partial \phi/\partial x$）、対流の場合は流速成分（u）であることを示しています。

これらの機構の分担割合ですが、水中に1種類のイオンだけがある場合、距離xについては**左頁［2］**のように変化します。

前節の例で、レールから鉄イオンの形で流れ出した電流がまずレール表面に接する土壌中を流れるときの機構は拡散であり、そのときの駆動力は濃度勾配です。ただし、鉄イオンの濃度勾配は水平方向には360度、垂直方向には180度にわたって均一なので、迷走電流のように一方向に向かって、まるで滝のように電流が流れることはありません。

泳動については、前節で述べたようにレールとパイプラインの間の電位の高低が場所によって逆転する可能性はありません。また、土壌中の電解質溶液は流れていないので、地下水流がなければ対流の効果は無視できます。すると、迷走電流がレールとパイプラインとの間を往復する可能性はありません。

- 金属中では自由電子が、水中ではイオンが、電荷を運ぶ
- イオンは水中を拡散・泳動・対流によって移動する
- いずれの機構でも、電流が2点間を往復することはない

[1] Nernst-Planck 式

$$Jf=-D_f\frac{\partial cf}{\partial x}-\frac{z_fF}{RT}D_fc_f+c_fu\frac{\partial u}{\partial x}$$

J：イオンのフラックス [mol $s^{-1}cm^{-2}$]	z：イオンの電荷 [−]
D：自己拡散係数 [cm^2 s^{-1}]	c：イオン濃度 [mol cm^{-3}]
x：距離 [cm]	ϕ：電位 [V]
u：液の流速 [cm s^{-1}]	F：ファラデー定数 [C eq^{-1}]
R：気体定数 [J mol^{-1}]	T：温度 [K]

[2] イオンの移動機構と距離の関係

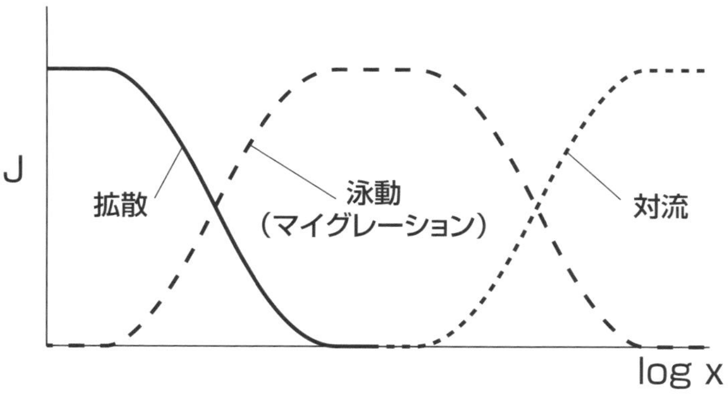

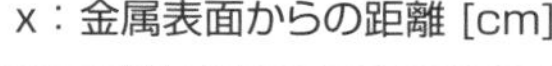

J：イオンの移動量 [mol $s^{-1}cm^{-2}$]
x：金属表面からの距離 [cm]

電解質溶液中を直流電流が、流れるのは、イオンが移動するからです。
その主な移動機構は、金属表面を離れるにしたがって拡散から泳動、対流へと変化します。

泳動（マイグレーション）：環境内の電位勾配によるイオンの移動。

3 土の中の元祖マクロセル腐食

埋設パイプラインに発生する局部腐食は、マクロセル腐食の元祖といえる

パイプラインの鋼管の外表面に発生する局部腐食は、孔食と呼ぶには減肉面積が大き過ぎたのです。

酸素濃淡電池腐食でもない

地中の埋設パイプラインに発生する**マクロセル腐食**は、前世紀に発見された、いわばマクロセル腐食の元祖です。その特徴は、**左頁【1】**を用いて次のように説明されました。「マクロセル腐食は、同一の金属体が異なる環境にまたがって埋設される場合や、異なる種類の金属を接続して使用する場合に起こり、次のような特徴がある。①ミクロセル腐食と異なり、アノード部とカソード部が明確に分かれている。②アノード部の腐食はカソード部のそれより大きく、腐食速度は両者の面積比に比例する」

この種の局部腐食は、これまで**酸素濃淡電池腐食**として次のように説明されてきました。「ローム層は通気性が良いので溶存酸素濃度が高く、この土層にある管外表面はカソードとなる。対して、通気性に劣る粘土層にある管表面がアノードとなり、酸素濃淡電池が形成され、粘土層側に減肉が発生する」

ところが、この機構をエバンスダイアグラムでカソード分極挙動の差異に基づいて説明しようとすると、**左頁【2】**に示すように、アノード部とカソード部が同じ腐食速度になり、局部腐食とはなりません。

これに対して、今世紀のマクロセル腐食の機構説明では、「酸素濃度が高いと優れた皮膜ができて金属を保護するため、カソードではなくアノードの分極挙動に差異が生じる」としています（**左頁【3】**）。

今世紀の機構説明におけるもう一つのポイントは**マクロセル電流**です。この電流が流れる理由を、「系全体で保存則〈全アノード反応量＝全カソード反応量〉が成立するため」と明快に説明しています。

- アノードの分極挙動の違いがマクロセル腐食の原因
- マクロセル電流は土中ではなく金属内を流れる
- 系の保存則、全アノード反応量＝全カソード反応量

[1] 土質の差異によって水道管に生じたマクロセル腐食

[2] カソード分極挙動の差異では、局部腐食は発生しない

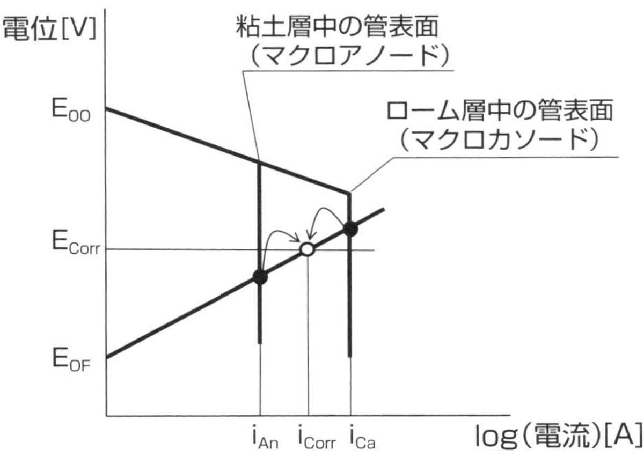

[3] アノード分極挙動の差異が原因で発生するマクロセル腐食

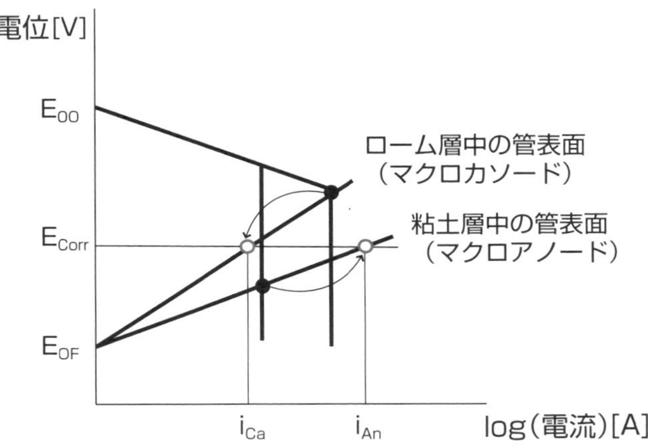

4 土の中の防食法その1 カソード防食

土壌中では、漏れ電流が流れていなくても自然腐食が発生する

「漏れ電流が引き起こす電食を、防食電流で防ぐ」というのが前世紀の電気防食の建前でした。

電気防食の原理は電位の調整

「漏れ電流によって引き起こされる電食を、漏れ電流とは逆の方向に電流を流して防ぐ」のが電気防食だと誤解されがちです。しかし、実は電気防食の原理は「電位の調整」です。したがって、電気防食法の一つである**カソード防食**は、漏れ電流のない通常の腐食にも適用できます。

ミクロセル腐食（**左頁【1】**）とマクロセル腐食（**左頁【2】**）のどちらでも、金属体の電位をその平衡電位以下に下げれば、腐食は停止します。したがって、埋設パイプラインの外表面に発生する腐食を防止するには、外部電源を用いて、パイプラインの電位を鉄金属の平衡電位以下に押し下げればよいのです。

実際にパイプラインの電位を下げるには、**左頁【3】**に示されているように、外部電源装置で交流を直流に変換し、その負極をパイプラインへ、正極を不溶性電極へつなぎます。通常は飽和硫酸銅照合電極とポテンショメーターでパイプラインの電位を監視しながら（14－6節参照）、両極間の電圧を上げ、パイプラインの電位を防食電位、すなわち鉄電極の平衡電位以下に下げます。

不溶性電極の設置法には、**深埋方式**と**浅埋方式**があります。前者では、不溶性電極を対象パイプラインから離して設置し、パイプラインの電位を下げます。後者では、不溶性電極を局部腐食の発生箇所の近くに設置し、パイプラインの電位を下げると同時に鉄電極の平衡電位を上げることによって、カソード防食を達成します。

- **カソード防食では、対象金属体の電位を下げることで防食**
- **防食達成の目安は、対象金属体の平衡電位**
- **不溶性電極の設置法には、浅埋方式と深埋方式がある**

[1] ミクロセル腐食における防食電位

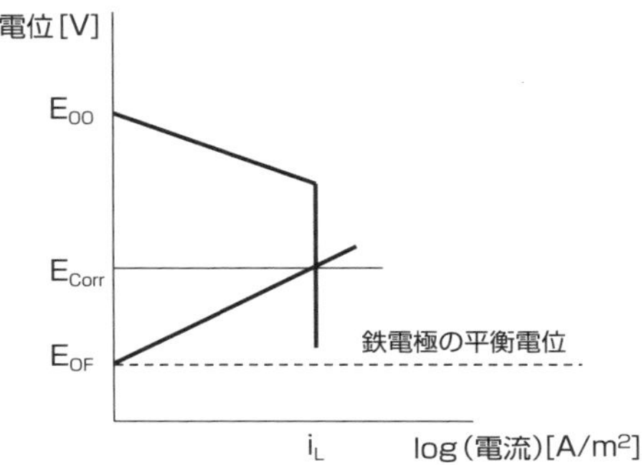

[2] マクロセル腐食のカソード防食

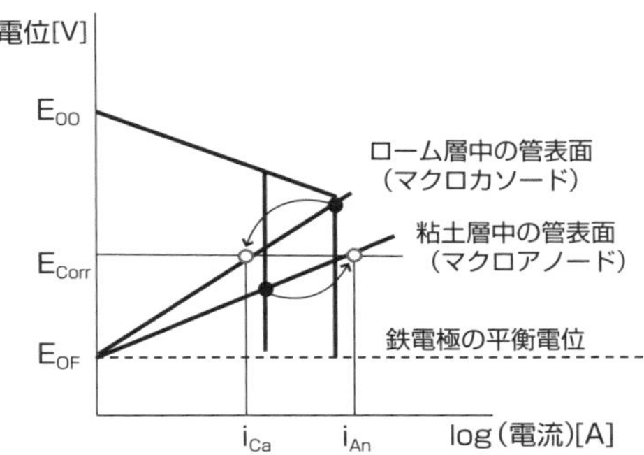

[3] 不溶性電極の設置方法

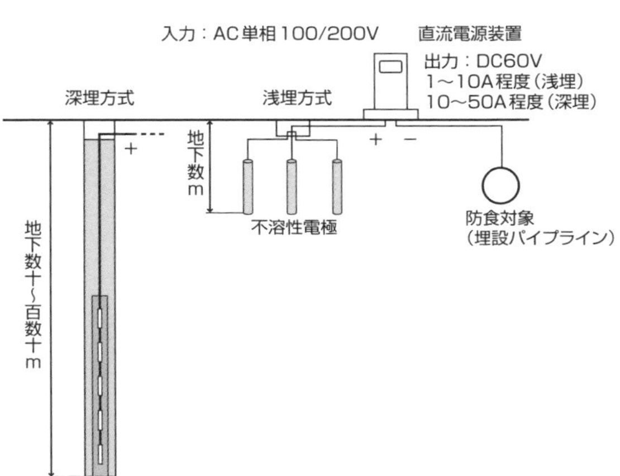

5 土の中の防食法その2 流電陽極法

鉄金属より腐食しやすい金属を接続して、マクロセルを形成

「異種金属接触マクロセル腐食を発生させて、鉄金属の電位を下げる」のがこの防食法の原理です。

原理に基づく防食設備の管理

外部電源が得られない場合は、鉄金属より腐食しやすい金属（例えば亜鉛やマグネシウム、あるいはアルミニウム合金）をパイプラインに接続します。すると、パイプラインがマクロカソード、亜鉛などがマクロアノードとなる異種金属接触マクロセルが形成されて、鉄金属が単独で存在するときに比べて電位が低くなり、結果としてパイプラインの腐食が緩和されます。この防食法は**流電陽極法**と呼ばれます。また、マクロアノードとなる亜鉛その他の腐食しやすい金属の電極は**犠牲陽極**と呼ばれます（**左頁［1］**）。

この防食法の原理を説明するエバンスダイアグラム（**左頁［2］**）から分かるように、パイプラインの電位が低くなるといっても、鉄金属の平衡電位以下まで下がるわけではありません。また、鉄金属より腐食しやすい金属とは、平衡電位が低く、アノード分極曲線の勾配が小さい（すなわち分極抵抗が小さい）金属のことです。このように、流電陽極法の防食性能は、犠牲陽極の分極挙動に大きく依存します。

一方、犠牲陽極の数を増やしたり、その面積を大きくしたりしても、パイプラインの電位は変わりません。つまり、防食性能に変化はありませんが、犠牲陽極の溶出速度が低くなって使用寿命が延びます。

しかし、長時間経つと、犠牲陽極が完全に溶け出してなくなってしまう前に、消耗と呼ばれる犠牲陽極の劣化現象が起きて、パイプラインの電位が上昇してきます。この現象の原因は、犠牲陽極の平衡電位の上昇です。次の節で説明するように、平衡電位は環境中のイオンの濃度に依存するからです。

- **鉄金属より腐食しやすい金属と接触させるのが、流電陽極法**
- **犠牲陽極は、平衡電位が低く分極抵抗の小さい金属**
- **流電陽極法の原理は、鉄金属の電位を下げること**

[1] 流電陽極法の実際

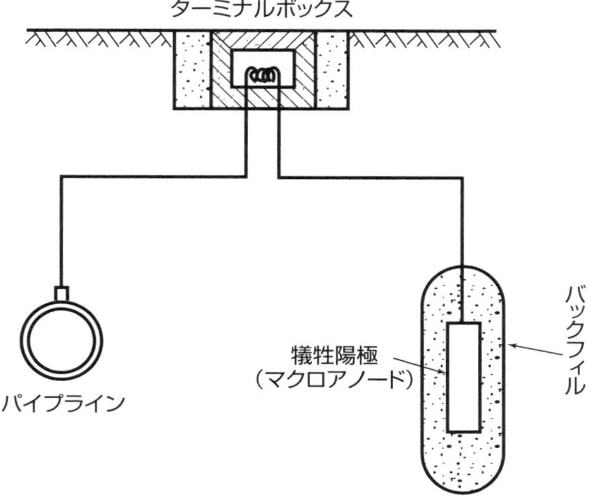

[2] 流電陽極法の原理

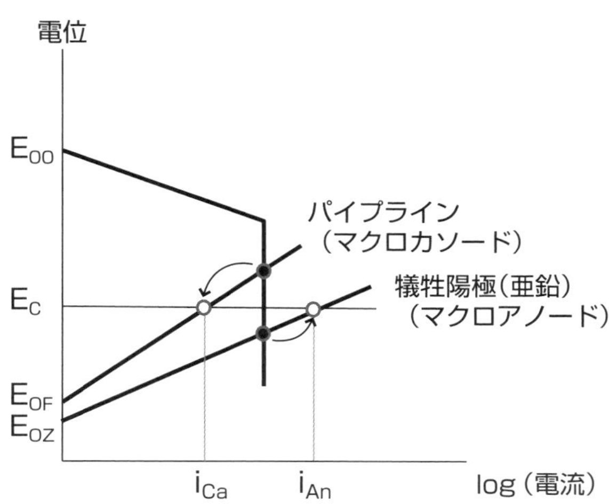

6 土の中の金属体の電位測定法

土の中の金属体の腐食状況は、電位測定によって把握

土の中の金属体の電位は、ポテンショメーターと照合電極を用いて測定します。

測定できるのは相対的な電位

2-4節で述べたように、電位はその金属内の自由電子の電気的エネルギーの準位を示す指標ですが、この指標は同時に、土の中の金属体が腐食しやすいか否かに関して情報を与えてくれます。

電位を測定するには、**ポテンショメーター**（**電位差計**）を用います。これは、金属体の熱的エネルギーの準位を温度計で測定することに対応しています。しかし、ポテンショメーターは温度計と異なり、二つの電極の電位の差しか測定することができません。そのため、電位測定には照合電極も必要です。

左頁［1］では、飽和硫酸銅照合電極を用いてパイプラインの電位を測定しています。ポイントは、「電位が定まっている銅電極の平衡電位が、照合電極に利用されている」ことです。そのため、照合電極においては一つの電極反応のみが起きるように、銅金属電極を飽和硫酸銅溶液で覆って他の反応の発生を防いでいます。また、環境側の銅イオン濃度を一定に保つために、硫酸銅の飽和溶液を用いています。これは、**左頁［2］**のネルンストの式で示されるように、平衡電位はそれぞれの金属に特有の標準電極電位（E^0_0）と、環境中のイオンの活量あるいは濃度（a）に依存するからです。

一方、ポテンショメーターには高い内部抵抗を内蔵させ、表示が安定するように配慮してあります。

カソード防食（14-4節参照）における防食電位は、ネルンストの式に大地中の鉄イオン濃度（10^{-3}M）と、鉄金属の標準電極電位（-440mV）を代入して、飽和硫酸銅電極基準で-850mVと求まります。

- 土の中の金属体について、電位の絶対値は測定できない
- 一般に、変化しない平衡電位が照合電極に利用されている
- 平衡電位は、金属電極が接する溶液の濃度に依存する

[1] パイプラインの電位の測定

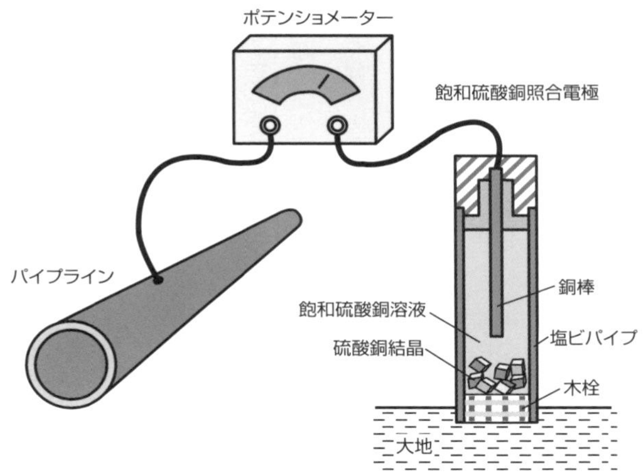

[2] 土の中のパイプラインの平衡電位 $_FE_0$

ネルンストの式：
$E_0 = E_0{}^0 + (RT/(nF) \times \ln a$

鉄金属の標準電極電位（水素電極基準）：
$_FE_0{}^0 = -0.44$ [V]

大地中の鉄イオン濃度：
$a_F = 10^{-3}$ [M]

$_FE_0 = -0.530$ [V]

[3] 防食電位の決定

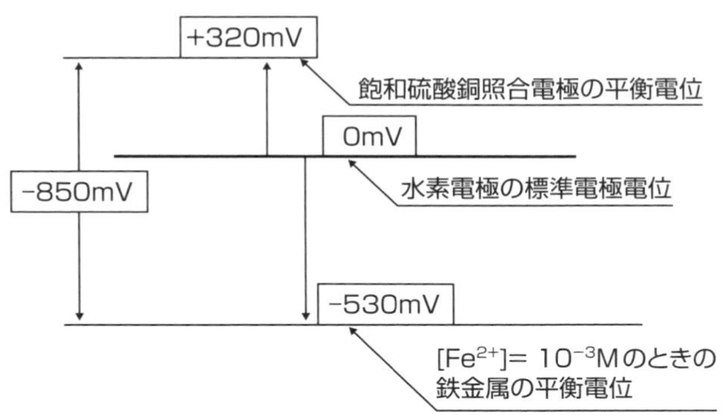

7 イオンと電場と静電ポテンシャル

イオンは、電場中では化学的エネルギーのほかに電気的エネルギーを持つ

イオンは電荷を持っているので、電場中では自由電子と同じように電気的エネルギーを保有します。

クーロン力が支配する電場

左頁【1】のように、二つの電荷Qとqの間には**クーロン力**Fが作用します。異符号であれば引力、同符号であれば斥力です。その大きさはクーロンの式で与えられます。ε（イプシロン）は空間の誘電率です。クーロン力の次元は力の次元、すなわち**ニュートン**（N）です。これは重力場に働く重力に対応します。

クーロン力を小さい方の電荷qで割ると、電場の強さEが得られます。これは、単位の電荷に作用する力です。重力でいえば、単位の質量に作用する重力の大きさ、すなわち重力の加速度gに対応します。

Eに距離rを掛けると、「単位の電荷を、電場の力に逆らってrだけ引き離したときになされる仕事」が得られます。あるいは、単位の電荷はこの仕事に等しい量の位置のエネルギーを取得することになります。これが、単位の電荷が電場中で保有している静電ポテンシャルφです。

φ=ErにEの式を代入すると、φ=Q/(4πεr)が得られます。すなわち、単位の電荷が持つ位置のエネルギーは、電場の源からの距離rに反比例して変化します。これは重力の場合と異なります。

前世紀に作られた電食防止対策の技術基準に、**左頁【2】**のような**地表面電位勾配**の測定法が示されています。この測定法は、それぞれの場所で地表の電位が変化することを想定しているように見えます。しかし、もともと土壌には化学ポテンシャルはあっても電位はありません。これはとりもなおさず「照合電極の銅金属の平衡電位が場所によって変化する」ことを示しています。

- イオンは、電場内で静電ポテンシャルを保有する
- 静電ポテンシャルは、電場内の場所によって変化する
- 電極の平衡電位は、電場内の場所によって変化する

[1] 静電ポテンシャルとは、単位の電荷が持つ位置のエネルギー

静電気力　　　　　　　　　　　　　　　　重力

クーロンの式：

$$F = \frac{Qq}{4\pi\varepsilon r^2}\ [\mathrm{N}]$$

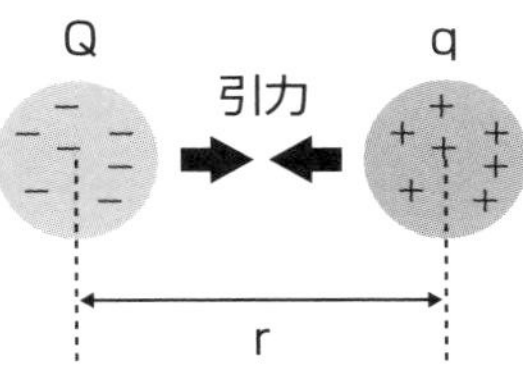

$$f = mg\ [\mathrm{N}]$$

電場の強さ：

$$E = \frac{Q}{4\pi\varepsilon r^2}\ [\mathrm{N/C}]$$

$$g\ [\mathrm{N/kg}]$$

静電ポテンシャル

$$\phi = Er \quad [\mathrm{N\ m/C,\ V}] \quad \cdots\cdots \quad W = gh\ [\mathrm{N\ m/kg}]$$

$$= \frac{Q}{4\pi\varepsilon r}$$

[2] 地表面電位勾配の測定要領図

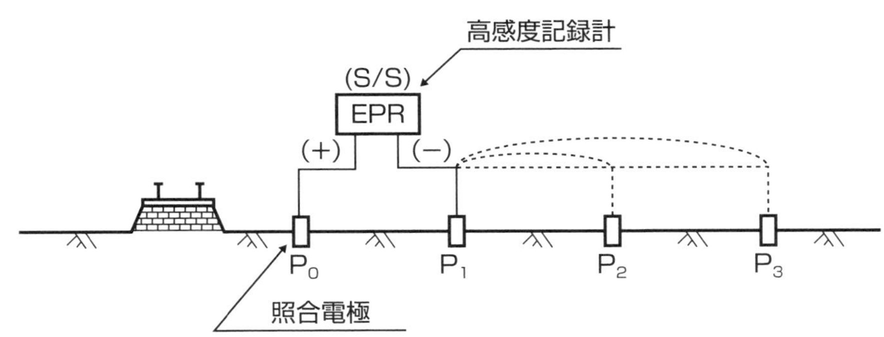

8 電食は電場が起こすマクロセル腐食

電場内のイオンは静電ポテンシャルを保有している

静電ポテンシャルは位置のエネルギーであるため、電場内では平衡電位が場所によって変化します。

平衡電位差がマクロセルを形成

前節のとおり、電場中のイオンは化学的エネルギー（化学ポテンシャル）のほかに、電場内の位置に依存するエネルギー（**静電ポテンシャルϕ**）を保有します。したがって、電場内における平衡電位は**左頁【1】の式（1）**で与えられます。この式の右辺の第3項が「イオンが保有する電気的エネルギー」です。

前節で述べたように静電ポテンシャルは**式（2）**で与えられるので電荷からの距離が大きくなると静電ポテンシャルが小さくなり、その結果、平衡電位が下がります。

左頁【2】で、電車のトロリー線とパンタグラフの接触点でスパークが起きると、単一符号の大きな電荷が発生し、周囲には電場が形成されます。すると、パイプラインの表面における鉄イオンの保有する静電ポテンシャルは、場所によって変化します（図では簡略化のためにその分布を二本の直線で表示）。

左頁【3】は、右で述べた静電ポテンシャルの分布がパイプラインにマクロセルを形成させ、その結果、腐食減肉を発生させることを、エバンスダイアグラムによって説明したものです。

ポイントは、「腐食反応の平衡電位は**式【1】**にしたがって場所により変化するが、パイプラインの電位は場所に依存せず一定」だということです。そのため、電場の中心に近い場所Aではカソード反応速度（**左頁【2】**の白矢印）がアノード反応速度（黒矢印）より高く、電場の中心から最も遠い場所Bでは逆にアノード反応速度がカソード反応速度よりも高くなり、この場所の管壁に減肉が発生します。

- 電場内のイオンは、静電ポテンシャルを保有する
- パイプラインの平衡電位は、場所によって変化する
- 平衡電位の格差によって、マクロセルが形成される

[1] 電場の影響を受ける電極の平衡電位

$$E_0 = E_0{}^0 + \frac{1}{nF} RT \ln a + cnF\phi \qquad (1)$$

n：イオンの価数、c：イオン濃度、F：ファラデー定数
ϕ：静電ポテンシャル

$$\phi = \frac{Q}{4\pi\varepsilon r} \qquad (2)$$

Q：電場を形成する電荷、r：Qの位置からの距離

[2] 電場によるマクロセル腐食の発生機構

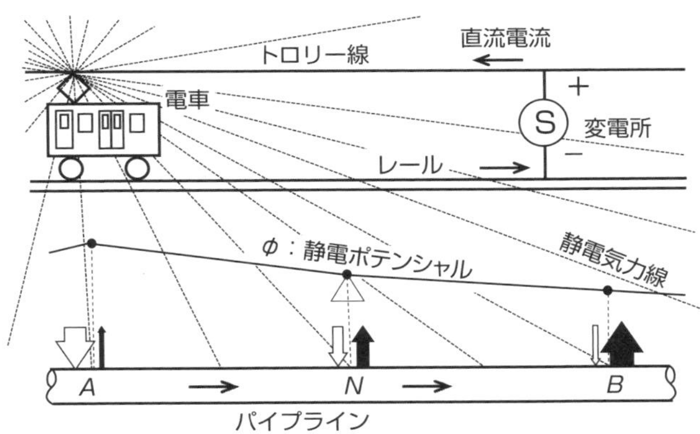

[3] 電場によるマクロセル腐食の機構説明

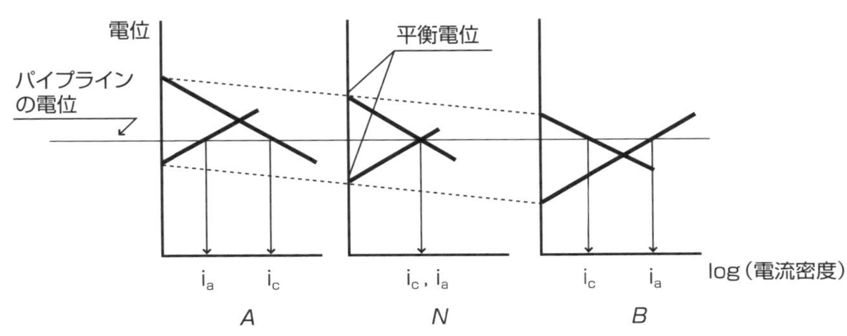

i_a：アノード電流　　i_c：カソード電流

Column

電気伝導体と絶縁体

電気化学では「電食」が、次のように説明されている。『直流電流が、電車のパンタグラフや直流モーター、車輪などを経て変電所へ帰る途中で、電気鉄道のレールから大地へ漏れて（漏れ電流）、それがレールと平行して埋設されたパイプラインへ侵入する。その後パイプラインの管壁中を流れ、変電所に近い場所で再び地中へ漏れ出し、レールを経て変電所へ戻る。直流が大地へ漏れ出す場所でパイプラインに大きな腐食減肉が発生する』。

上記の説明で最も理解しにくい点は、直流の「漏れ電流」が絶縁体である大地中を流れると説明されていることだ。確かに大地は鉱物と湿分から成り、湿分はイオンを含む水（電解質溶液）である。この説明ではイオンの移動で電荷が運ばれて大地中を電流が流れると考えているのかも知れない。

これに対して電磁気学の立場からの見解は次の通りである。まず、電流は何が移動するのかによって直流と交流に分類される。直流は電荷の移動であり、自由電子（移動できる電荷）が存在しない物質中では直流は流れない。交流は電気エネルギ（電荷の振動）の移動であるので、自由電子がなくても振動できる電荷があれば交流は流れる。

物質の側から見ると、物質は直流を通すか通さないかによって電気伝導体と絶縁体（不導体）に分けられる。金属は、自由に動くことができる電荷すなわち自由電子を持っていて直流を通すので電気伝導体である。対して鉱物は勿論のこと水も電解質溶液も絶縁体である。なぜなら、水も、電解質溶液に含まれるイオンも、自由電子を持っていないので直流を通さないからである。

要するに、絶縁体である純水や電解質溶液の中を直流が流れることはない。一方、交流は電荷の振動であるので電荷を持つ電解質溶液の中を流れる。

電気化学において、直流が電解質溶液中を流れ得るという誤解が発生した原因は『電解質溶液の電気伝導率』というフレーズにあると推測される。本当に電流が流れないのであれば電気伝導率は存在しない筈である。この間違ったフレーズの出所は、電解質溶液の電気伝導率なるものが、電導度セルに交流を流して得られた測定値を、実効値を用いて直流のそれに換算するか、標準液（例えば純水）のそれを基準にした相対値として与えられているという事実にある。そして、逆に、電解質溶液の電気伝導率が交流を用いて決定されているというこの事実こそ、直流は電解質溶液中を流れないことの強固な証拠である。

第15章

酸化・高温腐食

本章では、高温でのステンレス鋼の酸化および高温腐食現象を紹介します。高温水蒸気による酸化現象では、結晶粒が「小さいもの」が、「大きいきもの」よりも耐酸化性が優れます。

塩素ガスによる腐食では、塩素ガスが「ドライ」か「ウエット」であるかで、大きな差異が生じます。また、火力発電用ボイラーに使うステンレス製スーパーヒータは、燃焼灰溶融塩中で多大の腐食が発生します。

1 酸化スケールもさびの一種

スケールと呼ばれる腐食生成物の厚さや組成で、金属の酸化速度が決まる

金属の高温酸化速度は、スケール中の酸素の拡散速度に左右されます。

乾食（酸化）と湿食に共通点あり

金属は、高温にも耐えられることがプラスチックなどと比べて大きな強みです。高温に対する物理的性質の強度、化学的性質の**耐酸化性**に優れます。そのため、各種のボイラー、燃焼装置などの構成材料として広く使用されています。

金属を高温に曝すと、金属と酸素との反応で酸化物が生成します。酸化物は**スケール**といわれ、湿食のさびに対応して、乾食のさびといえます。**左頁**【1】は、鉄および鉄-クロム合金のスケール構造です。鉄のスケールは、上層からFe_2O_3/Fe_3O_4/FeOとなります。鉄-高クロム合金ではCr_2O_3が主流となります。クロム含有量が増えるにしたがってスケールの厚さは薄くなり、耐酸化性が向上します。

このような、スケールの構造と耐酸化性の関係は、湿食における鉄の「さびと腐食」、ステンレス鋼の「不動態皮膜と高耐食性」の関係に似ています。

酸化速度が1年間で0.1mmとなる温度を耐酸化限界温度と定義すると、鉄では480℃、合金鋼では最高670℃、ステンレス鋼では最高1150℃となります。興味を引くのは、鉄、クロム、ニッケル、銅などの金属単体の耐酸化性よりも、鉄-クロム、鉄-クロム-ニッケル、銅-亜鉛合金の耐酸化性が高いことです。これは、耐酸化性が、スケールの構造に関わり、空気中の酸素の拡散を阻害する性質を意味すると同時に、スケールの下地金属との密着性、耐割れ性の影響も受けるからです。**左頁**【3】に示すように、スケールに割れが生じると、酸化速度はその時点で大きくなります。

- 乾食におけるスケールは、湿食のさびに対応する
- 鉄のスケールはFe_2O_3/Fe_3O_4/FeOとなる
- 合金の良好な耐酸化性はCr_2O_3に依存する

[1] 鉄と、鉄-クロム合金のスケール構造

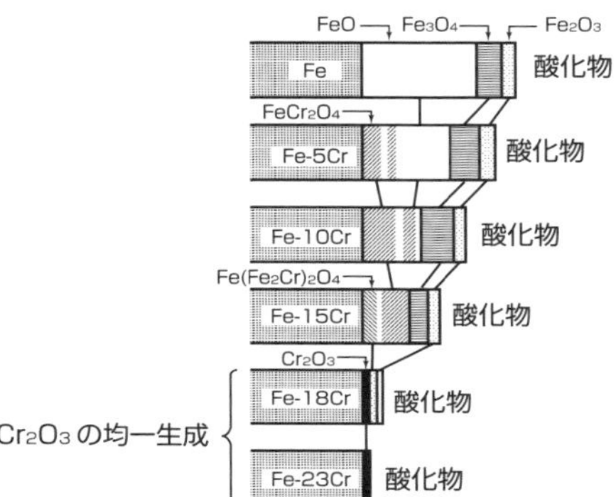

- 鉄のスケールは、スケールの上層から、
  Fe_2O_3、Fe_3O_4、FeO
  となる。
- クロム含有量が増えるにしたがい、スケールの厚さは薄くなり、耐酸化性は向上する。

[2] 各種実用鋼の酸化限界温度

鋼種	主成分	酸化限界温度(℃)
炭素鋼(SS400)	FeO、1C	480
STBA20	1Cr-0.5Mo	—
STBA24	2.25Cr-1Mo	—
STBA25	5Cr-0.5Mo	620
STBA26	9Cr-1Mo	670
410	11Cr	760
430	17Cr	840
442	21Cr	950
446	25Cr	1030

鋼種	主成分	酸化限界温度(℃)
304,321,347	18Cr-8Ni	900
316	18Cr-10Ni-2Mo	900
309	24Cr-12Ni	1090
310	25Cr-20Ni	1150
ハステロイX	Ni基合金	1200
ハステロイC	Ni基合金	1150
Cr		900
Ni		780
Cu		450
黄銅	70Cu-30Zn	700

出所：Fontana&Green

[3] 高温酸化挙動

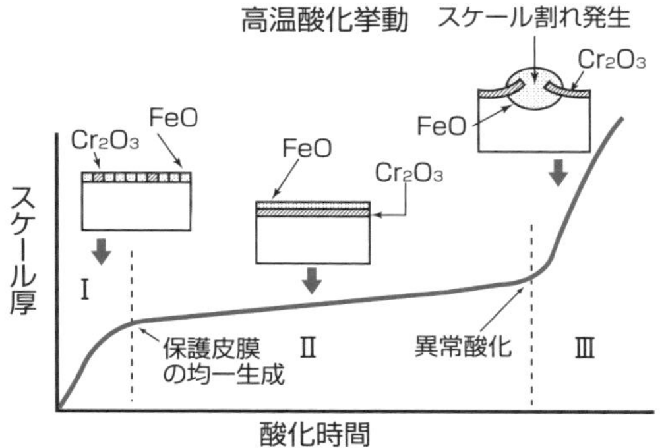

スケールに割れが生じると酸化速度が大きくなる。

2 小粒度のステンレスは酸化に強い

ステンレス鋼は高温・高圧水蒸気中で酸化する

ステンレス鋼の耐酸化性は、クロム量が大きいほど優れ、さらに結晶粒度が小さいほど優れます。

粒度は酸化スケールの構造に影響

火力発電所の過熱器や主蒸気管（**左頁**【1】）にはオーステナイト系ステンレス鋼が使用され、500～600℃に曝されます。主蒸気管の外面は燃焼灰による**高温腐食**、内面は水蒸気による**酸化**を受けます。内面に生成した酸化スケールがボイラーの起動停止の繰返しにより剥離し、管中に堆積すると、蒸気の流れを妨害し、噴破に至る危険性が生じます。

ステンレス鋼の**耐水蒸気酸化性**は、粒度が小さいほど優れます。**左頁**【2】左は304H（18Cr-8Ni）、321H（18Cr-10Ni-0.5Ti）および347H（18Cr-10Ni-0.8Nb）の水蒸気酸化程度です。結晶粒度が小さいほど酸化に強いことを表しています。結晶粒の大きさは粒度No.で表され、そのNo.が大きいほど結晶粒が細かくなっています。参考までに、粒度No.5と8の結晶粒の大きさを**左頁**【2】右に示します。

ステンレス鋼の表面で起こる酸化現象に、なぜ金属内面の結晶粒度が影響するのでしょうか。不思議な感じがします。その理由を**左頁**【3】に示します。ステンレス鋼の高温における酸化スケールは、二層構造から成り立ちます。外層はボイド（泡状の空所）を有するFe_3O_4、内層は$(Fe,Cr)_3O_4$およびCr_2O_3からできています。内層のCr_2O_3が耐酸化性のキャスティングボートを握っており、結晶粒の細かい細粒鋼では、ステンレス鋼内面のさらなる酸化を防ぐためにCr_2O_3がびっしりとステンレス鋼全面を覆っています。それに対して粗粒鋼では、Cr_2O_3は粒界にしか生成できないので、ステンレス鋼内面の酸化を防ぐことができません。

- ステンレス鋼は、粒度が小さいほど耐水蒸気酸化性に優れる
- 細粒鋼では、酸化スケールの内層にCr_2O_3層が行き渡る
- 細粒ステンレス鋼は、ボイラーの噴破事故を予防する

[1] ボイラーの概略図

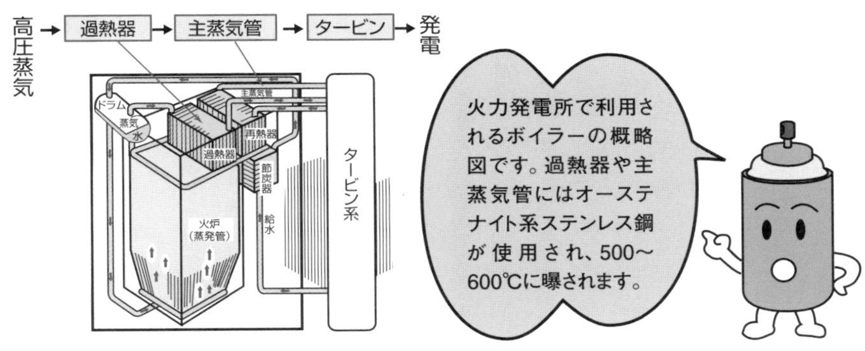

[2] 水蒸気酸化特性

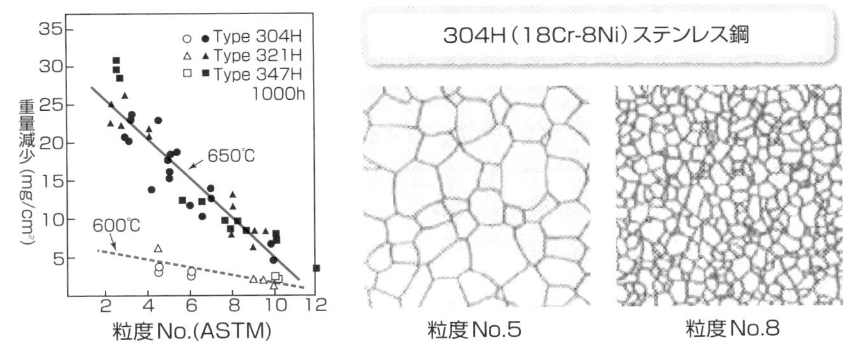

[3] 水蒸気酸化スケールの構造と結晶粒度との関係

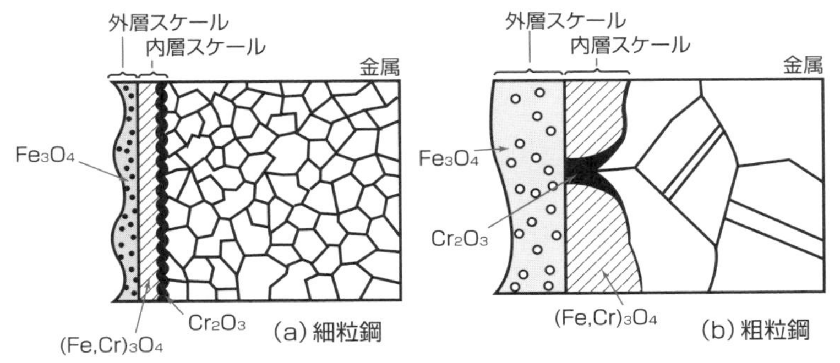

出所：伊勢田敦朗「高温高圧用パイプとチューブ」,『配管技術』通号 644(日本工業出版)

3 塩素ガスによる腐食

有機塩素化合物を燃焼すると、有害な塩素ガスが発生して鉄鋼を腐食

高温塩素ガス雰囲気下の鉄鋼に生じる塩化鉄の高昇華性に影響され、鉄は著しい高温腐食を呈します。

塩素ガスの腐食性は特に大きい

有機塩素化合物を焼却炉で燃焼したり、食塩水を電気分解したりすると、アノード極から**塩素ガス**が発生します。塩素ガスは毒ガスであり、人体には非常に有害な物質です。

塩素ガスは高温で金属を腐食しますが、他のガスに比べて特に腐食性が大きいのです。例えば**左頁**【1】に示すように、450℃での各種ガスの酸化反応による腐食増量は、わずか300ppmの塩素ガス含有の雰囲気（単一または混合気体のこと）において最大です。図中、「含まず」とあるのは、通常の大気環境を意味します。塩素ガスを含む高温雰囲気中での腐食生成物が塩化鉄なのに対し、炭酸ガス、亜硫酸ガス、水蒸気の雰囲気での腐食生成物は酸化物です。この違いが、腐食速度の違いに反映されています。

塩素ガス100%のドライな雰囲気および水分を0.4%含むウェットな塩素ガス雰囲気での、304ステンレス鋼の腐食速度と温度との関係を**左頁**【2】に示します。ウェットな塩素ガス雰囲気での腐食は、塩酸（HCl）や次亜塩素酸（HClO）による湿式腐食です。700°F（370℃）までは、ドライよりウェットの方が腐食速度が大きいようです。

なお、腐食速度の単位は（インチ／月）になっています。例えば、腐食速度0.10インチ／月は年間30.5㎜という大きな腐食速度です。370℃以上になるとドライな塩素ガス雰囲気の方が腐食速度が大きくなるのは、腐食生成物（さび）が塩化第二鉄（$FeCl_3$）であり、この物質の昇華性が高いために、腐食保護性がないからです。

- 各種ガス中の塩素ガスが、鉄鋼のドライ腐食を増大させる
- 塩素ガス中で鉄鋼に生成する腐食生成物は塩化鉄
- 塩素ガス中で鉄鋼に生じる塩化鉄は、腐食保護性に乏しい

[1] 304ステンレス鋼の高温酸化に及ぼす混合ガスの影響（450℃）

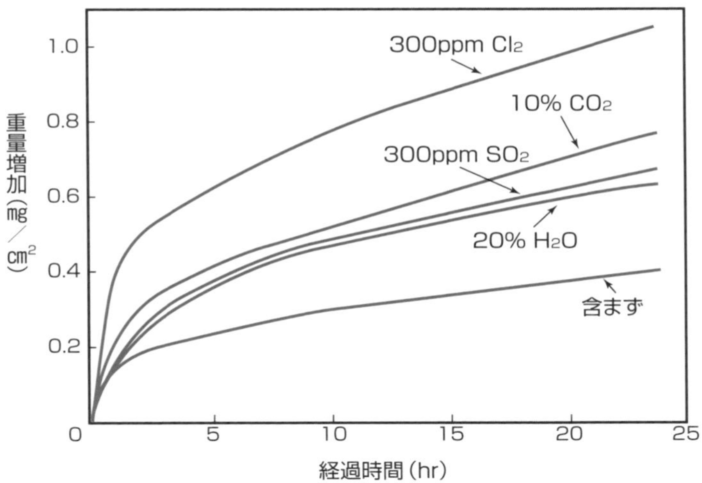

出所：日本材料学会腐食部門委員会 資料（1973）

[2] ドライ／ウェットな塩素ガスによる304ステンレス鋼の腐食

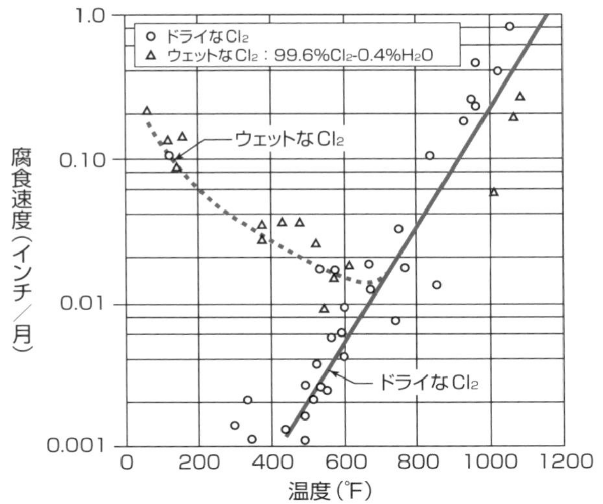

出所：M. E. Brownら：Ind. Eng. Chem. 39巻（1947），P.839

4 溶融塩による高温腐食

高温腐食は、溶融した燃焼灰中の酸化反応

重油・石炭ボイラーなどでは、高温部で付着した燃焼灰の溶融が、大きな腐食を鉄系材料にもたらします。

燃焼灰の溶融温度は？

高温酸化では、酸化スケールによって基板金属が保護されるため、材料の酸化限界温度以下では腐食速度は0.1mm/y以下です。しかし、重油燃焼ボイラー、石炭焚き（だ）ボイラー、ごみ焼却炉では、金属表面に燃焼灰が堆積し、溶融化するとき、燃焼灰による腐食が進みます。溶融液による液体腐食なので腐食速度は大きいです。**左頁**【1】は燃焼灰付着下の腐食の特徴です。溶融液中に酸素または塩素などの酸化性物質が存在し、鉄系材料を著しく腐食します。

バナジウムが多く含まれる重油燃焼ボイラーの燃焼灰は、バナジウム化合物で融点500～700℃の物質が多いです。硫黄の多い石炭ボイラーの燃焼灰では硫酸塩またはアルカリ・鉄硫酸塩、ごみ焼却炉ではごみ焼却炉特有の燃焼灰が付着します。

溶融燃焼灰中の腐食では、燃焼灰が腐食性液体であり、その中に溶け込んだ酸素がカソード還元されて腐食が進行します。溶融塩によって金属表面が覆われて、防食性の酸化物皮膜が生成しにくい環境にあります。**左頁**【2】は**バナジウム侵食**の機構です。溶融状のバナジウム化合物によって絶えず酸素が金属表面に運び込まれ、腐食電池のカソードで酸素還元、アノードで鉄系材料の溶解が進みます。このような腐食環境に対しては、Cr系の材料の耐食性が一般に優れます。

左頁【3】は、ごみ焼却炉に使用される炭素鋼の腐食の温度依存性を示したものです。金属面の温度が約150℃以下では硫酸・塩酸などの酸露点腐食、320℃以上では溶融塩腐食が問題となります。

- ボイラー、ごみ焼却炉の高温部で、溶融塩腐食が生じる
- 鉄系材料の溶融塩腐食は、酸化と比べて著しく大きい
- 溶融塩腐食に対しては、Cr系材料の耐食性が一般に優れる

[1] 燃焼灰付着下の腐食の特徴

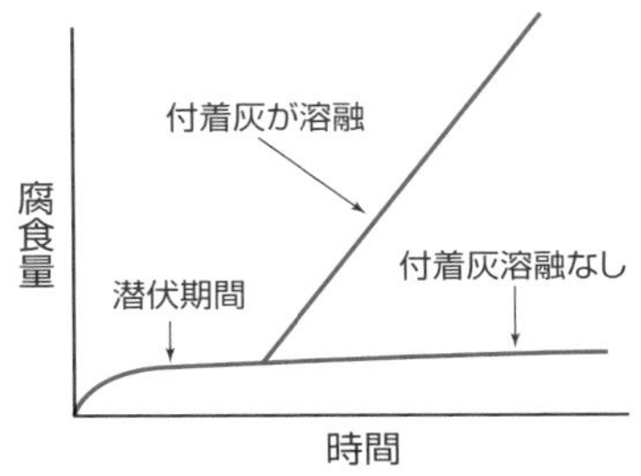

溶融液中に酸素または塩素などの酸化性物質が存在し、鉄系材料を著しく腐食する。

[2] バナジウム侵食の機構

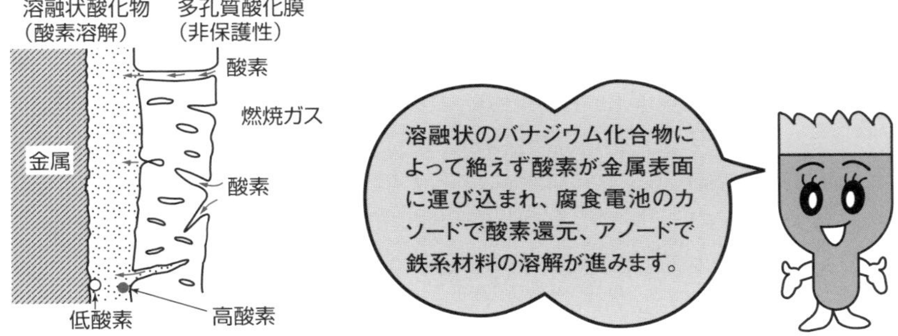

出所:福田裕治ら, 第32回腐食防食討論会予稿集(1985), P246

[3] ごみ焼却炉に使用される炭素鋼の腐食の温度依存性

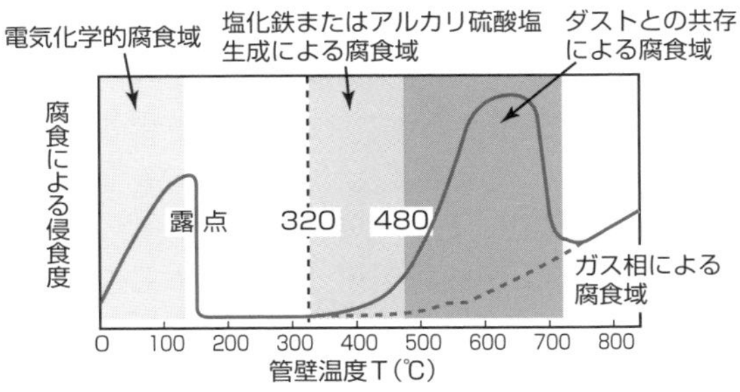

出所:V.K.Fassler et al, Mitteilungen er VGB, 第48巻(1968), P126

Column

エネルギー問題と腐食

化石燃料を燃やしてエネルギーを得、それを活用することで、人類は発展してきました。特に、蒸気機関車を発明し、産業革命をなしとげ、それを契機として人口は増加し、二酸化炭素の発生を促しました。化石燃料は石炭から、さらに石油や天然ガスに及び、文化の発達が進む一方、化石燃料の枯渇化、二酸化炭素による地球の温暖化、地球上の先進国と発展途上国の間の南北格差などが、現代的重要課題として挙がっています。

化石燃料を燃やして水を加熱し、蒸気や温水を得る装置はボイラーであり、産業用ボイラーおよび発電用の事業用ボイラーの稼働は、高温の蒸気、水、ガスに耐えられる金属材料の登場によって初めて可能になりました。ボイラー開発の初期の頃には、世界の各地で鋼製のボイラー管がアルカリ脆化して爆発し、大惨事を経験しました。現代になっても、発展途上国において、事業用ボイラーに関わる腐食関連の爆発事故は起こっています。ボイラーの高度化、すなわち超臨界圧ボイラーの開発は、高温での強度、クリープ強度、耐高温酸化に優れるステンレス鋼の高度化で可能になりました。しかし、高度化の代償として、二酸化炭素発生の抑制には至っていません。

原子力発電設備としての原子炉（軽水炉）の価値が最近見直されています。二酸化炭素を発生しない沸騰水型軽水炉および加圧水型軽水炉は、いずれも高温高圧環境で運転されます。軽水炉においても、初期から60年間にわたる運転過程において、腐食の問題を経験してきました。原子力設備においては、「腐食損傷による放射能漏れは絶対に許されない」というコンセプトのもとで、電力会社、原子力設備メーカー、材料メーカーの協力により、安全な軽水炉の建設と安全運転の実績を積み重ねるよう日々努力を重ねています。

人類の存続のためには、今後ともエネルギーの安定確保が必要です。しかし、地球環境問題から二酸化炭素の大幅な放出削減を強いられ、今後は原子力発電設備、太陽光・太陽熱・風力発電などのグリーンエネルギーの大幅な能力アップ、コスト低減、安全性の維持・向上に力が注がれます。いずれの発電設備においても、経済的で腐食に強い材料は今後とも求められます。

第16章

防食法の基本

本章は、各種の防食方法を説明します。防食方法には、塗装やメッキ、耐食材料、腐食抑制剤、電気防食があります。

ステンレス鋼は、不動態皮膜が環境遮断するため塗装は不要ですが、美観を得るために塗装することもあります。しかし、海水にさらされる場合は、塗装でステンレス鋼を保護できません。なぜなら、塗装を通じて海水が入り込み塗膜下のステンレス鋼にすき間腐食が発生することがあります。このようなときは、耐海水性に優れた二相ステンレス鋼の無塗装で使うことをおすすめします。

1 防食方法は一つとは限らない

経済性、環境との融和、景観性、安全性の観点から最適な方法を選択

防食方法の基本は「鉄を環境遮断」することです。対象物の特徴と重要性を考慮して手段を考えます。

耐環境性は現代の重要事項

防食は、広い意味で**耐環境性**と捉えられます。鉄を**環境遮断**して耐食性を確保しますが、同時にその方法が環境に優しく、また地球資源の枯渇化防止に役立つことが望まれます。**左頁【1】**は各種の防食方法です。「防食費用＝初期コスト＋メンテナンスコスト＋取り替えコスト」の最小化が望まれます。国のGDPの約3％が防食費用と考えられています。

耐食材料は、ステンレス鋼、銅、アルミニウム、ニッケル、チタンなどを対象とし、その金属の表面にできる不動態皮膜によって耐食性が発揮されます。最初の初期費用でコストが決まり、メンテナンスも容易ですが、適材適所とする配慮が必要です。

塗装は建物・構造物の景観性と防食性の両面から施工されます。長期的にはメンテナンスコストが重要です。**左頁【2】**に各種金属の防食皮膜を示します。

めっきは、鉄の表面に施される亜鉛／すず／ニッケル／銅めっきを指します。産業用機器や構造物の防食には、亜鉛めっきがよく使われます。その他のめっきは装飾用などに使用されます。

腐食環境に**防食剤**を投入する方法もあります。鉄、銅、アルミニウムなどを使用する熱交換器の冷却水による腐食防止に使用されています。近年は、耐環境性を考慮した防食剤の使用が義務付けられています。

鉄は、裸のままでは必然的に腐食します。鉄を「腐食しない電位」に維持する方法が**電気防食法**で、流電陽極方式と外部電源方式とがあります。腐食環境の脱酸素やpH制御での防食も有効です。

- 塗装は、景観性と防食性の両面を重視
- 不動態皮膜でさびにくいステンレス鋼
- 電気防食は、鉄を「腐食しない電位」に保つ

[1] 金属の腐食を防ぐ方法

方法	内容
合金（耐食材料）	金属表面にできる不動態皮膜により耐食性を発揮。
塗装	構造物の景観性と防食性の両面から施工。
めっき	金属表面に施す亜鉛／すず／ニッケル／銅めっき。
防食剤	金属の腐食を著しく減少させるような無機または有機薬品。
電気防食	鉄鋼材料を「腐食しない電位」に維持する。
環境制御	汎用の材料を適材適所で使いこなす。

[2] 各種金属の防食皮膜

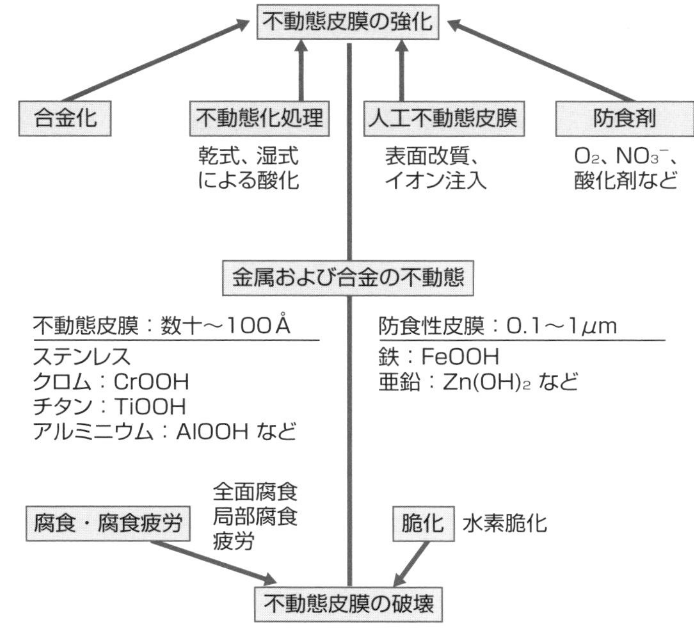

2 塗装による防食 ― その得手、不得手

鋼構造物の防食と美観のために大きな役割を担う

塗膜を通して侵入する水分・酸素が、鋼材の点さびや全面腐食さび、塗膜の膨れを生じさせます。

塗膜のメンテナンスが大切

鉄などの金属の腐食対策（予防、除去など）に、我が国ではGDPの約3％が費やされています。その多くを占めるのは**塗装**の費用です。塗装した鋼構造物をいつまでも美しく保ちたいものですが、防食対策として塗装した鋼にも腐食の問題はつきまといます。

塗料は、油脂・樹脂、顔料、溶剤の混合物です。塗膜処理では、鋼材表面の酸洗い、ブラスト、ケレンなどの除錆処理、次いで化成処理を行ったのち、プライマー（下塗り）、上塗りの順に塗り、乾燥させます。

塗膜は美しいうえに、**水**などの**腐食性物質**を遮断しているように見えます。しかし実際には、わずかではあるものの、大気や水溶液の環境側から水や**酸素**が侵入し、鋼材表面に達します。

したがって、短期的には美観・防食面において問題がないとしても、長期的には**点さび**や**塗膜の膨れ**が生じます。**左頁【1】**は塗膜の**糸状腐食**を示すものです。点さびを起点として糸状の膨れが走っています。糸状腐食の機構を**左頁【2】**に示します。塗膜欠陥部がアノードとなり、鉄イオンFe^{2+}が溶出します。その近傍のカソード側では、酸素の還元反応が起こります。ここにFe^{2+}も侵入してきて、さびを生成します。その結果、ここに膨れが生じます。

下地鋼材のこの種の腐食を防ぐには、水の浸入を極力遮断することが大切です。例えば、顔料として使用される鱗片（フレーク）状のタルク、マイカ、ガラスフレーク、M I O（Micaceous Iron Oxide）などを、鋼材面に平行になるよう塗布し、水分の透過を抑制する方法があります（**左頁【3】**）。

- 塗膜は一般に微量の水分や酸素を通す
- 塗装鋼材は、長期的には下地鋼材の腐食などが生じやすい
- 塗膜のメンテナンスが大切

[1] 塗装された机の鋼板に発生した糸状腐食

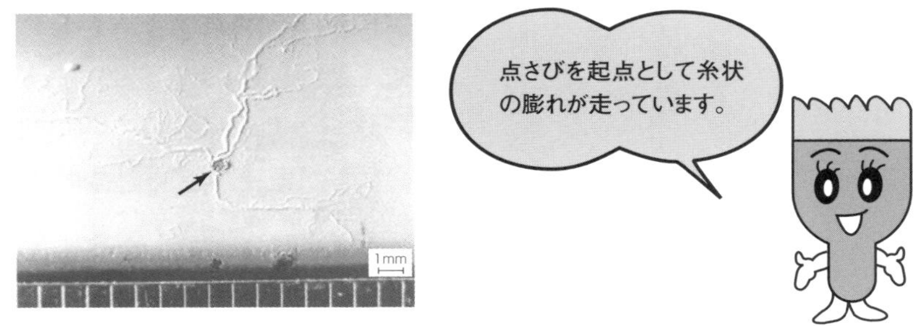

出所：日本材料学会腐食防食部門委員会『事例で学ぶ腐食損傷と解析技術』（さんえい出版，2004）

[2] 糸状腐食の発生メカニズム

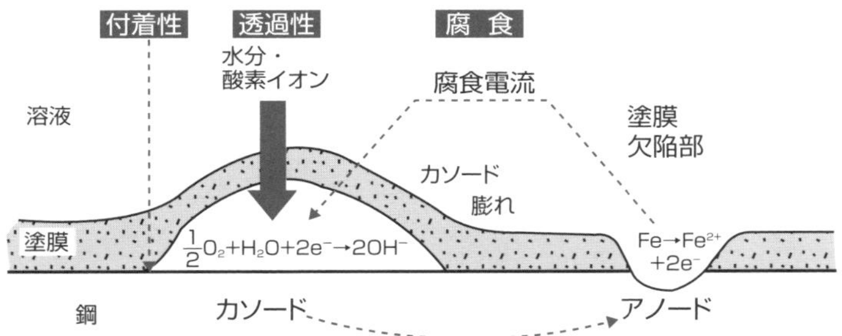

[3] フレーク顔料の効果

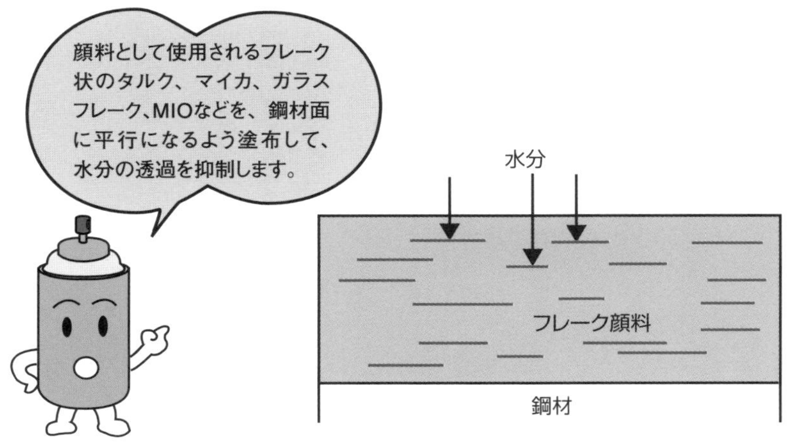

3 ステンレス鋼への塗装の利点と弱点は？

ステンレス鋼は、海塩粒子によって孔食・すき間腐食を起こすのが弱点

孔食・すき間腐食・応力腐食割れ対策として行うステンレス鋼への塗装は、有害な場合もあります。

屋根など大気腐食の環境では有効

ステンレス鋼への塗装は、カラフルな美観を出したり、鋼の耐環境性を高めたりするのが目的です。

空港ビルの屋根や体育館の屋根などに使用されている**高クロムステンレス鋼**では、美しい色を出すため透明樹脂の中に着色剤を入れ、建材として見栄えのする景観を提供しています（**左頁【1】**）。この場合、塗装はステンレス鋼の大気腐食対策もさることながら、美観を出すために用いられます。

一方、海水で洗われるような腐食性の厳しいところにステンレス鋼を使用し、防食のために塗装をするのは避けるべきです。塗膜を通して海水がステンレス鋼表面に達し、塗膜の下が**すき間腐食**を呈しやすくなり、塗装した方が腐食の程度はひどくなります。**左頁【2】**は、塗装した３０４ステンレス鋼を、海水で濡れる側溝に使用して腐食した事例です。腐食が激しいところの写真で、塗膜下のすき間腐食です。

塗装は、ステンレス鋼の屋根には有効ですが、海水や濃厚塩化物溶液が流れる環境ではかえってすき間腐食を加速させて有害です。それはなぜでしょうか？　理由として次のことが考えられます。屋根の場合は大気腐食の環境であり、ステンレス鋼の表面は湿潤・乾燥の繰返し条件下になります。また、塗膜も防食対策ではなく景観対策が主なので、極めて薄い皮膜が施されています。つまり、塗装皮膜とステンレス鋼基板との密着性が良く、塗膜とステンレス鋼の間ですき間腐食を生じさせる条件が整っていないのです。海水腐食の厳しいところでは、耐海水性のステンレス鋼の裸使用が望ましいといえます。

- 屋根用ステンレス鋼への塗装の目的は、美観と耐環境性
- 海水環境では、塗膜によりステンレス鋼の腐食が加速
- 耐海水性ステンレス鋼の裸使用が望ましい

[1] ステンレス鋼への塗装は美観を提供する

ステンレス鋼が使われた関西国際空港ターミナルビルの屋根。

ステンレス鋼の屋根が美しさを醸し出す東京体育館。

[2] ステンレス鋼への塗装が逆効果になることも

塗装した304ステンレス鋼を、海水で濡れる側溝に使用して腐食した事例。塗膜下腐食が生じている。

ステンレス鋼への塗装は、屋根には有効ですが…。海水や濃厚塩化物溶液が流れる環境では、かえってすき間腐食を加速させるので有害です。

4 めっきによる防食

基板とめっき材との電位差によって防食機構が異なる

防食用に一般的な亜鉛／すずめっきでは、強度面を基板の鉄に、防食面を亜鉛やすずに担わせます。

耐候性が高い亜鉛

鉄の上に金属めっきをしたときの防食機構を**左頁**【1】に示します。鉄より卑な金属をめっきすると、鉄が露出しても電気防食されます。一方、めっきが貴な金属の場合は、鉄がアノードとなり、腐食が加速されます。

すずめっきでは、鉄基板にすずを**コーティング**します。でき上がった表面処理鋼は**ブリキ**といわれ、食缶の材料などとして使用されます。鉄は、すず皮膜の耐食性によって保護されます。すずめっき皮膜に**ピンホール**が存在すると、鉄が顔を出し、鉄とすずの間に電池が形成されて、鉄は単独の場合よりも腐食が加速されます。**異種金属接触腐食**といわれます。

亜鉛めっきについては**左頁**【2】に、鋼板の種類と、亜鉛めっきの層の構造を示しました。亜鉛めっき鋼板は**トタン**とも呼ばれ、耐食性は亜鉛皮膜の厚さに左右されます。厚膜の亜鉛めっきが要求される場合は、溶融亜鉛めっき鋼板を用います。

亜鉛は、耐候性が鉄よりも大幅に優れます。**左頁**【3】は、大気環境下での溶融亜鉛めっき鋼板の耐食性です。亜鉛めっきの付着量が100g/m^{2}だと、田園地帯ではめっき層が10年間保持され、亜鉛の平均腐食速度は0.0014mm/yとなります。鉄の7倍の耐食性を有し、耐食性は白さびの$Fe(OH)_2$の保護性で発揮されます。鉄塔、鉄橋、街路灯などの鋼構造物に使用されます。亜鉛めっきのメリットとして、鉄に対して亜鉛が犠牲陽極となり鉄を防食できます。

このように、めっき構造物は一種の複合材料で、強度と耐環境性を兼備します。

- **ブリキは、すずの高耐食性が特徴**
- **トタンは、亜鉛の耐食性と犠牲陽極性が特徴**
- **めっき鋼板は、一種の複合材料と考えられる**

[1] 鉄の上に金属めっきをしたときの防食機構

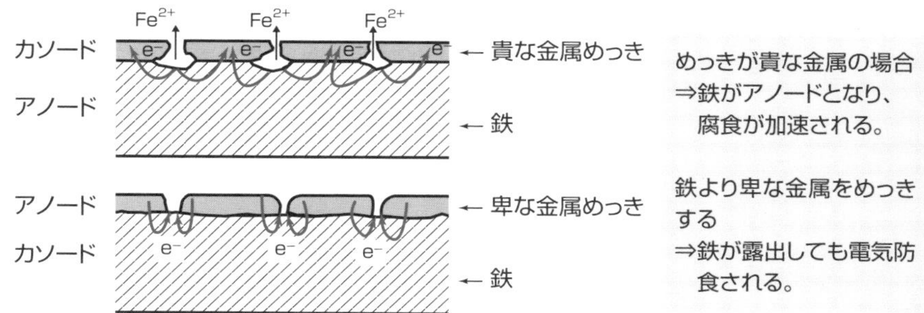

[2] 亜鉛めっき鋼板の種類と、亜鉛めっきの層の構造

鋼種	電気亜鉛めっき鋼板	溶融亜鉛めっき鋼板	
めっき方法	電気めっき	溶融めっき	
用途	〈塗装、クロメート処理対象〉 ・自動車部品、家電機器部品	〈薄鋼板対象〉 ・自動車部品、家電機器部品 ・屋根、壁などの建築部材	〈加工品対象〉 ・橋梁などの大型構造物 ・デッキプレートなどの土木用ほか
被覆層構造	純Zn層 (下地鋼)	純Zn層(0.2%Al) Al-Fe-Zn合金層 (下地鋼)	純Zn層 $FeZn_3$ $FeZn_7$ Fe_5Zn_{21} (下地鋼)

[3] 大気環境下での溶融亜鉛めっき鋼板の耐食性

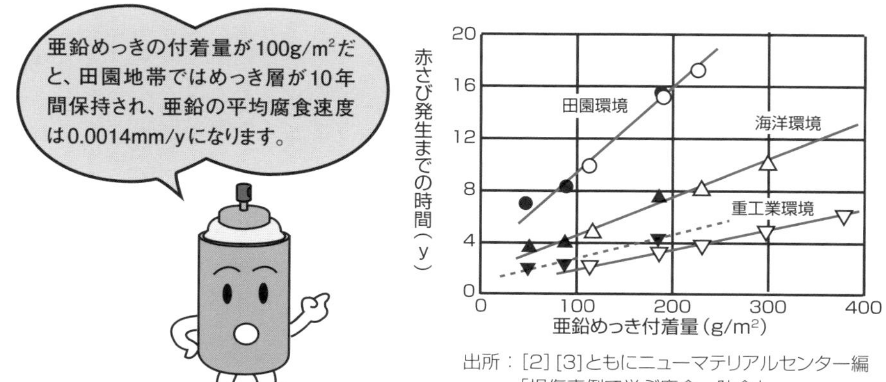

出所：[2] [3]ともにニューマテリアルセンター編「損傷事例で学ぶ腐食・防食」

異種金属接触腐食：異種金属が直接接続されて、両者間に電池が構成されたときに生じる腐食。ガルバニック腐食ともいう。

5 環境から腐食性物質を除く

腐食性の環境にハロゲン化物イオンか溶存酸素が含まれると、腐食性は増す

ここでいう水溶液中のハロゲン化物イオンとは、F^-、Cl^-、Br^-、I^-などです。

腐食性物質とは？

ハロゲン化物イオンや**溶存酸素**により腐食性が増すのは、溶液の**電気伝導度**やカソード反応速度が上がること、および**不動態皮膜**が破壊されることが原因です。100ppm前後の塩化物イオンを含む中性溶液（例えば工業用水）では、**軟鋼**の腐食速度は溶存酸素量とともに増大します。これは、軟鋼表面の腐食局部電池のカソード反応が、酸素の還元反応で**律速**されるからです。**左頁【1】**は、軟鋼の腐食速度と溶存酸素濃度の関係です。この図によると、溶存酸素濃度12ppm以下では、「溶存酸素を減少させれば、腐食は抑制される」ことになります。

一方、**ステンレス鋼**では、塩化物イオンが数ppm程度の水溶液中では安定した不動態にあり、溶存酸素の濃度がいかほどであっても腐食しません。この点は軟鋼との違いですが、塩素化物イオン数10ppm以上の水溶液中では局部腐食（ハロゲン化物イオンにより不動態皮膜が一部破壊されて孔食、すき間腐食、応力腐食割れが生じる）の可能性が出ます。ステンレス鋼が自然にとり得る**自然電位**は、溶存酸素濃度または流速が上がるにしたがって高くなります。一方、孔食、すき間腐食、応力腐食割れが発生する電位は、ステンレス鋼の種類、ハロゲン化物イオン濃度、温度により決まり、酸素の影響はほとんど受けません。溶存酸素が多いと自然電位が上がり、局部腐食を発生してやすくします。以上から、軟鋼とステンレス鋼に対してハロゲン化物イオンは有害であり、溶存酸素を極力少なくすることが腐食防止に有効です。

- **ハロゲン化物イオンや溶存酸素により、腐食性は増す**
- **ハロゲン化物イオンは不動態皮膜を破壊する**
- **ハロゲン化物イオン含有溶液の溶存酸素除去で、腐食防止が可能**

[1] 流水中の軟鋼の腐食速度と溶存酸素濃度との関係（25℃）

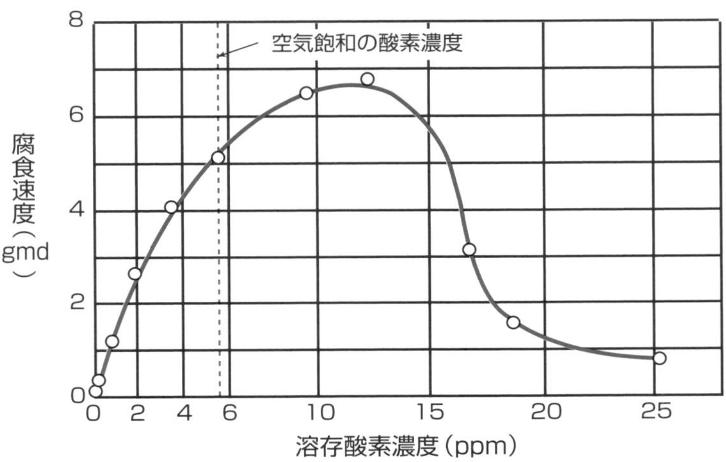

出所：H. H. Uhlig等, Corrosion and corrosion control

[2] 304ステンレス鋼の腐食形態とCl^-イオン濃度と温度の関係

※ NaCl 溶液中

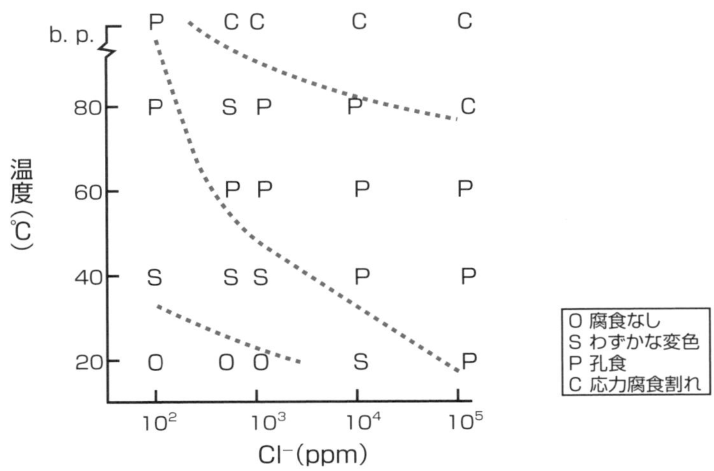

出所：J. M. Truman, Corr. Sci., 17巻（1951）, P362

用語解説 電気伝導度：本書では、このほか「導電率」も使用しているが、これらは同じ内容を示す用語である。

6 防食剤を使う

装置などの腐食を抑え、長寿命化するために防食剤を使うことも

腐食抑制のため数十〜数百ppmの薬品を添加します。経済効果・環境問題も踏まえる必要があります。

腐食の原理に基づいた対策

金属を腐食環境で使用するとき、高価な合金を使うことなく、比較的安価な**防食剤**（腐食抑制剤、インヒビター）で防食対策を行えます。

防食剤の機能別の分類を**左頁【1】**に示します。これらの防食剤を単独または複合で添加することにより、腐食速度を元の10分の1以下に下げられれば、経済効果は大変大きいです。防食剤は、**循環系で使用する場合**と、**一過性で使用する場合**とがあります。一過性の場合は、排出溶液による環境汚染がないような薬液を選ぶ必要があります。

代表的な防食剤は、例えばCrO_4^{2-}、MoO_4^{2-}、WO_4^{2-}といった**不動態化機能**を有する薬剤です。これらは、自身が金属の表面に酸化物となって吸着することで、防食します。CrO_4^{2-}は非常に効果的な防食剤として広く使われていましたが、現在は環境問題のため使用が法律的に禁じられています。

ステンレス鋼の**酸洗い**液として、硝酸＋フッ酸の混酸が一般に使用されています。フッ酸で酸化スケールを剥離し、露出したステンレス鋼の表面を硝酸で保護して、過酸洗を防止します。

銅は、熱交換器や給湯器の材料として使用されます。銅の防食のためにＢＴＡ（ベンゾトリアゾール）がよく使用されます。**左頁【2】**に示すように、銅の表面にこの薬剤が吸着して、腐食を抑制します。

気相防錆剤としては、鉄鋼にはＤＩＣＨＡＮ（ダイカン）、銅用にはＢＴＡが使われます。密閉系において、防食剤が気化して製品に吸着し、さびの発生を防ぎます。

- 金属の種類や環境と相性の良い防食剤を使用する
- 防食剤の作用機構を理解して使用する
- 防食剤で装置の長寿命化を目指す

[1] 防食剤の機能別の分類

分類	防食剤	使用環境	被防食材料
不動態化	CrO_4^{2-}, NO_2^-, MoO_4^{2-}, WO_4^{2-},Na_3PO_4, $Na_2B_4O_7$、有機化合物, HNO_3	中性水溶液、酸	鉄鋼
吸着	BTA（ベンゾトリアゾール）などの有機化合物	中性水溶液	非鉄金属（銅、アルミニウムなど）
気相吸着	DICHAN, BTA	密閉大気中	鉄鋼、銅

[2] 金属表面への防食剤の吸着

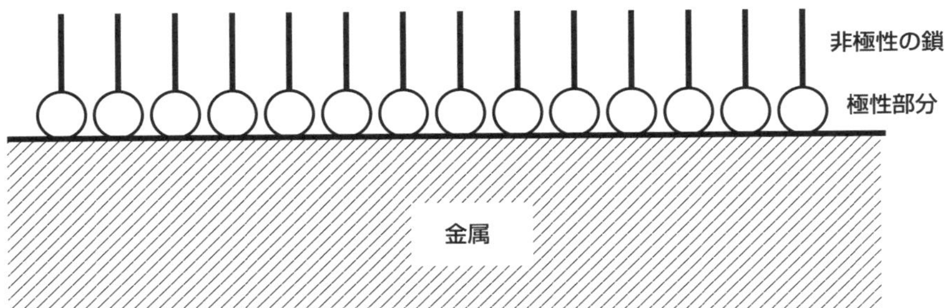

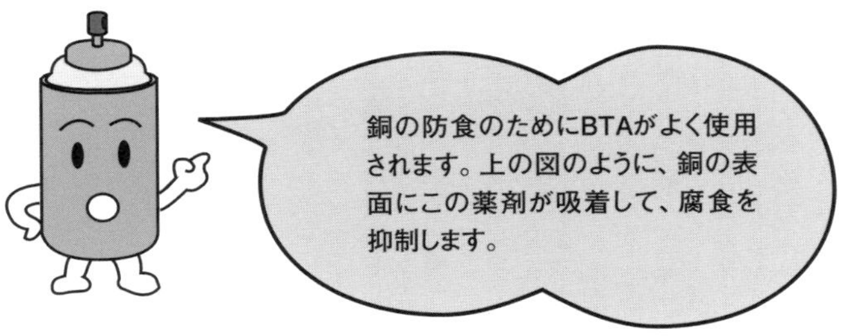

CrO_4^{2-}：クロム酸イオン。
気相防錆剤：常温で徐々に気化する薬剤。気化した成分が金属表面に吸着して、腐食を防止する。

7 電流を流す電気防食

鉄は自然に酸化していくが、電気防食で〝鉄の状態〟の保持が可能

鉄よりも卑な金属と接触させるか、外部電流により腐食電位を十分卑にすることで、鉄を防食できます。

カソード防食とアノード防食

電気防食は、腐食の原理を逆手にとった方法だといえます。**カソード防食**は、埋設パイプラインや港湾設備の腐食防止対策に実用化されている技術で、鉄の腐食の理屈に則った方法です。鉄の電位-pH図において、鉄の標準電極電位（例えばFe^{2-}＝10^{-6}モル／Lのとき）よりも低い電位に鉄の**腐食電位**を保つと、カソード防食が可能です。**流電陽極方式**と**外部電源方式**（**左頁【1】**）があります。鉄鋼であれば腐食電位を飽和硫酸銅電極基準で-0.85V以下（標準水素電極基準で-0.54V以下）に保てば、電気防食できます。**左頁【2】**は各種金属・合金の**防食電位**です。

電気防食において注意を要するのは、**過防食を避ける**ことです。過防食されると、水素イオンがカソード還元されて発生期の水素となり、鉄に侵入します。鉄が強度の高い高張力鋼であれば、侵入した水素により水素脆化すなわち**脆性破壊**を生じます。

一方、鉄の**不動態化**を助けることで電気防食する方法を**アノード防食**といいます。例えば、鉄は高濃度の硫酸中で良好な耐食性を有しますが、さらに、アノード防食でしっかりした不動態膜を生成させ、防食を確かなものとします。

電気防食は、海水あるいは土壌における鉄の大型構造物を腐食から守るために適用されます。海水、工業用水、土壌……と環境の腐食性が緩和されるにしたがい、防食電位を確保するための外部電流も小さくなります。また、鉄構造物以外にも、例えば耐食性ステンレス鋼を使用する高温・高圧反応器などに使用することが可能です。

- 電気防食は、腐食の理論に基づいて実施される
- 電気防食には、カソード防食とアノード防食がある
- 鉄に加え、過酷な環境で使用されるステンレス鋼にも有効

[1] 電気防食の方式

流電陽極方式

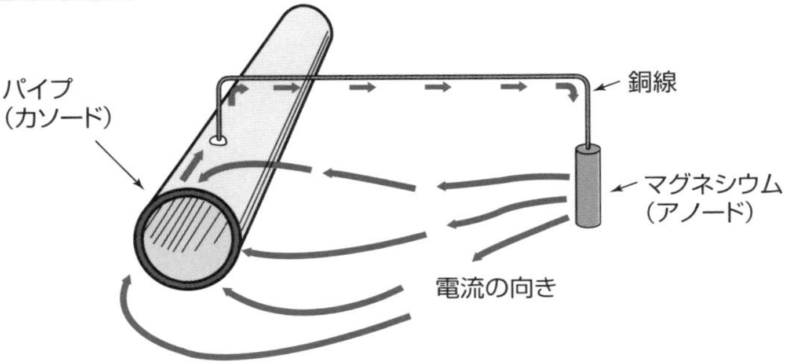

パイプ
（カソード）
銅線
マグネシウム
（アノード）
電流の向き

外部電源方式

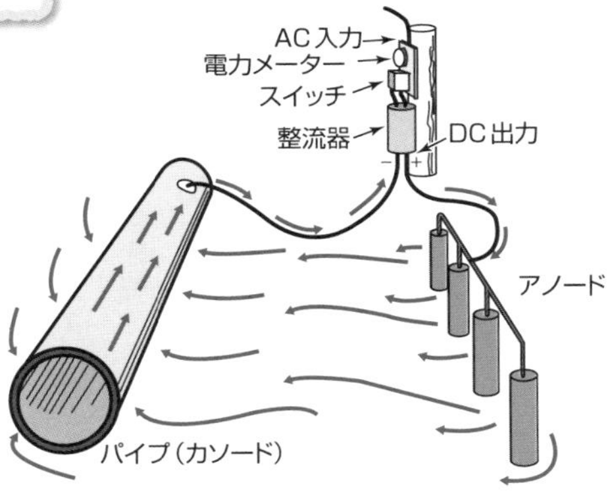

AC入力
電力メーター
スイッチ
整流器
DC出力
アノード
パイプ（カソード）

[2] 各種金属・合金の防食電位[※1]

鉄鋼	−0.85
（SRB繁殖[※2]）	−0.95
高張力鋼（700MPa以上）	−1.10 〜 −0.85
銅合金	−0.65 〜 −0.50
鉛	−0.60
アルミニウム	−1.20 〜 −0.95

※1：銅-飽和硫酸銅電極基準（V）
※2：嫌気性の硫酸塩還元菌（SRB）が繁殖している環境

脆性破壊：じん性（靱性）や延性が大きく低下することによって起こる破壊。

8 さびでさびを制する

さびはさびを呼ぶこともある反面、さびを制することもできる

鉄の表面に生成したさび——例えばFe_3O_4や$FeOOH$は、腐食を抑制したり加速したりします。

さびをうまく利用して防食する

水道水中や海水中では、鉄の表面に赤さびが自然にできます。さび瘤（こぶ）といわれ、Fe_3O_4や$FeOOH$の層でできています。このさび瘤の下は、選択的に掘れるような腐食を呈します（**左頁【1】**）。さびの下が酸素濃淡電池のアノードになって、鉄が溶出するためです。これは、さびが鉄の腐食を加速する例です。

一方、さびが鉄を防食する例もあります。**大気腐食**の場合です。鉄に微量の銅、ニッケル、クロムを含む**耐候性鋼**は、戸外で橋梁やコンテナ用材料として使用します。使用後7～8年経つと、防食的なさびが生成して、ほとんど腐食が進まなくなります。鋼の表面に、上層の**γ-FeOOH**および下層の金属表面に接するところの**α-FeOOH**からなる2層構造のさびを生成します。耐候性鋼でできた建築物の写真を**0-1節左頁【3】**に示しています。

α-FeOOHは微細・緻密なさび層であり、このさび層が鋼を覆うと、あたかもステンレスのように**不動態化**した形になります。このさび（**左頁【2】**）は、雨水に含まれる酸素の鋼表面への拡散を阻害し、鉄の溶出を抑えます。

鋼は、前述したように海水や水道水など多量の水溶液に接すると、さびができても防食効果はありません。一方、戸外において鋼の表面が水膜のドライ-ウェットのサイクルに曝されると、α-FeOOHが生成され、防食性を発揮します。今日ではこの防食性が利用され、耐候性鋼を無塗装の裸の状態で鋼製の橋梁に使用して、百年間メンテナンスフリーを実現しています。

- **水溶液中で生じる鉄さびは、腐食を加速する**
- **耐候性鋼は、大気中でα-FeOOHを生成して腐食を抑制**
- **耐候性鋼の用途は、鋼製橋梁、コンテナ、鉄道車両など**

[1] 鉄表面上に生成するさび瘤

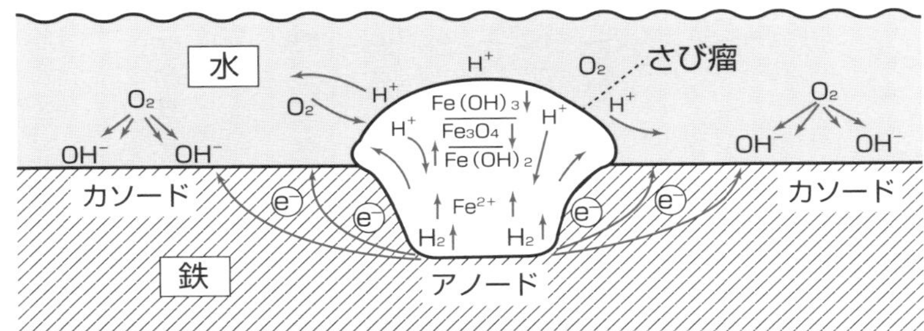

水道水中や海水中で鉄の表面に生成する赤さびは、さび瘤といわれ、Fe_3O_4や$FeOOH$の層でできています。このさび瘤の下が、図に示すように選択的に掘れるような腐食を呈するのは、さびの下が酸素濃淡電池のアノードになって、鉄が溶出するためです。これは、さびが鉄の腐食を加速する例です。

[2] 防食性さびの生成過程

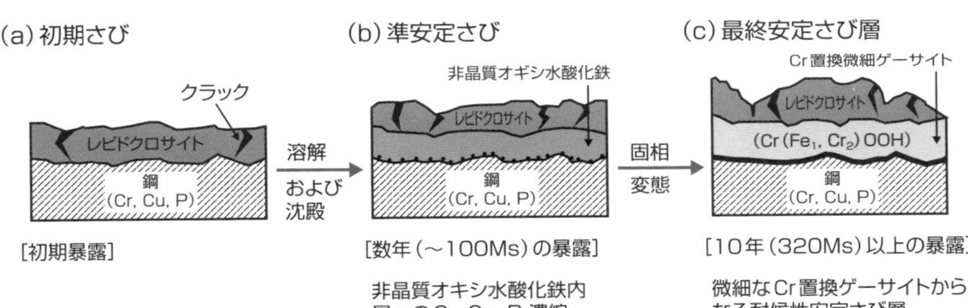

9 薄膜水下で腐食電位が測れる？

薄膜水は極めて薄いので、腐食電位測定には工夫が必要

薄膜水下では、鋼が防食性さびを生成して不動態化することができます。

耐候性鋼に防食性さびを生成させる環境

大気環境では、鋼は風雨に曝され、表面は**乾湿繰返し**状態です。耐候性鋼の耐候性が普通鋼より数倍優れるのは、生成するさびが微粒子で、酸素の金属表面への拡散に対して大きな抵抗となるためです。

左頁［1］の腐食電位挙動について説明します。水溶液中では鋼の腐食電位は低いですが、薄膜水に長期間曝されると腐食電位が上昇します。このとき、防食性さびが生成します。

参照電極を水に漬けることなく、非接触法で腐食電位を測定します。

左頁［2］は、ケルビンプローブ測定装置による測定時の回路です。参照電極の**ケルビンプローブ**（K_P）は、タングステン電極を金メッキしたもので、上下に振動させます。**左頁［2］**の回路において、

$$\Delta V = -V_{bias}$$

となるようにケルビン電位ΔVの逆起電力のバイアス電位をかけ、電流をゼロにしたときの$-V_{bias}$からΔVを知ることができます。そして、

$$\Delta V = E_{corr} + \text{定数}K$$

からE_{corr}（腐食電位）を知ることができます。

左頁［3］は、鋼を大気環境下で17年間暴露し、表面をさびが覆ったままの鋼の腐食電位を測定した結果です。測定は薄膜水下で行いました。海浜地帯では、海塩粒子が鋼表面に運ばれてきます。このような環境下で、耐候性鋼の腐食電位は普通鋼より300mVほど高い値でした。すなわち、耐候性鋼は不動態化しており、普通鋼は活性態にあります。

- ケルビンプローブで、薄膜水下の鋼の腐食電位を測定
- 水溶液中では、鋼の腐食電位は低い
- 薄膜水下での防食性さびの生成により、腐食電位は急上昇

[1] ケルビンプローブによる鋼の表面電位の測定

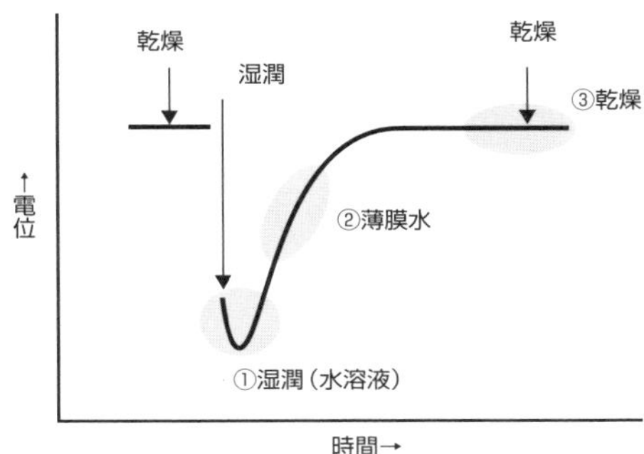

[2] 薄膜水下の鋼のケルビンプローブ測定装置（測定時の回路）

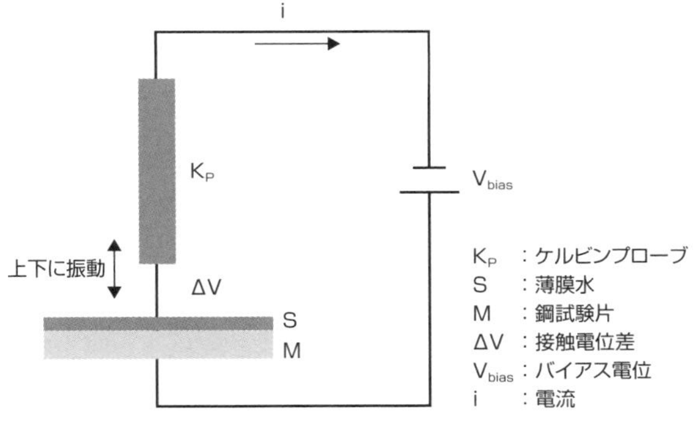

[3] 海浜地帯で17年間暴露した鋼の、薄膜水下の腐食電位

（測定装置：ヒロコン（株）製 表面反応測定装置）

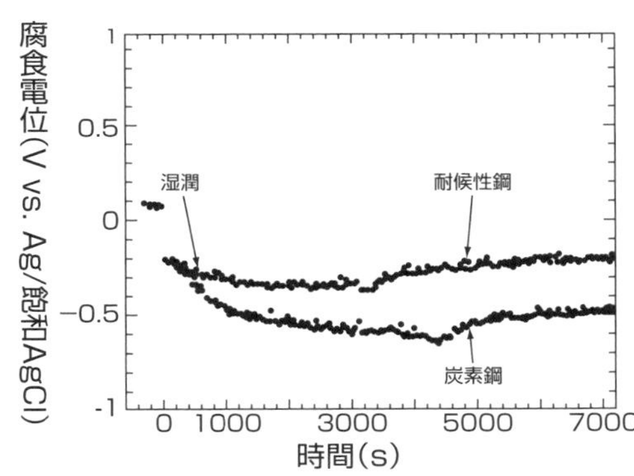

16章 防食法の基本

Column

適材適所

機器・装置などのものづくりにおいては、設計や材料選定のあとで製造となりますが、設計段階で顧客のニーズや全体の製造費を考えたうえでの材料選定が必要です。材料選定においては、高価な材料がその装置に適しているとは必ずしもいえません。材料には環境に対して得手不得手があります。金属材料においても、“安かろう、悪かろう”の時代が戦後の日本にありました。しかし、今日の日本製品の良さは世界が認知するところとなりました。

少々高価でも、長持ちし、安全なものが志向されつつあります。近年は、世界的な不況に見舞われ、また、途上国の経済の躍進の結果、高価で過剰品質の材料ではなく、購買可能な値段で十分な品質の材料が求められるようになっています。すなわち、「適正価格の材料の適材適所での活用」が世界の潮流です。適材適所の例をいくつか挙げてみましょう。

ステンレス鋼は、いまや、耐食性に優れ、加工性や強度も良いということで、広く使われています。しかし、塩化物イオン濃度が高い環境では、オーステナイト系ステンレス鋼は応力腐食割れ（第８章参照）の危険性があります。このようなところには、比較的安価で、応力腐食割れに強い二相ステンレス鋼、あるいはフェライト系ステンレス鋼が考えられます。

濃厚な硫酸のタンク材料としては、ステンレス鋼よりも炭素鋼の方が耐食性に優れます。炭素鋼では硫酸鉄の皮膜が表面にできますが、304ステンレス鋼には不動態皮膜が生成し得ません。また、火力発電所のボイラーや産業用のボイラーの低温部に生じる硫酸露点腐食についても、304ステンレス鋼より、少量のCrやNiを含有する低合金鋼の方が耐食性に優れます。すなわち、低価格材料の方が、この分野では性能が良いことになります。

高張力鋼は、通常の炭素鋼のほぼ２倍の強度を持ちます。そのため、計算上は、装置や建物の重量を半減できます。また、経済的にも有利で、魅力のある素材です。しかし、弱点もあります。強度が1300MPa以上になると、大気中や雨に曝（さら）されると、腐食して水素を吸収し、破壊に至る危険性を持ちます。このような弱点を克服する手立ての一つとして、製造プロセスを管理し、強度レベルが絶対に1300MPaを超えないようにすれば、安全かつ経済的な構造材料として適所での活用が可能です。

以上の例のように、安全性・経済性を考慮した適材適所の耐食材料を選ぶことが大切です。

第17章

耐食性材料の実例

イオン化傾向から水に腐食されない金属として金、酸に溶けない金属としての銅があります。また、少量の元素を添加した低合金鋼は、硫酸露点腐食ではステンレス鋼より優れます。ステンレス鋼は、発明から100年を経過して、強度や腐食しない概観の美しさから多くの場所で使用されています。例えば、機器の熱交換器、給湯設備などで、主力材料としての地位を築いています。海水に強い二相ステンレス鋼や軽水炉（原子力発電）用のニッケル合金、耐食性に優れたアルマイト、塩化物環境に強いチタニウム、Ti-Pd合金などを紹介します。

1 純金属、合金による防食

標準電極電位は、金属の生まれながらの"階級"である

電極電位の高さは耐食性の目安になりますが、耐食性を保障するものではありません。

なぜ金は腐食しない？

標準電極電位（E^0）から「自然環境で絶対に腐食しない」といえるのは金のみです。**金**が砂金から採取されるのは、金が自然環境において**イオン化**せず、またその**酸化物**を作らないためです。まさに"金属の王様"です。その理由を**左頁**【1】に示します。

白金、パラジウム、銀、銅は、酸には溶けませんが、酸化物にはなります。すなわち、自然環境で腐食して酸化物を作ります。しかし、酸化物が安定なため、腐食速度は小さいものです。その理由を**左頁**【2】に示します。

標準電極電位どおりに腐食して当たり前なのが、鉛、すず、ニッケル、コバルト、鉄、亜鉛などです。これらの金属の表面では、カソード反応による酸素の還元、あるいは水素イオンの還元が可能です。しかし、これらの金属を適材適所でうまく使えば、腐食も小さく、**耐食材料**として十分使えます。腐食速度は自然電極電位のみで決まるものではなく、金属の表面にできる腐食生成物（努力代）に左右されるからです。その理由を**左頁**【3】に示します。

最後のグループとして、クロム、ジルコニウム、チタン、アルミニウムは、標準電極電位が非常に低く、腐食して当然の金属です。しかし、これらの金属は、大気や水中の自然環境では腐食せず、輝いています。なぜでしょうか。最も腐食しやすい階級にありますが、少しでも溶けると、溶けたイオンが直ちに**不動態皮膜**に変わります。これで、ビクともしない防食の壁を作ります。その理由を**左頁**【4】に示します。クロムの合金であるステンレス鋼も同様です。

- **金は"金属の王様"。溶けず、酸化物も作らず**
- **白金、パラジウム、銀、銅は、酸には溶けない**
- **他の金属は酸に溶け、中性／アルカリ性環境で酸化物となる**

電位-pH図から分かることは—（各元素の実線のイオン濃度＝10^{-6}mol/L）

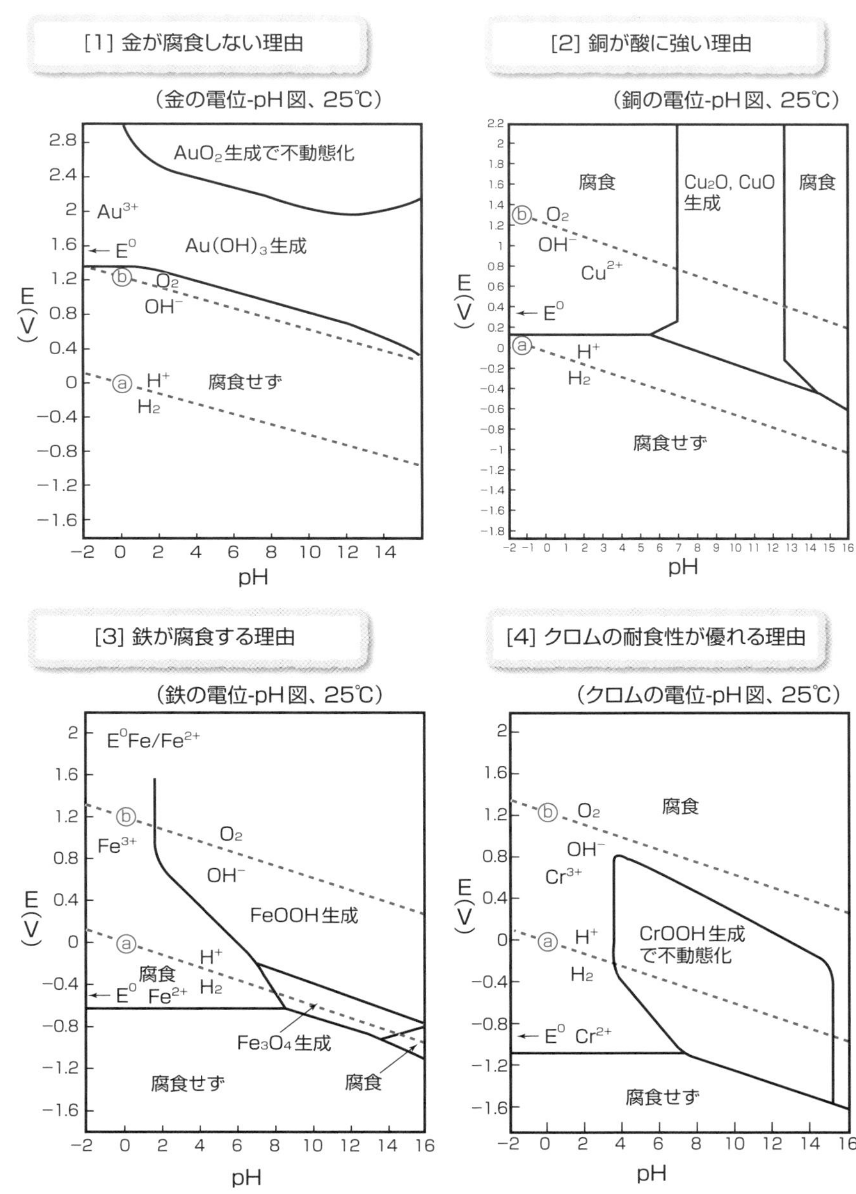

2 材料の適材適所

安価なものが高価なものをしのぐ

鉄に微量の合金元素を含有させせることにより、すばらしい耐食性を付与できます。

経済性を踏まえて材料を選択

火力発電ボイラー（**左頁**【1】）の低温部腐食について考えます。重油や天然ガスを燃料とするボイラーの低温部（例えば空気予熱器、煙道、煙突）には、高温・高濃度の**硫酸**が凝縮します。このような環境に0.5％Cu、1％Crを含有する**低合金鋼**を使用すると、**炭素鋼**と比べて数倍の耐食性を発揮します。**ステンレス鋼**より優れることも間々あります。低合金鋼の使用は経済的に十分メリットがあります。低合金鋼の値段は、炭素鋼の数十％増しに過ぎないからです。

燃料中に含まれる微量の硫黄は、燃焼すると亜硫酸ガスと**三酸化硫黄**になります。三酸化硫黄は、排ガス中の水と結合して硫酸となり、排ガスの露点以下の温度のボイラーの低温部に、高濃度の硫酸となって凝縮し、鉄鋼材料を腐食します。この腐食を**硫酸露点腐食**と呼びます（その機構は**左頁**【2】）。

ボイラー運転直後の比較的低温・低濃度の硫酸が凝縮するときは含有銅が、定常運転中の高温・高濃度の硫酸による腐食に対しては含有Crが、それぞれ耐食性に大きな効果を発揮します。

わずか1％くらいのCr含有量ですが、この低合金鋼成分が硫酸膜中で鋼を**不動態化**する原動力となります。空気予熱器のエレメント材の耐食性を**左頁**【3】に示します。低合金鋼の高耐食性が明瞭に示されています。高温・高濃度の硫酸薄膜の環境下で、このような不動態化現象が可能です。

また、耐食低合金鋼はバルク硫酸中でも、炭素鋼はもちろん、ステンレス鋼の３０４よりもはるかに高い耐食性を示します。

- 火力発電所のボイラーの低温部で生じる、硫酸露点腐食
- Cu、Cr含有の低合金鋼が、硫酸露点腐食の防止に効果を発揮
- 凝縮硫酸薄膜下の腐食で、合金元素のCrは鋼を不動態化

[1] 火力発電ボイラーの概略図

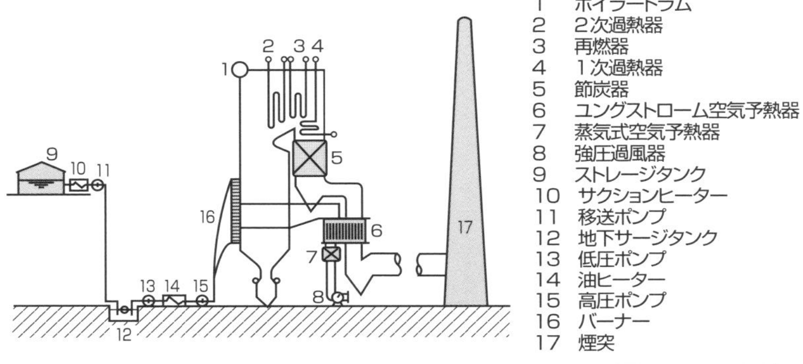

[2] 硫酸露点腐食の機構

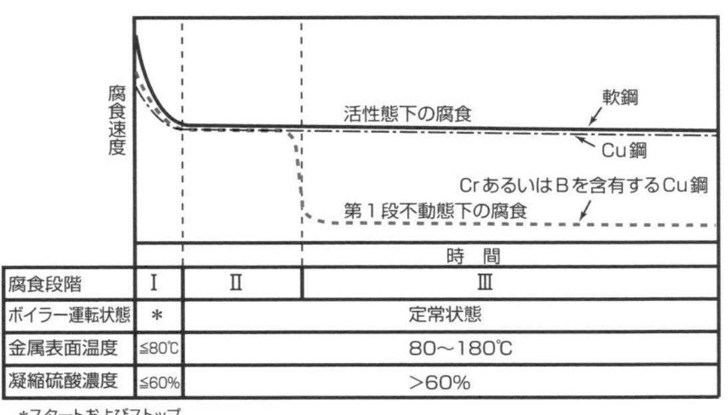

腐食段階	I	II	III
ボイラー運転状態	*	定常状態	
金属表面温度	≦80℃	80～180℃	
凝縮硫酸濃度	≦60%	>60%	

*スタートおよびストップ

[3] 空気予熱器のエレメント用材料の耐硫酸露点腐食性

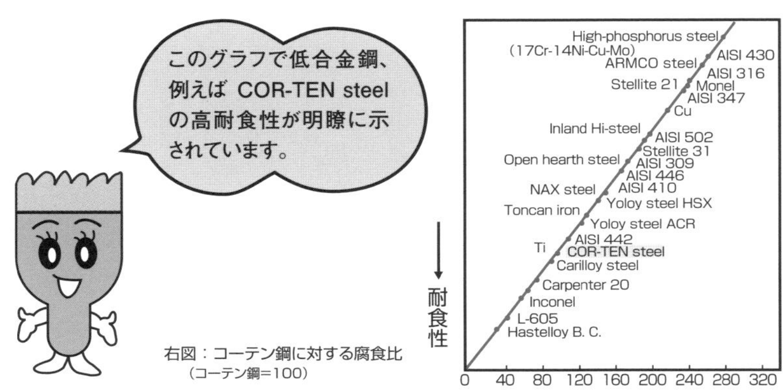

右図：コーテン鋼に対する腐食比
(コーテン鋼=100)

用語解説 コーテン鋼（COR-TEN steel）：製品名。表面のさびが保護膜となり、耐候性に優れた鋼板。0.5Cu-0.5Ni-0.8Cr-0.1P鋼。

3 進化する耐食材料－ステンレス鋼

極薄の不動態皮膜によって、さびにくい状態になる

耐食性、強度、加工性、溶接性などに優れ、産業、レジャー、乗り物などに不可欠な材料です。

耐食材料の優等生

鉄に12%以上の**クロム**を含有させると、**ステンレス鋼**となります（**左頁【1】**）。ステンレス鋼が発明されて、すでに100年以上になります。多種多様なステンレス鋼があり、今日では結晶の構造から4種類に分類されます（**左頁【2】**）。

フェライト系ステンレス鋼…Fe－Cr合金に代表され、**体心立方格子**の組織（α相）であり、磁性を有します。比較的安価で、耐高温腐食性を要求される分野によく使用されています。

オーステナイト系ステンレス鋼…Fe－Cr－Ni合金に代表され、**面心立方格子**組織（γ相）であり、磁性はありません。汎用され、信頼性の高い材料です。**左頁【3】**右に、体心立方格子と面心立方格子の構造を示します。

マルテンサイト系ステンレス鋼…Fe－Cr合金に代表され、マルテンサイト組織で硬いため、刃物によく使用されています。

二相ステンレス鋼（α＋γ相）…二相組織を有し、オーステナイト系およびフェライト系の長所を併せ持っています。耐食性に優れるわりには経済性があり、腐食環境の厳しいところにも使用可能です。

ステンレス鋼の**不動態皮膜**の構造を**左頁【3】左**に示します。数十ÅのCrOOHの皮膜が耐錆性を発揮しています。しかしながら、ステンレス鋼の欠点として、フッ素、塩素、臭素、ヨウ素などのハロゲン化物イオンによって不動態皮膜が局部的に破壊され、孔食や割れが生じる場合もあるので、適材の選定が必要です。

- **ステンレス鋼の耐錆性は、不動態皮膜のおかげ**
- **ステンレス鋼は、組織により４種類に分類される**
- **省資源の観点から、ステンレス鋼を上手に使う**

[1] Fe-Cr合金の海浜地帯での大気腐食に及ぼすCr量の効果

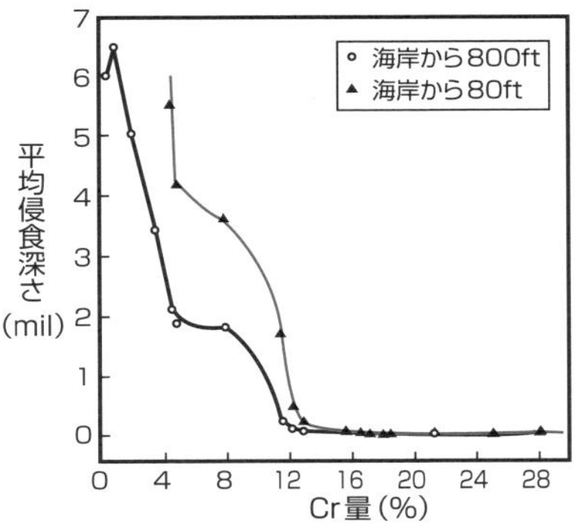

ステンレス鋼は、鉄に12%以上のクロムを含有させてさびにくくしたもの。

1 mil（ミル）$= \frac{1}{1000}$ inch

$= 0.0254$mm

1 ft（フィート）$= 304.8$mm

[2] ステンレス鋼は大きく分けて4種類

鋼種	化学成分	結晶構造	物理的性質	機械的性質 実用的性質	コスト
フェライト系 ステンレス鋼	Fe-Cr系	体心立方格子 （α相）	強磁性 熱伝導度が高い	溶接性がやや劣る 耐SCC性に優れる	低い
オーステナイト系 ステンレス鋼	Fe-Cr-Ni 系	面心立方格子 （γ相）	非磁性 熱伝導度は劣る	加工性、溶接性良好 SCCの感受性が高い	高い
二相系 ステンレス鋼	Fe-Cr-Ni 系	体心立方格子＋ 面心立方格子 （α相＋γ相）	強磁性 熱伝導度は上記 2者の中間	高強度 加工性、溶接性 耐SCC性良好	中位
マルテンサイト系 ステンレス鋼	Fe-Cr系	体心立方格子 （α'相）	強磁性 熱伝導度が高い	高強度 水素脆性の危険性	低い

※同一のCr、Moなどの合金添加量での相対比較

[3] ステンレス鋼の構造

不動態皮膜の構造

(a)

Cr

$MOH^{+}(H_2O)$

金属

(a')

$\rightarrow H^{+}$

金属

結晶の構造

体心立方格子
（フェライト系）

面心立方格子
（オーステナイト系）

4 磁石がつかない万能ステンレス鋼

オーステナイト系ステンレス鋼はステンレス鋼の代表格

Fe－Cr－Niの成分を持ち、さびに強いのはもちろん、非磁性で加工性・溶接性などに優れた優等生です。

優等生にも限界はある

ステンレス鋼のうち、**非磁性**（磁石につかない）のステンレス鋼は**オーステナイト系ステンレス鋼**に限られます。ちまたでは「磁石がつかないステンレス鋼が真のステンレス鋼」などといわれますが、これは学術的には正しくありません。とはいえ、オーステナイト系ステンレス鋼がステンレス鋼の顔であることは間違いありません。オーステナイト系ステンレス鋼も冷間加工をすれば（例えば室温で曲げたり、引張ったりすれば）磁性を帯びてきます。

オーステナイト系ステンレス鋼は、さびにくさをセールスポイントとし、**強度**、**加工性**、**溶接性**などにも優れるため、我々のまわりの至るところで使用されています。まさに〝地下から宇宙まで〟です。

左頁［1］に示すように、オーステナイト系ステンレス鋼の代表の304ステンレス鋼は、フェライト系ステンレス鋼の代表の430ステンレス鋼より**深絞り性**に優れます。そのため、温水タンク、バスタブ、シンクなど、高度の**成形性**を要求される製品に使用されています。

しかし、このように優れたオーステナイト系ステンレス鋼にも弱点があり、その弱点も踏まえて使用するのが賢い使い方です。**応力腐食割れ**（SCC）といって、ある程度の塩化物イオンが水の中に存在するとき、材料への応力負荷のもとで割れが発生する場合があります。割れの形態を**左頁［2］**に、割れが生じる条件を**左頁［3］**に示します。この現象は環境脆化に分類され、機器やプラントの信頼性を損なうので、可能な限り未然に防止することが必要です。

- **オーステナイト系ステンレス鋼は、ステンレス鋼の“顔”**
- **身の回りの至るところで役立っている**
- **ステンレス鋼の環境脆化には要注意**

[1] SUS430とSUS304の角筒深絞り性

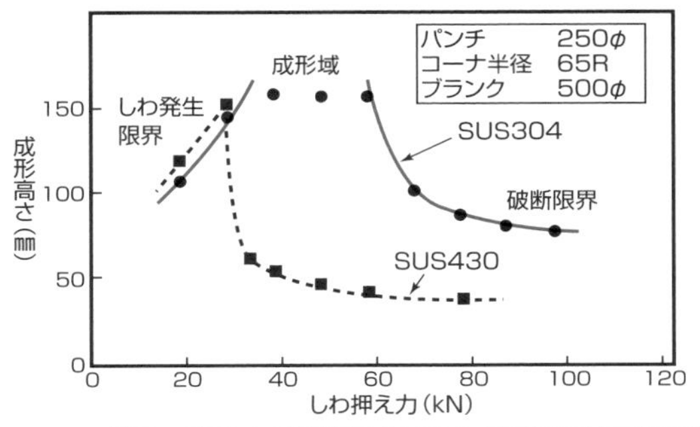

出所：ステンレス協会編『ステンレス鋼便覧』(日刊工業新聞社)

SUS430：17Cr
SUS304：18Cr-8Ni

304ステンレス鋼は430ステンレス鋼より深絞り性に優れており、温水タンク、バスタブ、シンクなど、高度の成形性を要求される製品に使用されている。

[2] 割れの形態

孔食

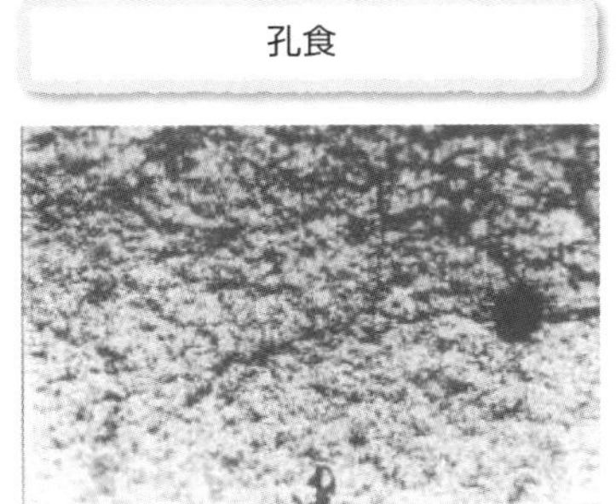

応力腐食割れ

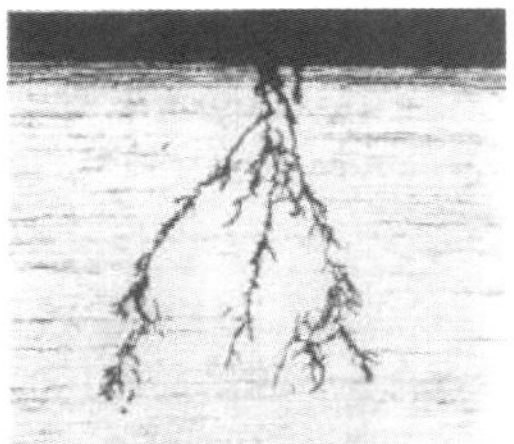

SUS304ステンレス鋼に生じた孔食と応力腐食割れ

[3] 応力腐食割れが生じる条件

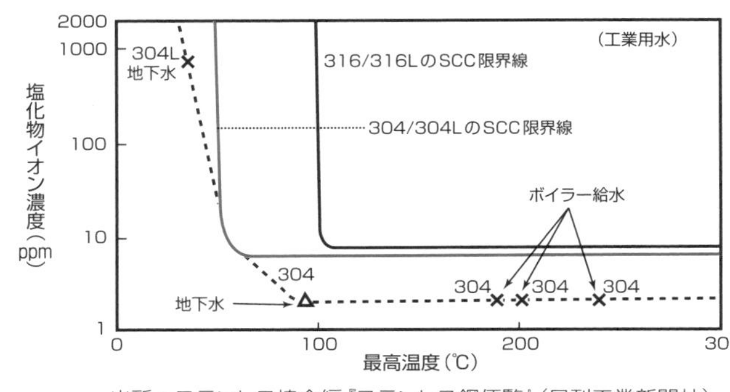

出所：ステンレス協会編『ステンレス鋼便覧』(日刊工業新聞社)

304、304L、316、316Lステンレス鋼のSCC限界線の内側でSCCが発生。

用語解説

深絞り性：ダイス面上の素材がダイス穴内へ絞り込まれ得る程度。その程度により絞り性、深絞り性、超深絞り性に区別して呼ばれる。

5 硬さ、耐食性兼備のステンレス鋼

炭素含有量が多い鉄合金の切れ味と、ステンレス鋼の耐錆性を両立

さびにくいだけでなく、硬さも兼ね備えたステンレス鋼が開発され、厨房をさびから解放しました。

包丁のさび問題を解決

切れ味の優れた**包丁**には従来、**炭素含有量の高い鉄合金**が用いられました。水に接してすぐにさびたり、刃先が欠けて切れにくくなったりするのが悩みの種でした。一方、さびに強い一般のステンレス鋼は、鉄合金に比べて耐錆性は非常に優れますが、やわらかいため切れ味が劣り、包丁には不向きでした。

左頁［1］に示す**13Cr系**と**17Cr系のマルテンサイト系ステンレス鋼**は、硬いマルテンサイト組織（α'）からなり、切れ味が良くてさびにくい材料です。ステンレス鋼に**焼入れ**、**焼戻し**を施し、マルテンサイトの硬い組織にして、そういった特性を付与します。これらの材料は、一般家庭用包丁に広く使われています。

より鋭い切れ味が求められる業務用包丁には、「刃先を高炭素鋼に、その他の本体部分をステンレス鋼にした**一体化包丁**」や、「刃先の両側をステンレス鋼で挟み込んだ**割り込み包丁**」（**左頁［2］**に各部位の名称を示す）があります。マルテンサイト組織で硬度が極めて高い高炭素鋼を刃先に用い、本体のさび発生を極力防止するため刃先以外の包丁部分にはステンレス鋼を用いています。

左頁［3］右で、刃金（刃先）は**ビッカース硬度**が800と高い数値です。**左頁［3］左**の断面組織は、刃金、接合部、本体のフェライト系ステンレス鋼のミクロ組織です。接合部の白色部分はCu－Niインサート材です。

ステンレス鋼の包丁は耐食性に優れますが、それでも酸や食塩系には万全ではないので、使用後は包丁をよく洗浄・乾燥しておく必要があります。

- 包丁には従来、炭素含有量の高い鉄合金が用いられた
- マルテンサイト系ステンレス鋼で、さびない包丁が可能に
- 刃先の両側をステンレス鋼で挟み込んだ、割り込み包丁も

[1] 市販の刃物に用いられるステンレス鋼

鋼種	C	Cr	Mo
SUS420J2	0.26〜0.40	12〜14	—
SUS440A	0.60〜0.75	16〜18	≦0.75
SUS440B	0.75〜0.95	16〜18	≦0.75
SUS440C	0.95〜1.12	16〜18	≦0.75

[2] 割り込み包丁の例

部位の名称

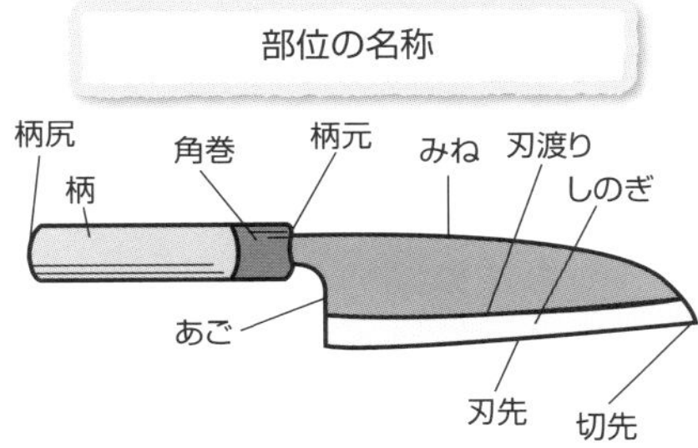

[3] 割り込み包丁の断面の硬度分布と組織

断面組織　断面硬度分布

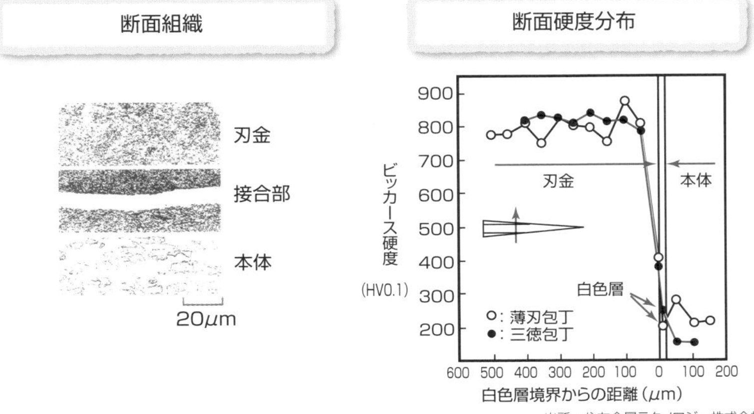

出所：住友金属テクノロジー株式会社
「金属の素顔にせまる」

6 耐海水性二相ステンレス鋼

海水や塩水への弱さを克服

「塩化物イオンによる不動態皮膜の破壊で穴あきや割れなどの局部腐食が生じる」弱点を克服しました。

海水や塩水にも使用可能

汎用ステンレス鋼（304、316など）は、大気環境や水中ではさびない性質を持ちますが、海水では孔食とすき間腐食（**左頁［1］**）を呈します。**二相ステンレス鋼**は、海水に対する耐食性を向上させるために、合金元素としてCr、Ni、Mo、Cu、Nなどの主要元素最適量を高めた材料です。高濃度の塩化物イオンを有する海水中でも、強い不動態皮膜を作れます。

二相組織のメリットとしては、高Cr・Moを含有し、レアメタルの一つである高価なNiの量を減らして、合金に経済性を持たせたこと、強度を高めたこと、などが挙げられます。**加工性**はほぼオーステナイト系ステンレス鋼並みです。一方、溶接部の組織安定性と耐食性は**γ相**が約50%存在することで、フェライト系ステンレス鋼に比べて耐食性が向上しています。**左頁［2］**は、二相ステンレス鋼の顕微鏡写真です。母材の組織が50%**α相**プラス50%γ相であれば、溶接部において他の異相が析出することなく、母材部と同等の耐食性が確保できます。

二相組織により、**オーステナイト系ステンレス鋼**の加工性や溶接のしやすさといった長所を生かす一方、応力腐食割れに弱いという難点を**フェライト系ステンレス鋼**組織の存在により克服しています。また、オーステナイト系の一相組織にすれば多量のNiを必要とする高価な合金となるところ、Nの添加と二相組織化でコストダウンを図っています。

このようにして、二相ステンレス鋼は海水による孔食、すき間腐食、応力腐食割れの問題を解決しています。**左頁［3］**はその使用条件です。

- オーステナイト系、フェライト系の長所を生かす
- 二相組織の優位性を発揮
- 工業用材料として、なくてはならない材料

[1] 汎用ステンレス鋼の孔食とすき間腐食

孔食

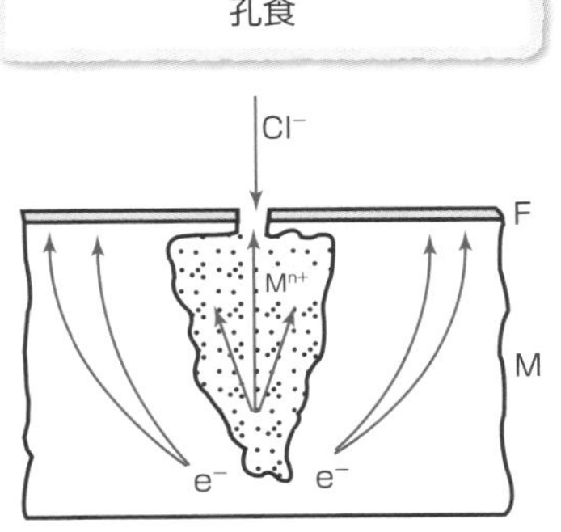

F：不動態皮膜、M：金属

すき間腐食

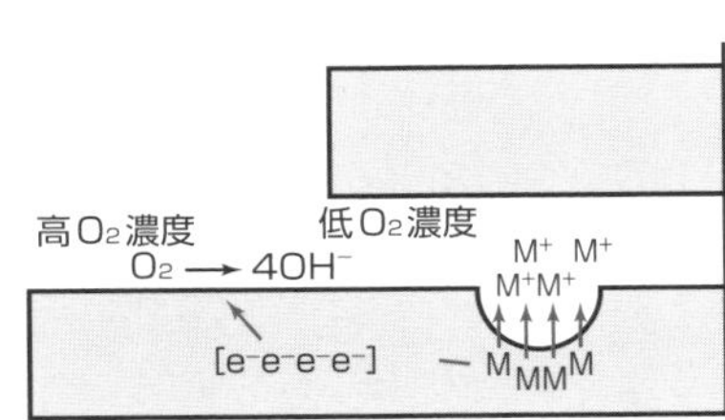

[2] 二相ステンレス鋼の顕微鏡写真

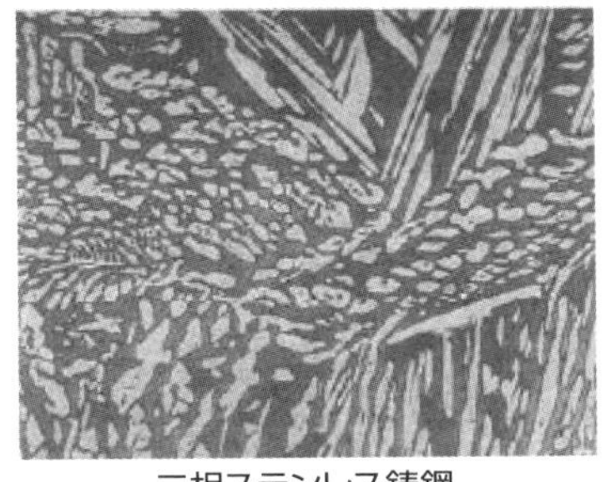

二相ステンレス鋳鋼

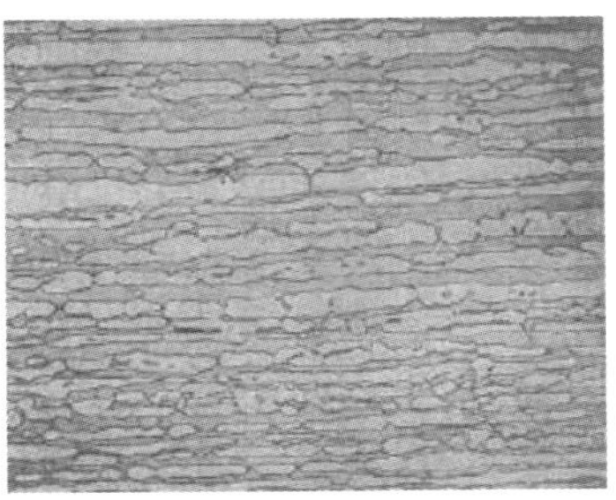

二相ステンレス鋼板

[3] 二相ステンレス鋼の使用条件

※二相ステンレス鋼 DP-3N（25Cr-7Ni-3Mo-0.3W-0.5Cu-N）の使用可能範囲

※( ) 内は海水温度（℃）

海水流速（m/sec）

2.0
1.5
1.0
0.5

安 全 域

(35) (28) ● × (105)
(35)
(80)
(50)
(90)
(34) (35) (35)
(35)

● 損傷なし
× すき間腐食がわずかに発生

0 40 60 80 100 120

プロセス流体の最高温度（℃）

用語解説

α相：911℃よりも低い温度での純鉄の安定な状態。結晶構造は体心立方格子。
γ相：911～1392℃の温度範囲での純鉄の安定な状態。結晶形は面心立方格子。

7 ステンレス鋼はさびにくくなった

新精錬法で不純物低減を図り、耐食性を向上させる

C、N、P、Sなどの不純物が存在すると、粒内や粒界に析出・偏析して、腐食の起点となります。

VODとAOD

従来は、ステンレス鋼に微量の**不可避不純物**（C、N、P、S）が存在し、耐食性を劣化させていました。近年、**真空酸素脱炭**（**VOD**）と**アルゴン酸素脱炭**（**AOD**）という、経済的に不純物を大幅に低減する新精錬方法が確立されました（**左頁【1】**）。VODでは、真空精錬炉に酸素をふかして、炭素を炭酸ガスとします。AODでは、アルゴンと酸素をふかして炭素や窒素を低減し、同時に硫黄なども低減します。

Fe-CrおよびFe-Cr-Niを主成分とするステンレス鋼の耐食性は、主にCr、Niの含有量で決まりますが、不純物元素のP、S、C、Nの濃度が高いと、孔食・粒界腐食などへの局部腐食抵抗性が低下します。

左頁【2】は、フェライト系ステンレス鋼SUS444における粒界腐食（IGC）とC＋N（炭素＋窒素）量との関係です。Nb無添加ではC＋N量100ppm以下、Nb添加ではC＋N量200ppm以下で、粒界腐食の発生を防止できます。また、このようなC＋Nの低減により、フェライト系ステンレス鋼の延性や靭性などの物理的性質も大幅に向上します。

左頁【3】は、オーステナイト系SUS316（18%Cr-8%Ni-2%Mo）の高温水中での応力腐食割れに及ぼす、C、Nの影響です。点線で示す境界より多めのCあるいはNでは、粒界応力腐食割れを生じます。Cを下げると耐粒界応力腐食割れ性は向上しますが、高温強度が減少し、原子力発電用材料としては強度不足となります。適度なC＋N量に調節することが大切です。なお、鋼中のPおよびSの減少により、ステンレス鋼の耐食性が向上しています。

- C+N減で、フェライト系ステンレス鋼の耐食性などを向上
- C+Nを制御し、SUS316鋼の耐応力腐食割れ性を向上
- PとSの低減で、ステンレス鋼の耐食性を向上

[1] 真空酸素脱炭（VOD）およびアルゴン酸素脱炭（AOD）

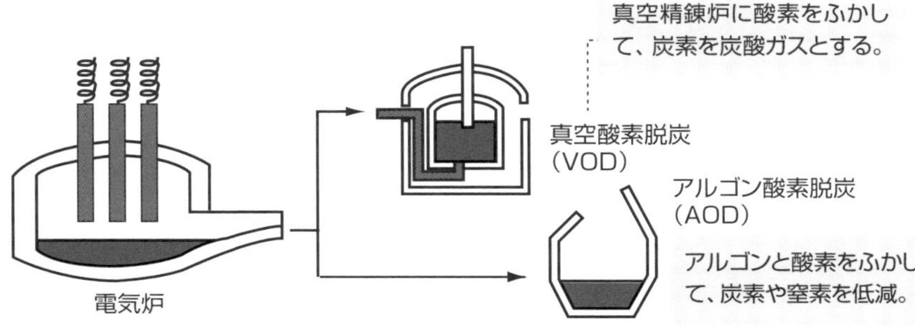

[2] SUS444の粒界腐食（IGC）に及ぼすN、Nbの影響

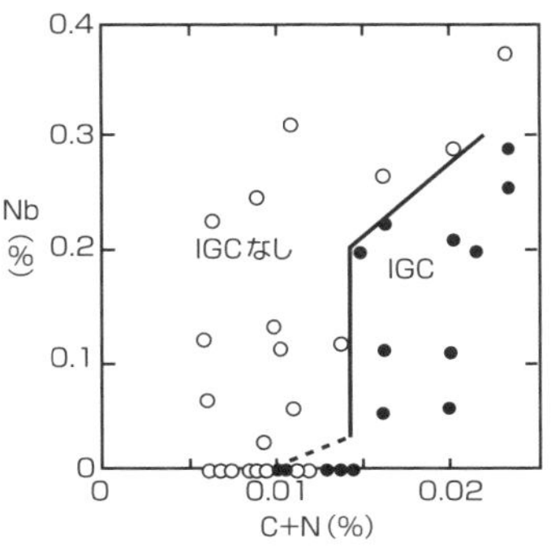

SUS444：19%Cr-2%Mo鋼

- Nb無添加ではC+N量100ppm以下、Nb添加ではC+N量200ppm以下で、粒界腐食の発生を防止できる。
- このようなC+Nの低減により、フェライト系ステンレス鋼の延性や靭性などの物理的性質も大幅に向上できる。

出所：[2] [3] ともにステンレス協会編『ステンレス鋼便覧』（日刊工業新聞社）

[3] SUS316の高温水中の応力腐食割れに及ぼすC、Nの影響

※250℃, 溶存酸素8ppm

SUS316：オーステナイト系
18%Cr-8%Ni-2%Mo

- 点線で示す境界より多めのCあるいはNでは、粒界応力腐食割れを生じる。
- Cを下げると耐粒界応力腐食割れ性は向上するが、高温強度が減少し、原子力発電用材料としては強度不足となる。適度なC+N量に調節することが大切。

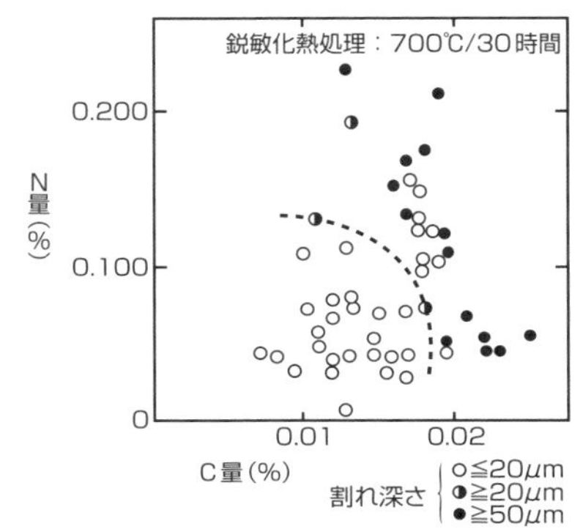

8 原子力発電所の安全運転と材料開発

我が国の総発電量の3分の1を占める原子力発電

原子力発電では、核反応の熱で蒸気を発生させ、タービンがその蒸気で発電機を回転させせます。

蒸気発生器の伝熱細管

左頁【1】は、**加圧水型原子炉**（ＰＷＲ）プラントの概略図です。高圧の水蒸気が作られる原子炉格納容器の内部にも、その外側の「タービンが蒸気で発電機を回して発電をする」区域にも、多くの配管が設置されていますが、安全運転に大きく関わるのは、格納容器内にある**蒸気発生器**を構成する**伝熱細管**です。

蒸気発生器1台につき約３４００本（三菱重工５４Ｆ型の場合）もの細管（外径22㎜、厚さ1.3㎜、ニッケル系合金）があるので、ここにトラブルが発生しやすいのは当然ですが（**左頁【2】**参照）、この伝熱管の健全性が損なわれると、この管の内側を流れる一次系冷却水中の放射性物質が環境へ放出されます。

左頁【3】右の蒸気発生器の略図（伝熱細管は2本を残して省略）には、トラブルの発生した場所と、その形態が示してあります。管と管板との接合部や曲がり部では、管の内側（一次系冷却水側）から応力腐食割れ（ＳＣＣ）が発生しました。一方、管の外面側（二次系冷却水側）については、管支持板と伝熱管が接触する箇所に、**粒界損傷**およびそれを起点とした粒界応力腐食割れが発生しました。

伝熱管には、**６００合金**と呼ばれるニッケル合金（75%Ni-15%Cr-10%Fe）が使用されてきましたが、これらのトラブルの発生機構が解明され、それに基づいて、この合金のCr含有量を増加したり、15時間に及ぶ熱処理を施したりして、ＰＷＲプラントの蒸気発生器管のために新合金が開発・実用化されました。その結果、ＰＷＲ伝熱管の腐食の問題は解決され、原子力発電所の安全運転が達成されました。

- 原子力発電の心臓部には3400本の伝熱細管
- 一次系と二次系の冷却水を隔てる管壁厚さは1.3mm
- 新材料の開発が、原子力発電所の安全運転の鍵

[1] 加圧水型原子炉（PWR）プラント

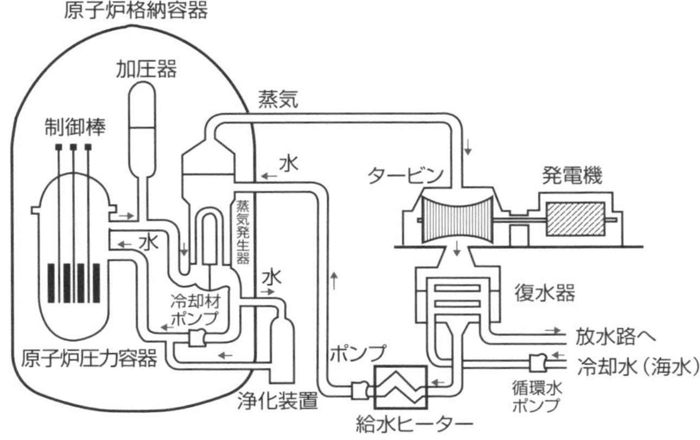

[2] 我が国におけるPWRのトラブル報告件数とその内訳

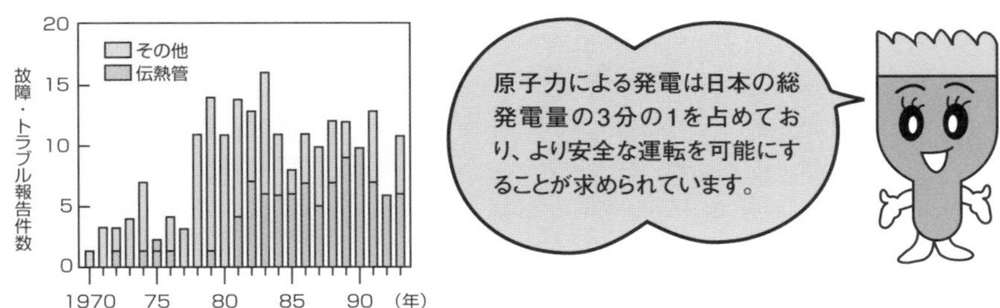

[3] PWR伝熱管の腐食対策の流れと損傷形態

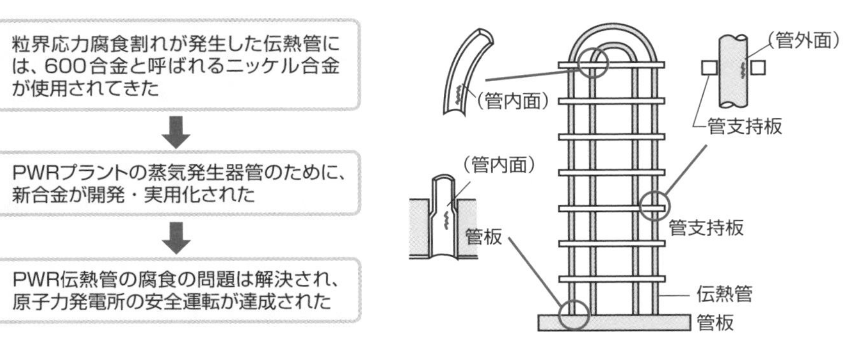

参考文献：長野博夫，山下正人，内田仁『環境材料学』（共立出版）

9 腐食と防食のせめぎあいで合金が発展

ステンレス鋼の不動態皮膜には、環境に応じた強化が必要

ステンレス鋼は発明されて以来、時代の要求にしたがって、耐食性を中心に発展してきました。

合金量の適正化で耐食性を確保

100年以上の歳月を経て、ステンレス鋼の粒界腐食、孔食・すき間腐食などの局部腐食対策として**高耐食ステンレス鋼**が発展してきました。ステンレス鋼の代表選手であるSUS304（18Cr-8Ni）において、「700〜900℃でクロム炭化物が粒界に析出して鋭敏化する」現象への対策として、C量が0.03%以下の極低炭素SUS304Lステンレス鋼が開発され、粒界腐食問題が解決しました。

低いpHの溶液において不動態皮膜が安定な材料ほど、基本的な耐食性が優れます。その観点で材料を眺めると、Fe-Cr系のフェライト系ステンレス鋼の上位に、Fe-Cr-Ni系のオーステナイト系ステンレス鋼が位置します。SUS304にMoを添加し、さらにはCr、Moの量を高めることで、耐食性が向上します。

左頁［1］は、各種材料の苛性ソーダ溶液中での応力腐食割れ発生条件です。濃厚・高温のアルカリ環境は、実際の火力ボイラーや原子力発電装置において遭遇し得る環境です。この図から、炭素鋼を最下位の材料として、SUS304、SUS316という順で、より厳しい環境条件に耐えられる材料となります。最高位のところにニッケルやインコネル600合金（16Cr-76Ni-8Fe）が位置します。

左頁［2］は、孔食電位と合金量のCr＋3.3×Mo（孔食指数）との関係を表したものです。この図には、海水など塩化物イオンを含む環境における、ステンレス鋼の孔食抵抗が示されています。25Cr-7Ni-3Mo（DP3）以上の孔食指数の材料であれば、信頼できる耐孔食性を発揮できます。

- ステンレス鋼の鋭敏化防止のため、炭素量を低める
- CrとMoの量を高め、ステンレス鋼の不動態皮膜を強化
- 高温アルカリ環境では、高Niステンレス鋼ほど高耐食性

[1] 苛性ソーダ溶液中における、各種材料の応力腐食割れ発生条件

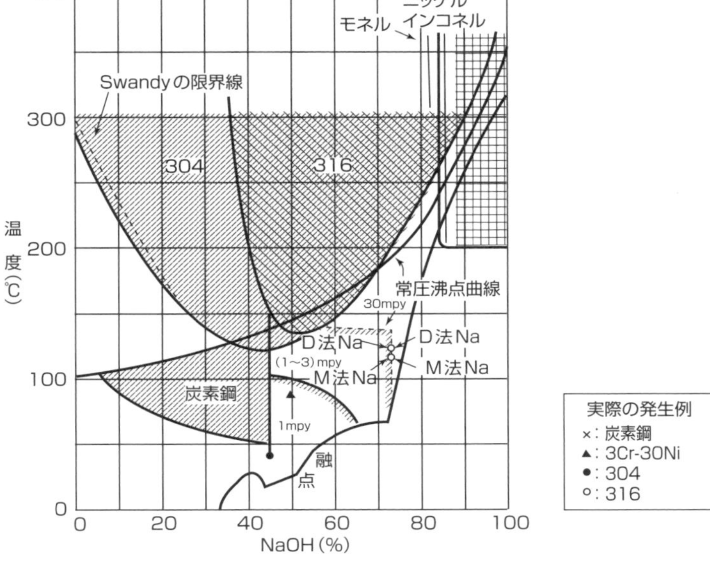

出所：大久保勝夫ら,「化学工学」,第40巻（1976）, P577

[2] 合金量と孔食電位の関係

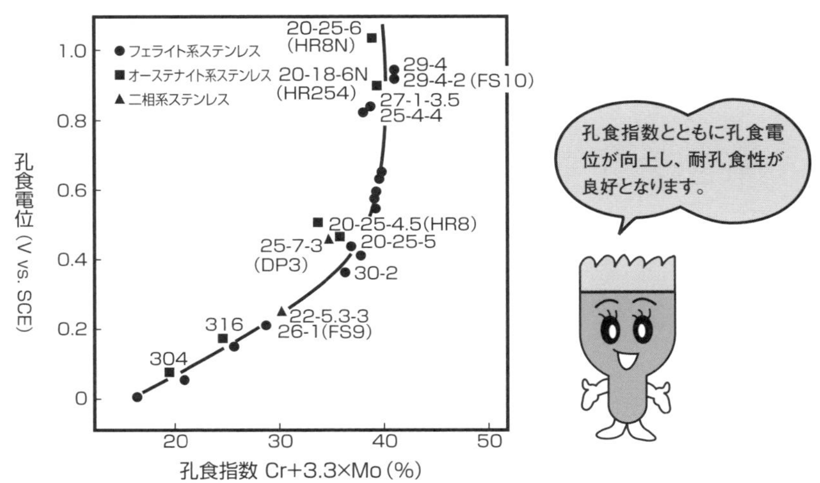

10 さびにくくしたアルミニウム

アルミニウムは軽く、加工しやすく、腐食に強い材料

アルミニウムの不動態皮膜を人工的に強化したアルマイトが、耐食性をさらに向上させています。

耐食機構はステンレス鋼と同様

アルミニウムは、**クラーク数**が鉄より上位にあり、地殻上の存在量が多い材料です。鉄と比較して引張強さやヤング率が小さく（**左頁［1］**）、やわらかい性質です。つまり、加工しやすいわけです。

アルミニウムのよく知られる特徴は、大気中でさびにくく、いつまでも美しい金属光沢を保っていることです。これは、アルミニウムの表面が「薄いベーマイト（$Al_2O_3 \cdot H_2O$）からなるバルク層」およびその下の「不安定なアルミナ（Al_2O_3）からなるバリヤー層」で覆われ、不動態化しているからです。しかし、この皮膜はある意味で大変繊細です。アルミニウムが使用される環境に微量の塩化物イオンが存在すると、**孔食**が生じやすいのです。長年使ってきたアルミサッシをよく見ると、大変浅いものではありますが、無数の小さな食孔（腐食ピット）が見られます。塩化物イオンに対する抵抗性はステンレス鋼よりかなり劣るのです。

アルミニウムの不動態皮膜を人工的に厚くして、環境に対して大変タフにするのが**アルマイト処理**です。酸、アルカリの溶液中でアルミニウムの極性をアノードにして電解することで、アルマイトができます（**左頁［2］右**）。酸化膜の大部分はベーマイトまたはバイヤーライト（$Al_2O_3 \cdot 3H_2O$）の組成で、微細孔は加圧水蒸気か沸騰水で封孔処理をして完成です。

アルミニウムは、水溶液のpHに対して大変敏感です。**左頁［3］**に示すように、耐食的なpH領域は4～8.5です。酸性になればAL^{3+}、アルカリ性であればAlO_2^-となって溶解します。

- 使用できる環境は、中性付近のpH領域に限られる
- アルマイトは、人工的に作られる酸化皮膜
- アルマイトが、アルミニウムの耐食性を向上させる

[1] アルミニウムはやわらかくて加工しやすい

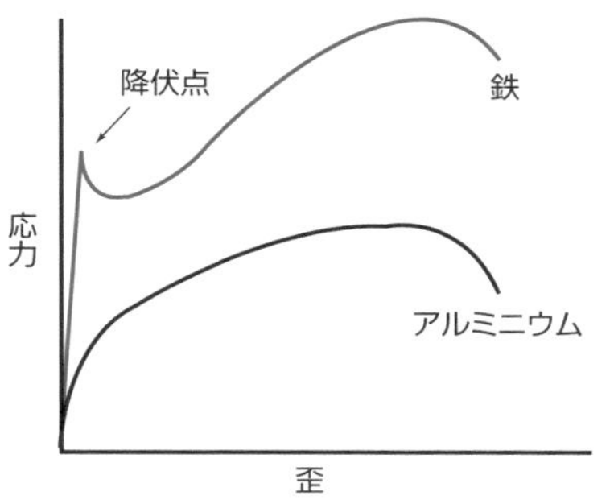

鉄に比べて引張強さやヤング率が小さく、やわらかい性質なので加工しやすい。

[2] アルミニウムの酸化皮膜とアルマイト処理

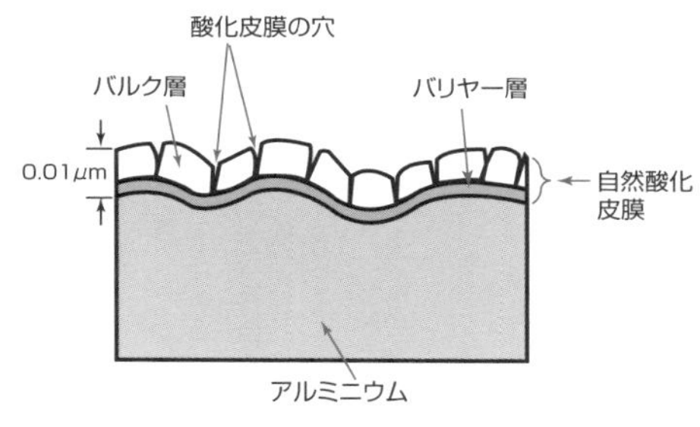

酸化皮膜の構造

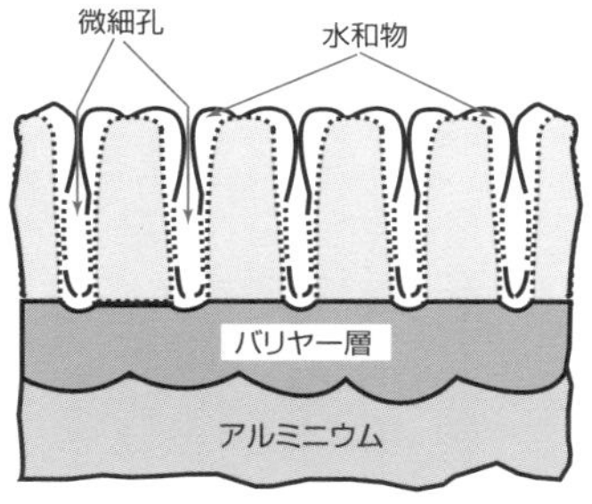

封孔処理をした酸化皮膜の構造

出所：小林藤二郎『アルミニウムのおはなし』（日本規格協会）

[3] アルミニウムの電位-pH図

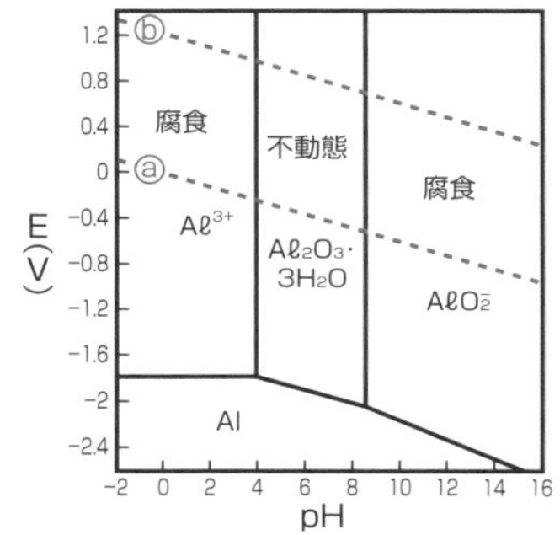

クラーク数：地球表層部の元素の平均存在度をパーセントで表した数値。

軽く、強く、さびない材料チタン

黄金色を持ち、不動態皮膜で一級品の耐食性を発揮

アルカリ環境や酸性環境では万能とはいえませんが、中性塩化物環境では耐食性に優れます。

濃厚食塩水環境で抜群の耐食性

金や白金は、金属として生まれながらにして不活性で、腐食しないように定まっています。一方、**チタン**は生まれとしては活性であり、環境中では**不動態化**して初めて超一流の耐食性を身につけます。軽いことから航空機に使用され、また、耐食性に優れるので蒸発式の海水淡水化装置の伝熱管や食塩製造装置の蒸発釜などに使用されています。

チタンの強度は一般には鉄鋼より低いのですが、**左頁［1］左**に示すように、チタン合金の比強度は超強力鋼に匹敵します。このことから、チタン合金は輸送機器の重量低減に役立ちます。**左頁［1］右**は、チタンの飽和食塩水に対する**すき間腐食発生限界**を示します。すき間腐食に対する耐食性が、スーパーステンレス鋼の20Cr-24Ni-6Moや29Cr-2Ni-4Moよりはるかに優れます。そのため、塩化物イオンを含有する腐食性の厳しい各種環境に適用できます。

しかし、チタンにも弱点がないわけではありません。酸性環境やアルカリ性環境での使用はお勧めできません。**左頁［2］**に示すように、酸性およびアルカリ性の領域で溶解します。酸性ではTi^{3+}イオン、アルカリ性では不動態皮膜を形成するTiO、Ti_2O_3、TiO_2が$HTiO_3^-$イオンとなり、溶解します。耐アルカリ性では炭素鋼やステンレス鋼より劣ることから、反応装置などにおいてアルカリが生成する可能性がある場合の使用は避けるべきです。

硫酸・塩酸などの還元性の酸性環境では、チタンは腐食するとともに、チタン水素化物を生成して脆化する危険性もあります。

- 軽くて黄金色の美しい金属
- 濃厚食塩や塩化物環境では抜群の耐食性
- 還元性の酸や高温アルカリ溶液では腐食する

[1] チタンの長所

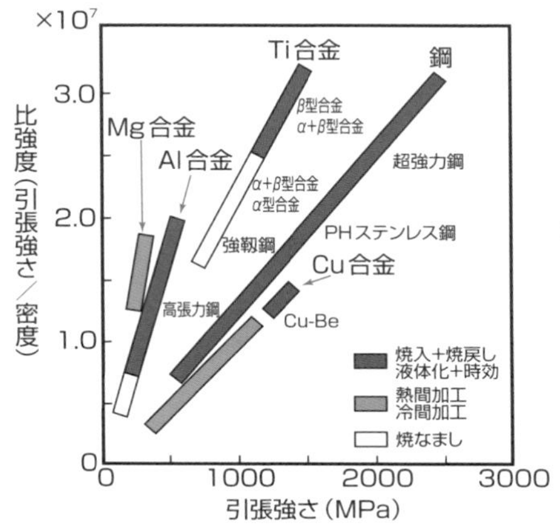

チタン合金の比強度は超強力鋼にも匹敵

出所：平川賢爾ら著『機械材料学』（朝倉書店）

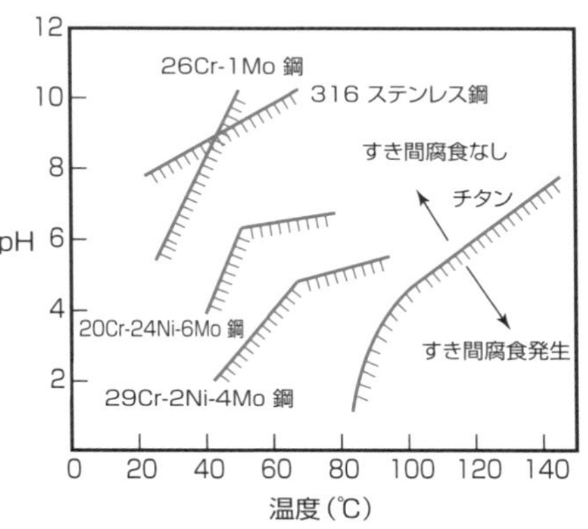

すき間腐食に対する耐食性が高い
（チタンの飽和食塩水に対する
すき間腐食発生限界）

出所：『腐食防食ハンドブック』（腐食防食協会）

[2] 酸性、アルカリ性の領域で溶解してしまうチタン

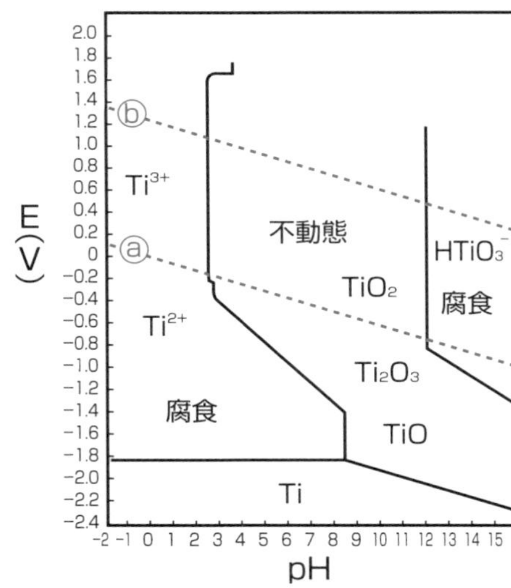

高張力鋼：合金成分の添加、組織の制御などを行って、一般構造用鋼材よりも強度を向上させた鋼材。

12 酸に強いTi-Pd合金

高温酸性液中では、チタンは全面腐食を呈する

微量のPd（パラジウム）を添加したTi-Pd合金は、高温塩酸に対して耐食性良好です。

Pd添加の防食メカニズム？

純チタンは、塩酸中では**不動態化**ができないため、全面腐食を呈します。すなわち、局部電池のアノードからチタンが塩酸中にTi^{2+}、Ti^{3+}、Ti^{4+}として溶出します。

対極のカソードからは水素が発生します。そのため、**左頁［1］**に示すように、沸騰塩酸中では不動態化し得ないために、大きな全面腐食速度を呈します。

チタンに微量のPd（パラジウム）を添加したGr.17（0.06%Pd）合金およびGr.7（0.14%Pd）合金では、**耐塩酸性**が著しく向上します。

沸騰塩酸中での腐食試験後、**Ti-Pd合金**Gr.17の表面の不動態皮膜中には、ほぼ10％のPdが含まれています（**左頁［2］**）。

高温塩酸中でTi-Pd合金からいったん溶出したPd^{2+}イオンは、どのような挙動をするのでしょうか。

初期段階で、**活性溶解**を呈するTi-Pd合金表面に再析出して、TiO_2+Pdからなる不動態皮膜を形成します（**左頁［3］**）。その結果、時間の経過とともに高耐食性が確保されます。

- 純チタンは、高温塩酸溶液中で全面腐食する
- Ti-Pd合金の耐塩酸性は良好
- 微量のPdの添加により、合金は塩酸中で不動態化する

[1] 各種チタンの沸騰塩酸中での腐食速度の経時変化（3%HCl）

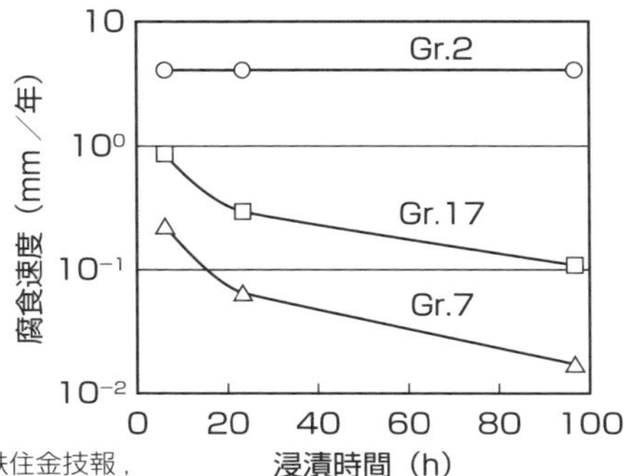

出所：上仲秀哉他、新日鉄住金技報，第 396 号（2013）

[2] 沸騰塩酸浸漬後のPa-Ti合金表面から深さ方向へのPd濃度分析結果

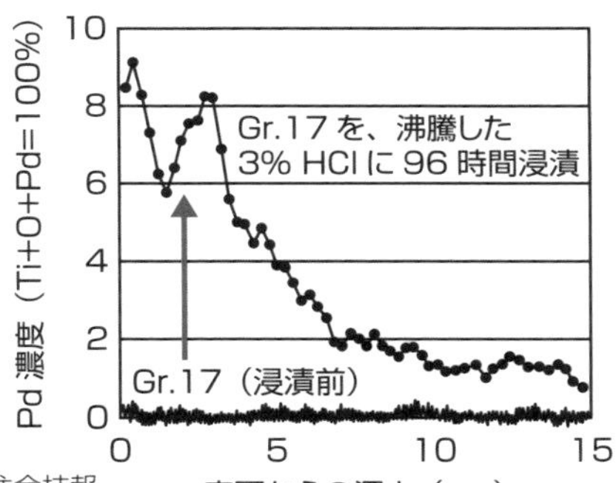

＊沸騰 3%HCl に 96 時間浸漬、Pd 濃度は 4 ㎜径の平均情報

出所：上仲秀哉他、新日鉄住金技報，第 396 号（2013）

[3] Ti-P 合金 Gr.17 の耐食性向上メカニズム（模式図）

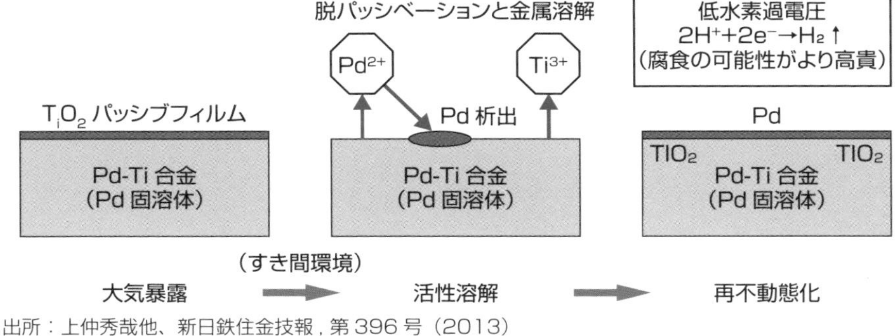

出所：上仲秀哉他、新日鉄住金技報，第 396 号（2013）

Column

腐食速度および腐食侵食度の換算例

腐食速度と腐食侵食度は、一般的に次の式で表されます。

腐食速度＝腐食減量／（面積・時間）　　腐食侵食度＝侵食深さ／時間

①Fe（鉄）の腐食速度の換算例：

表１より、Fe（鉄）の腐食速度10μA/cm^2＝25.0mdd（mg/dm^{2}day）＝0.104g/m^{2}h　となります。

②Fe（鉄）の腐食侵食度の計算例：

表２より、Fe（鉄）の腐食速度の10μA/cm^{2}は、0.116mm/y＝4.57mil/y＝3.68×10^{-12}m/sの腐食侵食度となります。

③他の金属、例えばCu（銅）の場合：

表３を用いて、Feを基準にして計算できます。

腐食速度⇒10μA/cm^2＝25.0×1.137mdd＝0.104×1.137g/m^{2}h

腐食侵食度⇒Cuの腐食速度の10μA/cm^{2}は、0.116×1.003mm/y＝4.57×1.003mil/y＝3.68×10^{-12}×1.003m/sの腐食侵食度となります。

▼表１　腐食速度の換算

	mg·dm^{-2}·day^{-1} *	g·m^{-2}·h^{-1}
1mg·dm^{-2}·day^{-1}	1	4.17×10^{-3}
1g·m^{-2}·h^{-1}	2.40×10^2	1
Fe：10μA/cm^2	25.0	0.104

＊mddと略記

▼表２　腐食侵食度の換算

	mm/y	mil/y*	m/s
1mm/y	1	3.94×10	3.17×10^{-11}
1mil/y	2.54×10^{-2}	1	8.05×10^{-13}
1m/s	3.15×10^{10}	1.24×10^{12}	1
Fe：10μA/cm^2	0.116	4.57	3.68×10^{-12}

＊mpyと略記
1mil
＝10^{-3}inch
（＝25.4μm）

▼表３　腐食速度・腐食侵食度の金属間比較

	原子量M	密度ρ(g/cm^3)	関与電子数n	腐食速度M/n		腐食侵食度M/ρn	
Fe	55.85	7.86	2	27.93	1	3.55	1
Cu	63.54	8.92	2	31.77	1.137	3.56	1.003
Zn	65.38	7.13	2	32.69	1.170	4.58	1.290
Al	26.98	2.70	3	8.99	0.322	3.33	0.938

INDEX

あ行

か行

さ行

た行

な行

は行

や行

ら行

ま行

記号

数字

アルファベット

■著者略歴

長野 博夫（ながの ひろお）

㈱材料・環境研究所代表取締役、工学博士、技術士（金属部門）、腐食防食専門士、APEC Engineer

1938年生まれ。1962年に名古屋大学理学部化学科卒業後、住友金属工業株式会社に入社。総合技術研究所化学研究室長、上席研究主幹を歴任。住友金属工業㈱に在職中、ミネソタ大学腐食研究センターで1年間上級研究員。1999年から3年間、広島大学大学院工学研究科教授兼ベンチャー・ビジネス・ラボラトリー施設主任。2002年に（株）材料・環境研究所を設立。これまでに、日本金属学会技術開発賞、科学技術長官賞研究功績者表彰、日本鉄鋼協会学術貢献里見賞、腐食防食協会賞などを受賞。

著書：『環境材料学』（共著、共立出版）。

執筆：0、1、3～7、12～13、15～17章

松村 昌信（まつむら まさのぶ）

広島大学　名誉教授、（株）材料・環境研究所スーパーバイザー、腐食防食学会名誉会員。

1962年に広島大学工学部応用化学科卒業、1967年、東京工業大学大学院理工学研究科博士課程修了（工学博士）。1967年より広島大学工学部講師（化学工学科）、1969年より広島大学工学部助教授（化学工学科）。1971年～1973年にアレキザンダーフォンフンボルト奨学生（ハノーバー大学）。1982年より広島大学工学部教授（化学工学科）、1996年より広島大学工学部長。2003年に広島大学を定年退職。これまでに、腐食防食学会論文賞、同学会賞、同岡本剛記念講演賞などを受賞。

著書：『エロージョン-コロージョン入門』（共著、日本工業出版）。

執筆：2、10～11、14章。「本書によく出てくる電気化学の用語」

内田 仁（うちだ ひとし）

兵庫県立大学 名誉教授、工学博士（1983年 大阪大学）
1948年北海道生まれ。1972年に室蘭工業大学大学院工学研究科修士課程（機械工学専攻）修了。1972年より姫路工業大学工学部助手、1983年英リーズ大学で1年間客員研究員、1986年より姫路工業大学工学部助教授、1996年より同教授、2004年県立3大学統合により兵庫県立大学大学院教授、2007年より工学研究科長兼工学部長。2013年に定年退職、引き続き兵庫県立但馬技術大学校長（4年間）、兵庫県立工業技術センター所長（5年間） を歴任。これまでに日本材料学会論文賞、日本金属学会学術貢献賞、兵庫県科学賞、腐食防食学会功績賞などを受賞。
著書：『フラクトグラフィ』（共編著、丸善）、『環境材料学』（共著、共立出版）など。
執筆：8、9章

図解入門よくわかる
最新さびと防食の基本と仕組み

発行日　2023年　6月17日　第1版第1刷

著　者　長野　博夫／松村　昌信／内田　仁

発行者　斉藤　和邦
発行所　株式会社　秀和システム
〒135-0016
東京都江東区東陽2-4-2　新宮ビル2F
Tel 03-6264-3105（販売）Fax 03-6264-3094
印刷所　三松堂印刷株式会社　Printed in Japan

ISBN978-4-7980-6860-2 C0057